HTML5 动画创作技术——DragonBones

陈菲仪　刘枝秀　编著

中国水利水电出版社
www.waterpub.com.cn
·北京·

内 容 提 要

本书是一本介绍 DragonBones Pro 基本功能及实际运用的书。DragonBones 是一款当前较为流行的 HTML5 动画制作软件。本书通过大量案例（8 个 HTML5 动画制作案例和 7 个 HTML5 动画开发案例），深入浅出地介绍了 DragonBones 的常见功能，让零基础的读者能够快速全面地掌握 HTML5 动画的创作要点。

全书共 15 章，分为三个部分：第一部分为 HTML5 动画制作部分（第 1 章至第 10 章），从第 3 章起，通过 8 个案例将 DragonBones 的基本知识点融入到实践操作中，让读者轻松掌握软件操作的同时，对 HTML5 动画的创作思路形成系统的认知；第二部分是 HTML5 动画开发部分（第 11 章至第 14 章），通过 7 个案例以点带面地阐述了 DragonBones 动画数据与 Egret 引擎进行结合的要点；第三部分为附录部分（第 15 章），系统详尽地收录了 DragonBones 的所有功能，让读者能够迅速地查找到自己想要的功能。

本书覆盖游戏、广告营销动画、动态漫画三大 HTML5 动画主流应用领域，可作为普通高校动画、游戏、漫画等相关专业的教材，也可作为 HTML5 动画从业人员及初学者的参考书。

图书在版编目（CIP）数据

HTML5动画创作技术 : DragonBones / 陈菲仪, 刘枝秀编著. -- 北京 : 中国水利水电出版社, 2017.10（2019.12 重印）
ISBN 978-7-5170-5935-6

Ⅰ. ①H… Ⅱ. ①陈… ②刘… Ⅲ. ①超文本标记语言—程序设计 Ⅳ. ①TP312.8

中国版本图书馆CIP数据核字(2017)第252851号

策划编辑：石永峰　　责任编辑：高辉　封裕　　封面设计：李佳

书　名	HTML5 动画创作技术——DragonBones HTML5 DONGHUA CHUANGZUO JISHU——DragonBones
作　者	陈菲仪　刘枝秀　编著
出版发行	中国水利水电出版社 （北京市海淀区玉渊潭南路 1 号 D 座　100038） 网址：www.waterpub.com.cn E-mail：mchannel@263.net（万水） sales@waterpub.com.cn 电话：（010）68367658（营销中心）、82562819（万水）
经　售	全国各地新华书店和相关出版物销售网点
排　版	北京万水电子信息有限公司
印　刷	三河市鑫金马印装有限公司
规　格	184mm×240mm　16 开本　17.25 印张　380 千字
版　次	2017 年 10 月第 1 版　2019 年 12 月第 3 次印刷
印　数	4001—6000 册
定　价	45.00 元

编委会

前　　言

随着移动端平台的兴起，业界亟需一种更具兼容性、更加开放的富媒体动画形式来取代旧有的 Flash 动画。在这种情况下，HTML5 动画便应运而生了。相较于此前的互联网动画格式，HTML5 动画具备更好的移动端兼容性和互动性，可以说 HTML5 动画是未来互联网动画的发展趋势。

随着 HTML5 动画的风靡，越来越多的教育机构和培训机构开始在课堂中引入有关 HTML5 动画的教学。然而，现在市面上大部分教材面向的读者群体是开发者，主要内容是如何利用 JavaScript 脚本语言实现动画效果。实际上，动画师才是 HTML5 动画真正的创作者，技术只是 HTML5 动画的基石，HTML5 动画真正的灵魂来源于动画师的创造力（即他们的设计能力和对运动规律的把握能力），而本书面向的主要读者群体正是动画师。

本书讲授的软件为 DragonBones Pro 5.0，这是一款所见即所得的 HTML5 动画制作软件，它能让动画师摆脱掉代码的约束，更专注于动画效果的营造，而且准确便捷地将动画转换为 HTML5 动画所需的代码和资源，完美地衔接后续的编程环节。

本书采用案例的方式，循序渐进地带领读者认识 DragonBones Pro 的各项功能，在掌握软件的同时潜移默化地学习 HTML5 动画的创作思路。

本书分为三个部分：第一部分为 HTML5 动画制作部分（第 1 章至第 10 章）；第二部分为 HTML5 动画开发部分（第 11 章至第 14 章）；第三部分为附录（第 15 章）。

本书面向的读者群如下：

（1）HTML5 动画制作部分。

- 具备一定美术基础及动画基础的人。
- 掌握一个或多个数字绘画软件（如 Adobe Photoshop、Adobe Flash、PaintTool SAI、CorelDRAW）的人。
- 热爱游戏、HTML5 广告和动态漫画制作的人。

（2）HTML5 动画开发部分。

- 具备一定 JavaScript 基础的人。
- 热爱游戏、HTML5 广告和动态漫画制作的人。

如果你是游戏、广告、动态漫画团队中的设计师，阅读本书可帮助你了解并掌握 HTML5 动画的制作方法，让你制作 HTML5 动画的时候更加自由，并使你与团队成员的工作衔接变得更有效率；如果你是团队中的开发者，阅读本书可帮助你了解 HTML5 动画的制作思路并掌握开发过程中使用和优化 HTML5 动画的方法；如果你是独立的游戏、广告或动态漫画创作者，阅读本书可帮助你更简单且更有效率地创作高质量的作品。

本书自第 3 章起每章都附有一个案例，读者可以在 http://www.wsbookshow.com 网站下载案例素材和案例源文件，通过查看案例源文件来检验自己的案例掌握程度。

本书由陈菲仪和刘枝秀编写，具体分工如下：陈菲仪编写第 1 章至第 10 章并提供本书自带案例，刘枝秀编写第 11 章至第 15 章。感谢北京白鹭时代信息技术有限公司的刘晨光、段春雷、苏魁和潘东为本书提供的技术支持，以及高能漫画为本书提供随书案例。

由于时间仓促及编者水平有限，书中疏漏之处在所难免，恳请广大读者批评和指正。

编 者
2017 年 8 月

目　　录

第 1 章　初识 HTML5 动画

1.1　什么是 HTML5 动画

要了解何为 HTML5 动画，首先需要明白什么是动画，以及动画背后的相关运作原理，然后才能探讨动画与 HTML5 技术相结合而衍生出来的新特性。

1. *动画与运动*

运动是动画最重要的特征。动画大师诺曼·麦克拉伦的名言，“动画不是‘会动的画’的艺术，而是‘画出来的运动’的艺术”，正是对动画本质最准确的概括。要明白动画的本质，最重要的是明白何为运动。

当我们站在一幅油画跟前时，我们会认为这幅油画是静止的。这是因为无论时间如何流逝，这幅油画中的事物都不会改变。这个例子表明了变化与时间是构成运动的两大要素，时间同时也是衡量变化的尺子。如果我们能看到一部电影的胶片，就可以发现相邻的影格之间会存在一些差异。当我们观看电影时，这些差异不会同时出现，而是均匀地分布在时间这一轴线上。下一个影格出现时，上一个影格必然会先消失。这些随着时间变化而变化的图像，让我们产生一种运动的错觉。

动画与实拍影片最大的区别就在于，动画每一帧的运动都是人工绘制的，而实拍影片的运动则是来源于摄影机对真实运动的机械式截取。

如何记录和再现运动自古以来就是一项难题。现实世界中的运动是连续的、绵延的。完全地记录这些运动意味着每 1 秒的运动都要由无数的画面构成，在这个世界上没有任何一种媒介能够记录如此巨量的信息。当前所有记录运动的手段，记录的都是运动的切面。这种运动切面通常被称为帧或者影格。当一连串离散的静止图像在我们面前快速地播放时，我们就产生了运动的错觉。这种错觉也被称之为“似动现象”。

似动现象的产生与图像之间的时间间隔联系紧密。科学家发现，当图像之间的运动间隔超过 200 毫秒时，观众就很难产生运动的感觉。而图像之间的间隔越小，运动的感觉就越流畅。电影界经过大量的试验，发现每秒 24 帧能很好地平衡运动的流畅程度和运动记录的信息量。随着科技的发展，现在一些电影也开始采用更高的帧频，如 60 帧每秒等，这种帧频能给观众带来更加流畅的感觉。对于交互动画而言，更高的帧频还意味着更强的交互性。帧频越高，游戏操作的响应速度就越快。

2. *逐帧动画与程序动画*

传统的动画是逐帧记录的。当一个动画物体进行运动的时候，它实际上是以每秒 24 帧的频率播放的。也就是说，1 秒钟逐帧动画包含了 24 张不同的静止图像。可想而知，逐帧动画的文件信息量非常庞大。尽管现在有各种视频压缩技术，但逐帧动画与生俱来的特点依然导致其在文件体积与视频质量之间很难取得平衡。当用户观看逐帧动画时，所需要的带宽将急剧增加。

大部分 HTML5 动画是程序动画。程序动画的文件体积远远小于逐帧动画，这是因为两者的实现原理完全不同。逐帧动画由一串连续的位图序列构成，而程序动画则是一份关于图像及其变化规则的描述，这份描述记录的是运动的关键点和运行规则，计算机将根据这份描述生成对应的运动。

一个简单的例子就能说明逐帧动画和程序动画的区别。当一个小球从画面的左侧移到画面的右侧时，逐帧动画需要按照一定的时间间隔记录小球的运动切面，每一个运动瞬间都是一幅完整的图像。程序动画记录的则是小球，以及小球运动起点和终点的数据，计算机最后会根据这份描述文件自动生成小球的动画，将其展现在显示器上。因此程序动画能够以更小的文件体积储存复杂的动画效果。当然，随着描述文件复杂程度的上升，所需的计算资源也在急剧增加。当计算机来不及在预定时间内计算出下一帧图像时，动画的帧频就会下降。逐帧动画则没有这个烦恼，它播放的每一帧都预先记录在案，无需太复杂的计算就可以流畅播放。随着技术的发展，目前较新的移动设备的计算能力已经能够应付大部分 HTML5 程序动画的播放需求，这为 HTML5 动画的发展提供了土壤。

程序动画与逐帧动画的另一大区别则在于两者的交互性。逐帧动画的图像与运动是紧密结合在一起的，而程序动画的图像和运动数据之间则是分离的。在逐帧动画中，按照一定频率播放的静止图像呈现出了运动。运动与图像之间紧密关联，没有图像就没有运动，而且这些图像在播放之前就已经被安排好，它们并不会随着用户的操作而发生即时的改变。程序动画则有所不同。上文小球的例子说明，小球和它的运动轨迹这两种数据是分开记录的。小球可以随时被替换为其他东西，如方块或汽车等，并按照原来的运动轨迹运动。或者保持小球不变，但是改变它的运动轨迹。这种特性让程序动画更加灵活，它可以实时地响应用户的操作，按照程序中定义的规则做出相应的变化，从而实现逐帧动画所不具备的交互性，让用户产生一种身临其境的感觉。用户可以拖拽小球，再松手让小球自由下落。计算机将实时地计算出小球的下落轨迹和速度。每一次交互都将产生不同的动画效果，这是逐帧动画永远也无法达到的。用户能参与到动画的生成过程，身临其境地与画面物体进行交互，这正是程序动画的趣味所在。

3. HTML5 与动画

HTML5 是新一代的超文本标记语言（HyperText Markup Language）。但是我们通常提到的 HTML5 是一个更加广泛的概念，指代的是一套包含了 HTML、CSS 和 JavaScript 的技术解决方案。与 HTML4 相比，HTML5 在交互性和富媒体性方面有着更为突出的表现。Canvas 元素的引入让复杂动画效果的实现成为可能。HTML5 Canvas 是一个原生 HTML 绘图簿，通过 JavaScript 代码生成动画而无需依赖第三方插件。我们可以将 HTML5 视为一种实现可交互式动画的技术手段（当然，它的功能并不仅限于此）。

HTML5 动画作为一种程序动画，其完整继承了程序动画的特性，在文件体积和交互性上具备先天优势。同时，基于 HTML5 技术良好的兼容性，HTML5 动画在传播性和跨平台性方面也有着良好的表现。用户只需一个 Web 浏览器，无需安装任何插件或软件，就可以观看 HTML5 动画。这让 HTML5 动画可以运行在各类硬件平台或操作系统之上。也就是说，HTML5 动画无论是运行在计算机、iPad 还是手机上，Windows、OS X 还是 Android 系统上，都能呈现出几乎相同的视觉效果。真正实现了“一次编写，随处运行”的目标，大大降低了开发者的工作量。这些优势让 HTML5 动画逐渐取代了 Flash 动画，成为互联网动画的主流形式。

1.2　HTML5 动画制作软件选择

HTML5 动画运动效果的实现依据的是计算机对相关描述文件的解析。描述文件由大量的代码构成，HTML5 动画制作人员则需要掌握相关的编程知识，这无形中抬高了准入的门槛。同时，通过代码创建动画也很不直观并且相当低效。因此一批 HTML5 可视化制作工具便应运而生了。这些工具让 HTML5 动画的创建变得简单而又直接，制作人员无需掌握编程知识，就能创建出生动流畅的动画。

就目前而言，比较流行的 HTML5 动画制作软件有 DragonBones 和 Spine。

DragonBones 是一套由 Egret 团队主导制作，社区共同维护的 2D 骨骼动画解决方案。主要面向的是移动游戏、HTML5 广告和动态漫画等领域的设计师和开发者。提供跨语言跨平台的动画制作工作流解决方案。图 1-1 所示为 DragonBones Pro。

图 1-1　DragonBones Pro

DragonBones 开始于 2012 年 10 月，是全球最早的骨骼动画工作流解决方案。DragonBones 的设计初衷是为了解决移动端游戏动画制作工作流的低效，以及如何使用更小素材体积表现出更生动的动画的问题。通过 Egret Runtime，我们可以忽略不同操作系统、不同浏览器、不同终端的差异，让 Egret 开发的 HTML5 游戏以接近原生的表现在用户终端中高效运行。目前 DragonBones 还扩展了其原有功能，提供广告营销和动态漫画等领域的 HTML5 动画解决方案。

相较于 Spine，DragonBones 的优势首先在于它是一个免费软件。Spine 作为收费商业软件，创作者如果需要使用 IK 约束、网格变形等高级功能，就不得不购买几千元的专业版。这对于中小型，甚至是大型游戏、广告和动态漫画创作团队而言都是一个沉重的负担。而与 Spine 拥有类似功能的 DragonBones 却是完全免费的软件。免费并不意味着功能的减弱，相反，DragonBones 是一个高速迭代的全功能软件。它拥有活跃友好的开发者社区，在其上提出的问题和功能需求都能得到快速的解决和满足。几乎每隔一个月，DragonBones 都会根据用户的需求，推出新的版本，增加新的功能。

其次，DragonBones 作为 Egret 生态的重要成员，其依托于 Egret 平台，打通了 HTML5 动画的设计和开发工作流，能提供更好的 HTML5 和 Egret 支持。

最后，DragonBones 在游戏之外，还提供了面向广告营销和动态漫画的工作流解决方案，填补了市场的空白，在应用领域的覆盖程度上具备明显优势。

综合上述优势，笔者选择 DragonBones Pro 5.0 作为本书 HTML5 动画案例的主要制作软件。

DragonBones 动画体系包含以下几大部分：

（1）DragonBones Pro。独立的 HTML5 动画编辑器，包括骨骼动画、基本动画、网格和自由变形、IK 骨骼约束、骨骼权重和蒙皮动画、动画曲线编辑、洋葱皮、元件嵌套、第三方软件文件格式导入以及多格式动画数据导出等功能。

（2）DragonBones Design Panel。基于 Flash 的骨骼动画制作插件。

（3）DragonBones Library。支持包含 TS、JS、AS3、C++、C#等各大语言的主流引擎的运行库，其中 DragonBones TS 库和 Egret Engine 集成，DragonBons C++库和 Egret Runtime 集成。

使用 DragonBones 制作动画非常简单。本书将从 DragonBones Pro 的基本使用方法讲起，通过具体生动的动画案例，带领读者熟悉 HTML5 动画的制作方法，以及与 Egret 框架进行整合的工作流程。

第 2 章　DragonBones 基础

2.1　DragonBones Pro 的获取和安装

本章将为读者介绍如何在 Windows 和 Mac 平台获取和安装 DragonBones Pro 软件。

2.1.1　Windows 平台

第 1 步：前往白鹭时代的 DragonBones 产品页：http://dragonbones.com/cn/index.html。

第 2 步：单击【Windows 版】按钮，浏览器将自动下载 DragonBones 的安装包（见图 2-1）。

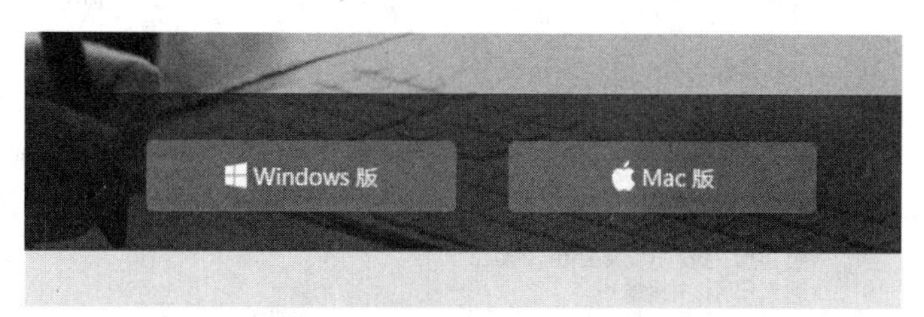

图 2-1　DragonBones Pro 产品页

第 3 步：打开下载下来的安装包 DragonBonesPro-v5.0.0.exe（本书使用 DragonBones Pro 的 5.0 版本）。如果系统弹出安全警告，请单击【运行】按钮。

第 4 步：在弹出的安装界面中单击【立即安装】按钮。如果想安装在非默认路径，请展开“自定义”选项卡，修改安装路径（见图 2-2）。

第 5 步：等待 DragonBones 安装进度达到 100%。这时候会切换到立即运行界面，单击【立即运行】按钮即可运行 DragonBones Pro（见图 2-3）。

2.1.2　Mac 平台

第 1 步：前往白鹭时代的 DragonBones 产品页：http://dragonbones.com/cn/index.html。

第 2 步：单击【Mac 版】按钮，浏览器将自动下载 DragonBones 的安装包（见图 2-1）。

第 3 步：打开下载下来的安装包 DragonBonesPro-v5.0.0.dmg（本书使用 DragonBones Pro 的 5.0 版本）。双击窗口中间的 DragonBonesProInstaller（见图 2-4）。如果系统弹出安全警告，请单击【打开】按钮（见图 2-5）。

第 4 步：在弹出的安装界面中单击【立即安装】按钮。如果想安装在非默认路径，请展开“自定义”选项卡，修改安装路径（见图 2-6）。如果系统要求输入密码，那么请输入密码以便安装能够继续。

图 2-2　DragonBones Pro 安装界面

图 2-3　DragonBones Pro 安装完成

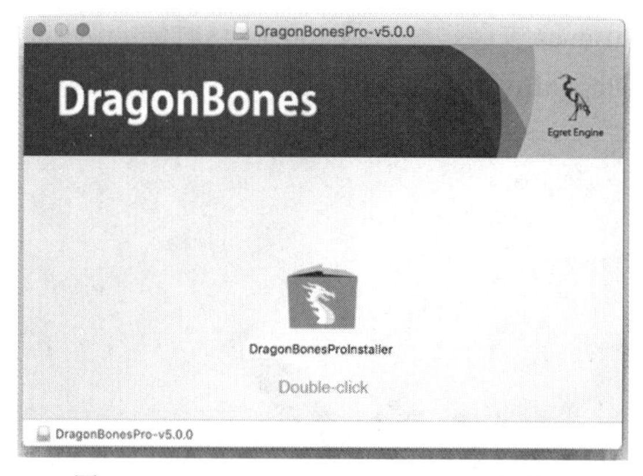

图 2-4　DragonBonesPro-v5.0.0.dmg 安装包

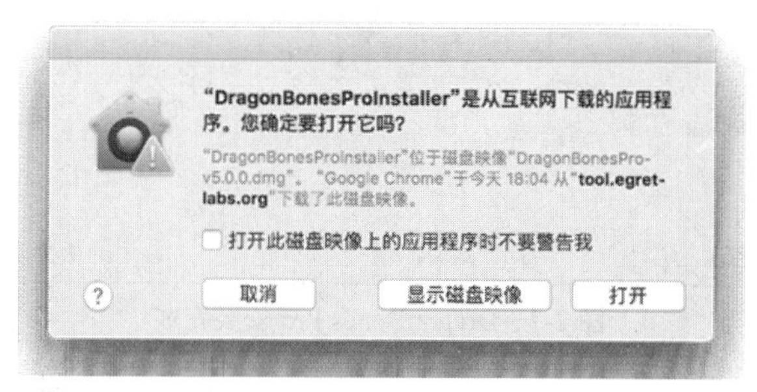

图 2-5　系统安全警告

图 2-6　DragonBones Pro 安装界面

第 5 步：等待 DragonBones 安装进度达到 100%。这时候会切换到立即运行界面，单击【立即运行】按钮即可运行 DragonBones Pro（见图 2-7）。

图 2-7　DragonBones Pro 安装完成

2.2　DragonBones 界面介绍

在开始制作案例之前，让我们先熟悉一下 DragonBones Pro 的界面。

如图 2-8 所示，DragonBones Pro 的界面分为七大版块：

①菜单及系统工具栏：系统工具栏包含一些快捷操作的按钮。

②项目选项卡：可以切换已经打开的项目。

③主场景：是装配骨架和制作动画的主要操作区域。

④主场景工具栏：可以切换鼠标模式。

⑤变换面板：用于显示和修改骨骼或插槽的 XY 坐标、缩放比例和旋转角度，还有图片的尺寸。

⑥时间轴面板：用于动画剪辑时间线的编辑。

⑦其他面板：当前显示的是属性面板和资源面板。

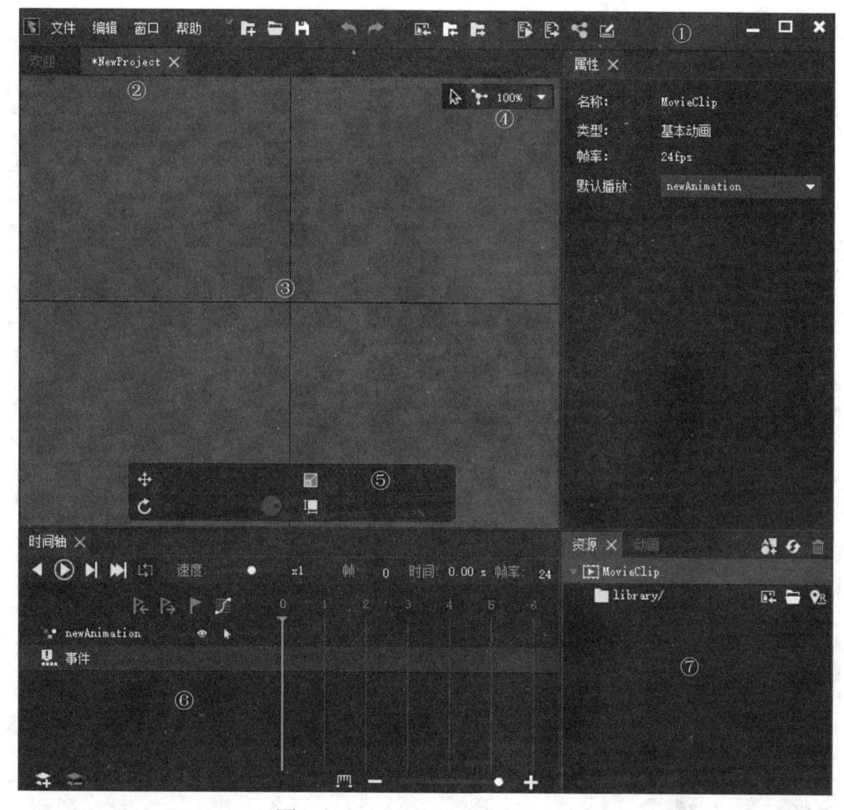

图 2-8　DragonBones Pro 界面

2.3　DragonBones 工作区布局修改

2.3.1　面板的停靠和分组

DragonBones Pro 的面板位置可以更改。在面板的选项卡处按住鼠标左键进行拖拽，将面板拖动到所需的放置区，DragonBones 会根据放置区的类型停靠或分组。鼠标经过的地方会出现蓝色指示方框，这时候如果我们松开鼠标，面板将被放置在方框所示的区域。

第一种情况是停靠。

例如，我们将“属性”面板的选项卡拖拽到下方，下方就会出现蓝色指示方框。松开鼠标，“属性”面板就会被停靠在“层级”面板下方（见图 2-9）。

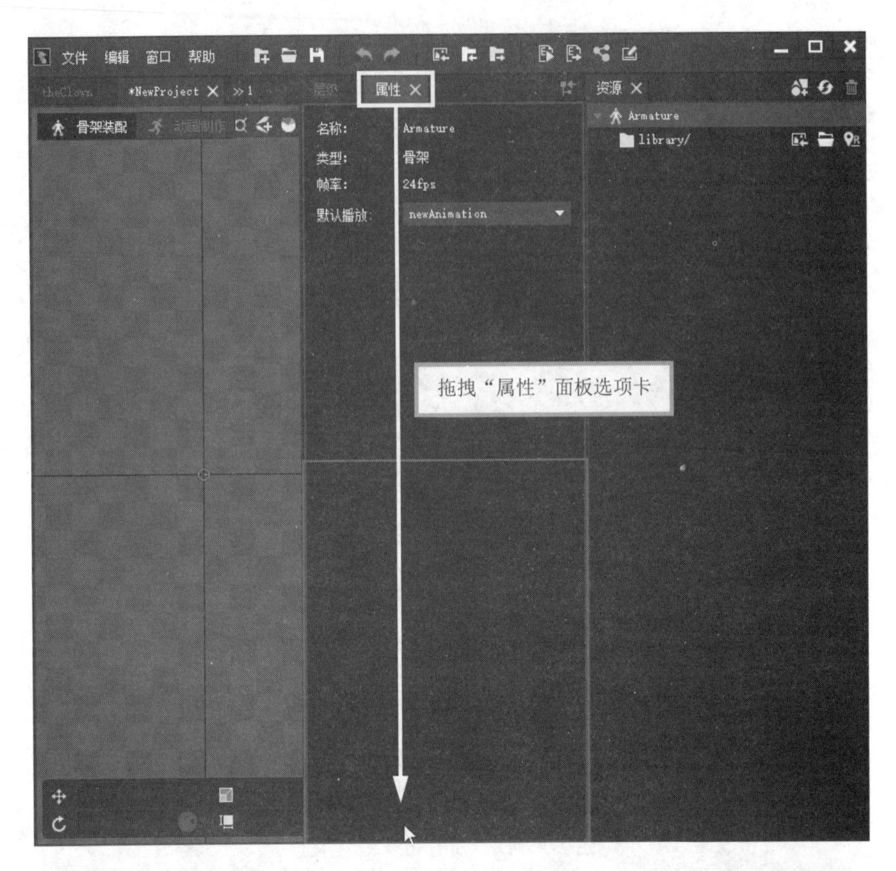

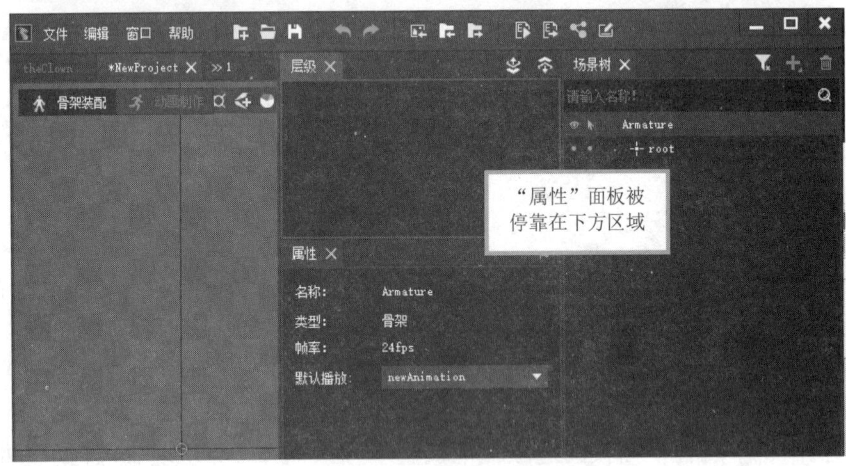

图 2-9　面板的停靠

第二种情况是分组。

例如，我们将“属性”面板的选项卡拖拽到“层级”面板选项卡所在的区域，该区域会出现蓝色指示方框。松开鼠标，“属性”面板与“层级”组合在一起（见图 2-10）。

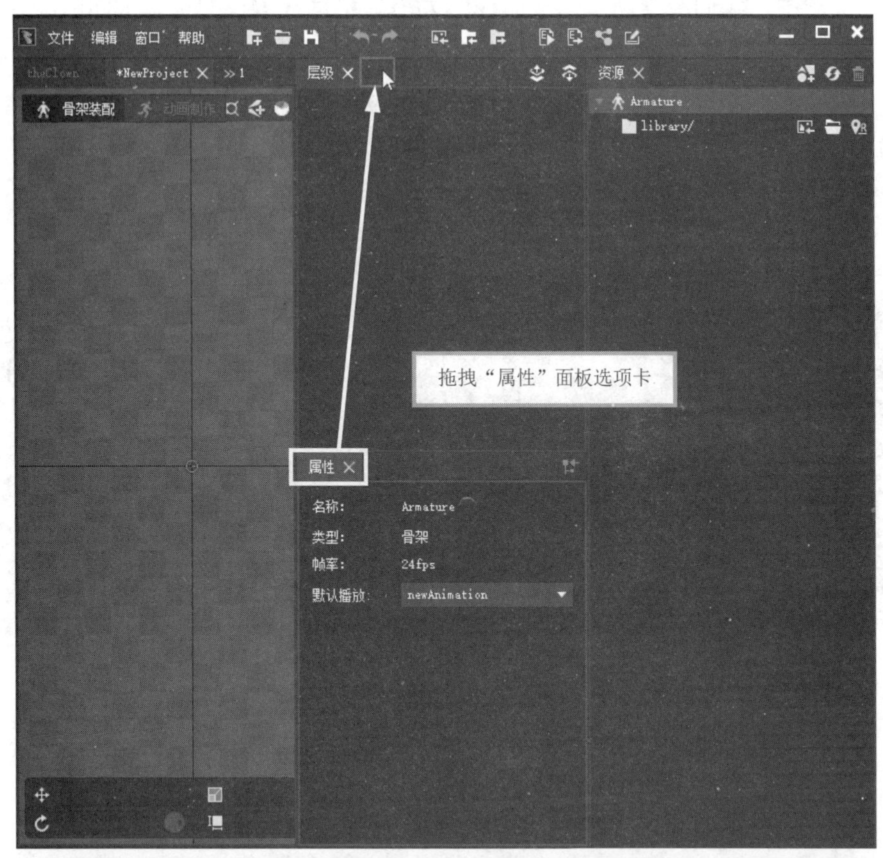

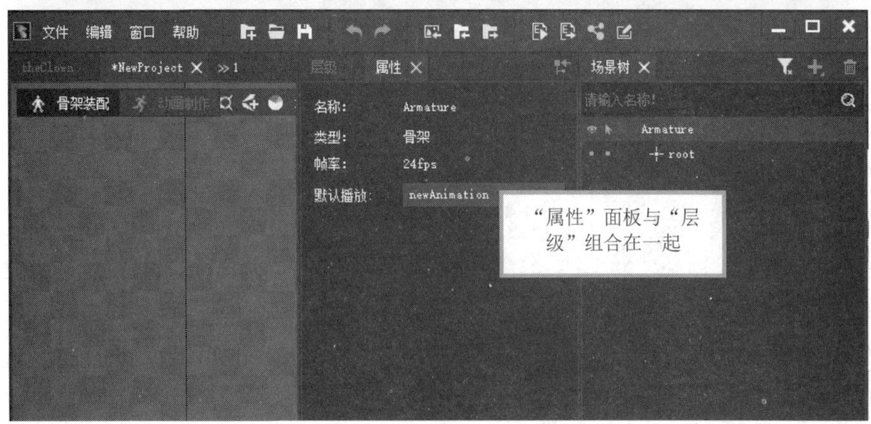

图 2-10　面板的组合

2.3.2 面板组大小的修改

在实际操作中，我们经常需要修改面板的大小。将鼠标放在面板组中间的隔条上，鼠标指针会变成双箭头的形状。此时拖动鼠标，隔条相邻两个面板的大小都会受到影响（见图 2-11）。

图 2-11　面板组大小的修改

第 3 章　创建简单的帧动画项目——移动的小球

本章要点

- 在 DragonBones Pro 中创建基于帧动画模板的龙骨动画项目
- 制作一段简单的小球移动动画
- 移动图片
- 添加关键帧
- 设置运动曲线
- 在浏览器中预览动画

3.1　项目概述

本章将为读者介绍在 DragonBones Pro 中创建基于帧动画模板的龙骨动画项目的方法，以及制作帧动画的基本操作流程。

DragonBones 中的帧动画，适合制作那些不需要骨架关系的补间动画，比如游戏的开场动画、过关动画，以及 HTML5 广告营销动画等。

在这一章中，我们会尝试制作一段简单的小球移动动画。现在，就让我们开启在 DragonBones 的旅程吧！

3.2　新建项目

首先新建一个基于帧动画模板的龙骨动画项目（以下简称帧动画项目）。

启动 DragonBones，在窗口顶部菜单依次单击【文件】→【新建项目】（见图 3-1），打开“新建项目”对话框（或者在欢迎界面中单击【新建项目】）。

在“新建项目”对话框中，单击【创建龙骨动画】（见图 3-2）。

在接下来的“新建项目”对话框中，选择“帧动画模板”，并单击【完成】按钮（见图 3-3）。

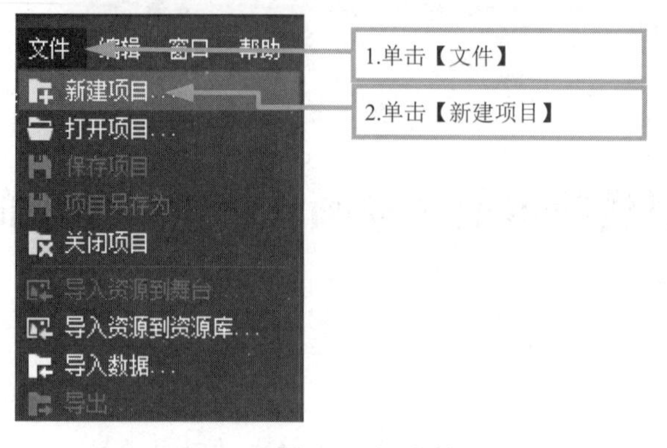

图 3-1　新建项目

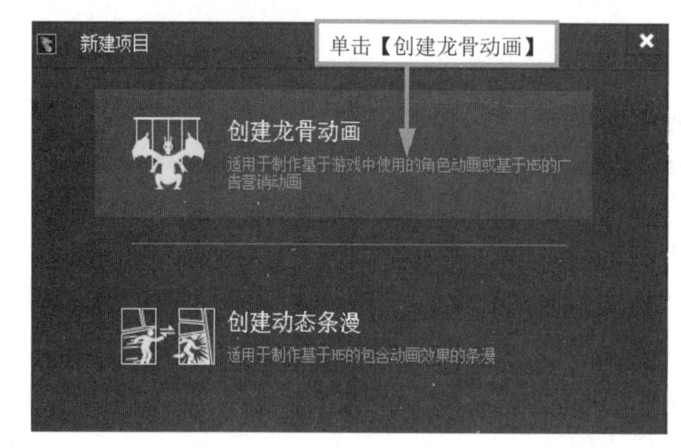

图 3-2　“新建项目”对话框

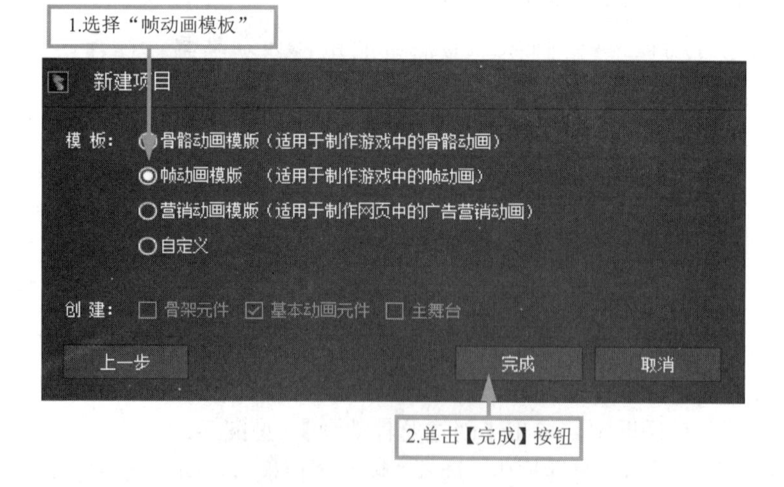

图 3-3　“新建项目”对话框

DragonBones 将显示我们创建好的空项目。当前的文件名为 NewProject，文件名前的“*”号代表该文件有变更但没有保存（见图 3-4）。

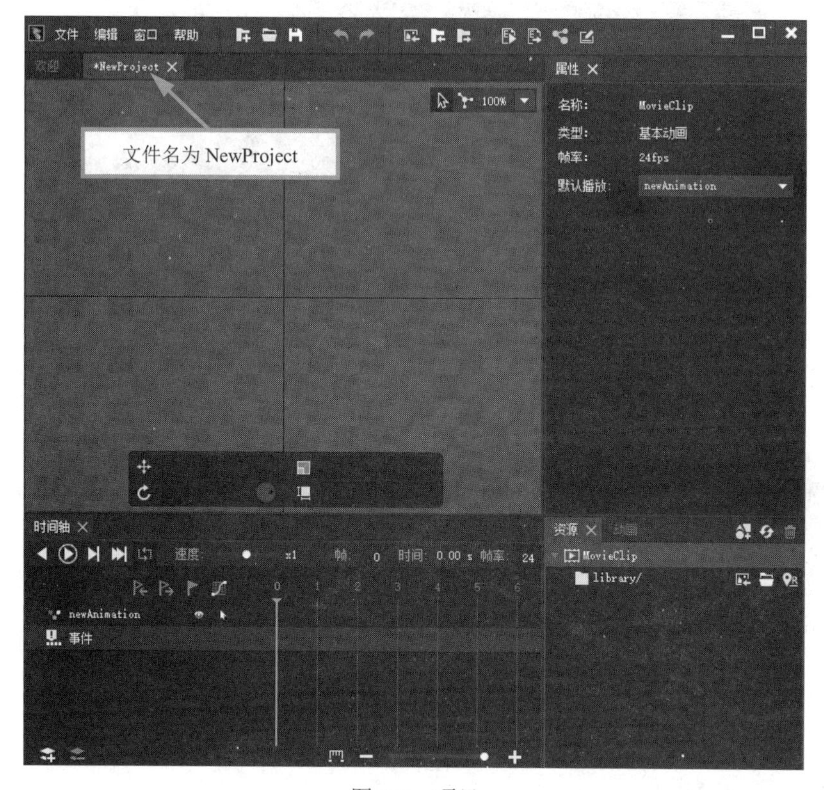

图 3-4　项目

3.3　保存项目

现在让我们保存一下当前的项目。在窗口顶部菜单依次单击【文件】→【保存项目】（见图 3-5，快捷键为 Ctrl+S），弹出“另存为”对话框（见图 3-6）。

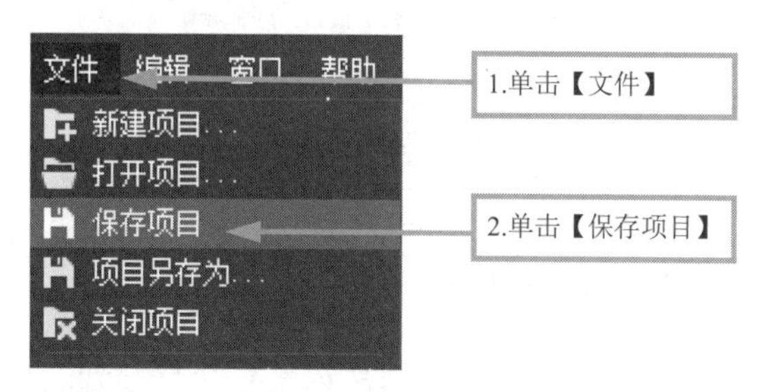

图 3-5　保存项目

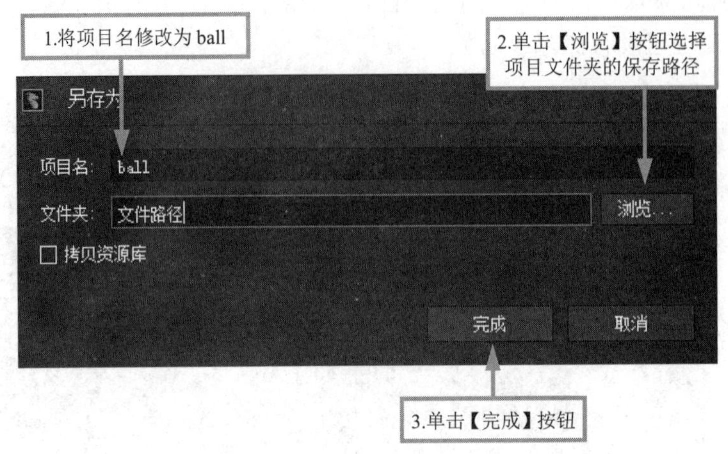

图 3-6 “另存为”对话框

在对话框中将项目名修改为 ball。

单击【浏览】按钮选择项目文件夹的保存路径。DragonBones 的项目不是单独一个文件，而是由.dbproj 格式文件和保存在 library 文件夹下的若干图片资源组成。因此，为了避免混乱，我们需要单独新建一个名为 ball 的空白文件夹，再将 DragonBones 项目保存在里边（见图 3-7）。

最后单击【完成】按钮保存项目。

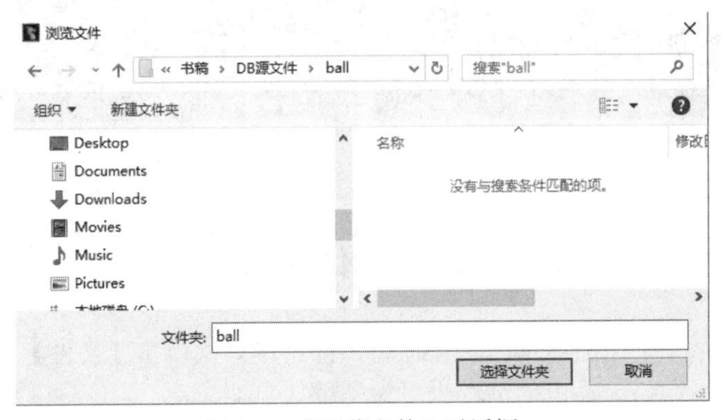

图 3-7 “浏览文件”对话框

3.4 动画制作

3.4.1 导入图片并添加到主场景

在这个项目中，我们要制作的是一段小球从场景左边移动到右边的动画。

现在我们先将小球图片导入到主场景中。

将图片导入到主场景有三种方法：方法一是直接将图片从系统的“文件资源管理器”拖拽到主场景中；方法二是先将图片导入到“资源”面板中，再放置到主场景；方法三是在软件顶部菜单依次单击【文件】→【导入资源到舞台】。

在这里我们要介绍的是第一种方法。

从操作系统的“文件资源管理器”拖拽图片文件 ball.png 到主场景（素材所在文件夹为“DB素材/滚动的小球素材”），我们就可以看到小球图片出现在主场景中（见图 3-8）。

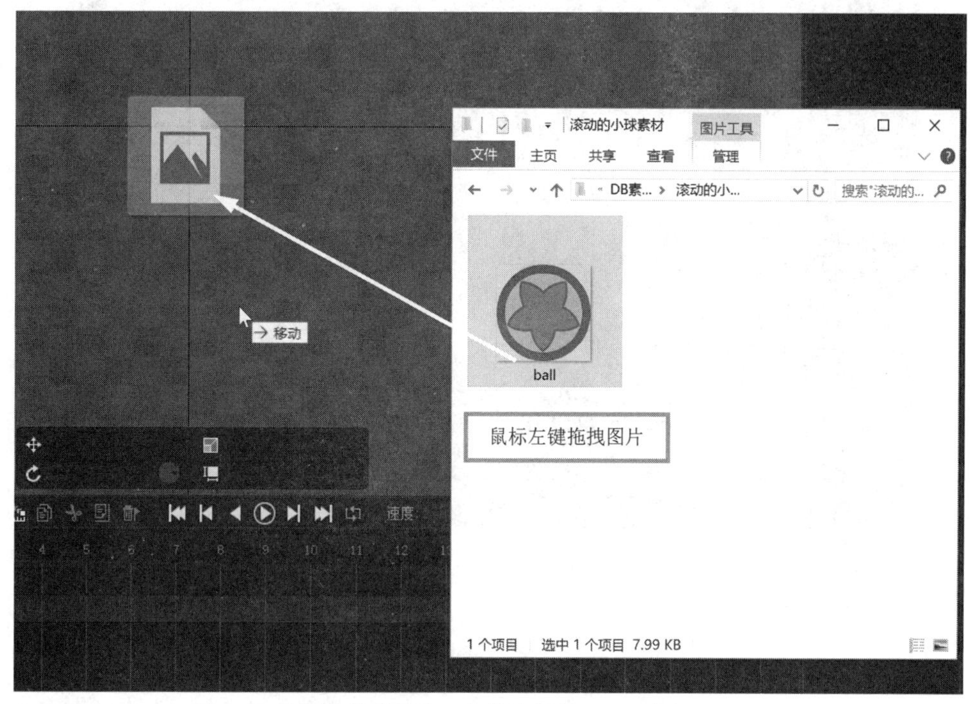

图 3-8 将图片从系统的“文件资源管理器”拖拽到主场景

主场景有两条实线呈现十字交叉状。交叉的地方代表场景中心，此处的XY轴坐标为(0,0)。我们可以发现选中小球时，“变换”面板 XY 轴显示为（1,-5）。此处的数值是小球轴点在主场景视图的坐标。这代表小球图片基本位于场景中央，与场景中心只相差若干像素。

同时，时间轴上出现了名为 ball 的图层。“资源”面板的“library/”文件夹下方出现了名为 ball 的图片。将鼠标悬停在“资源”面板的图片名称上可以预览图片及其尺寸（见图 3-9）。

小贴士

（1）如果要删除误导入的图片文件，可以先选择要删除的文件，再单击“资源”面板的【删除】按钮删除误导入的图片文件；或者单击【打开资源目录】按钮，在弹出的文件夹中直接删除图片。

（2）如果找不到“资源”面板或其他某个面板，可以在窗口顶部菜单单击【窗口】，选中需要显示的面板。

（3）主场景X轴坐标向左逐渐递减，Y轴坐标向上逐渐递减。

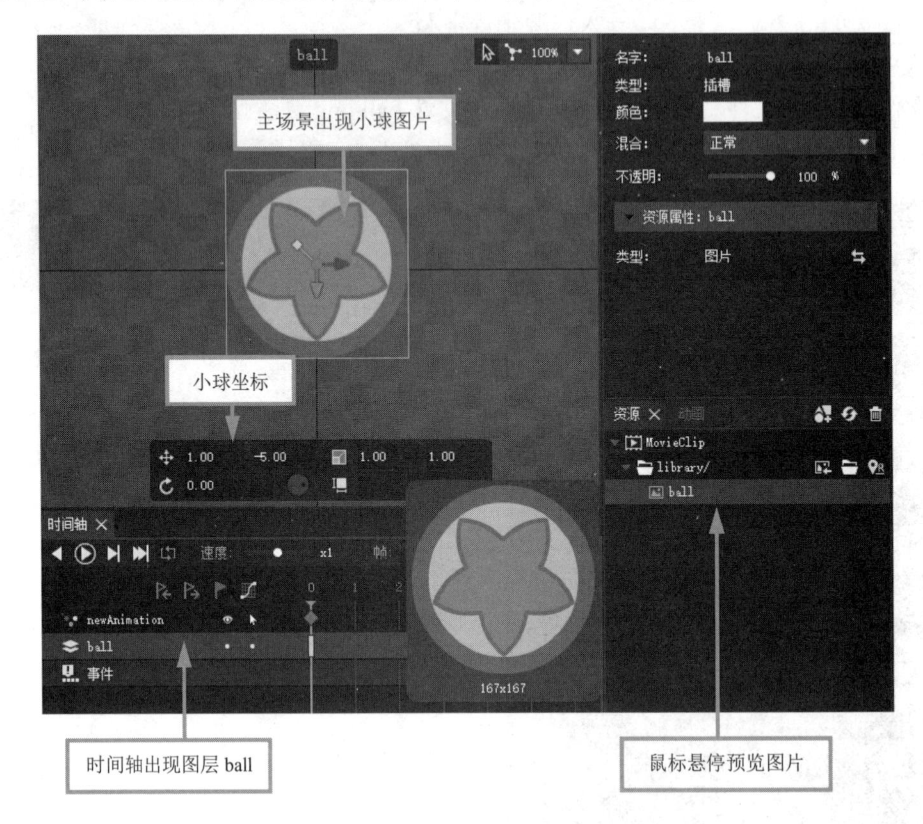

图 3-9 “主场景”面板和“资源”面板

3.4.2 拖动主场景视图

接下来需要将小球从场景中央移动到左边。我们注意到放置小球的地方已经超出当前所显示的场景范围，因此在移动小球前需要向右拖拽主场景视图。

按住鼠标右键不放并进行拖拽，鼠标将变成手形（见图 3-10）。这代表鼠标当前处于拖拽主场景视图的模式。将主场景视图拖拽到合适的位置便可以松开鼠标右键。这时候我们观察到“变换”面板的数值并没有改变，但是场景中心和小球都移到了右边，这代表整个主场景视图右移了。

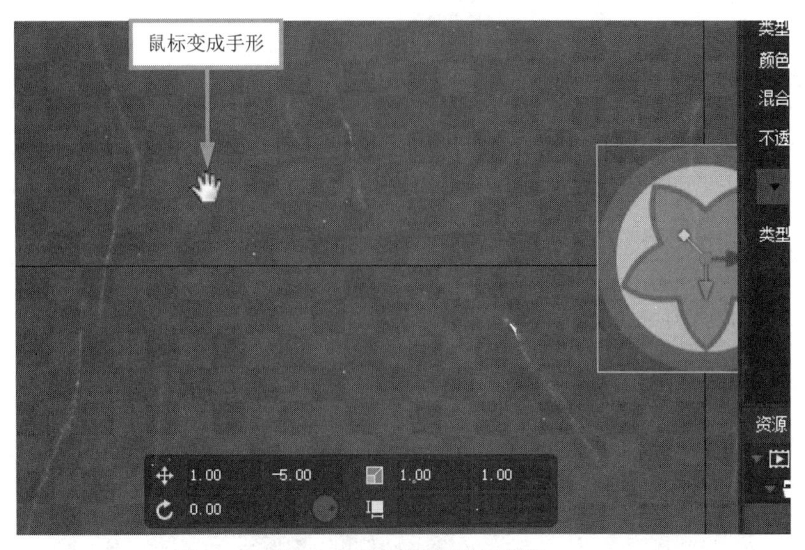

图 3-10 拖动主场景视图

3.4.3 放大和缩小主场景视图

除了拖拽主场景视图之外，我们还可以通过缩小主场景视图来查看更大的主场景区域，具体有以下两种方法：

- 将鼠标指针移动到主场景视图范围内，按住 Alt 键滚动鼠标滚轮即可放大或缩小主场景视图。
- 在“主场景工具栏”中单击百分比右侧的下拉按钮（小三角），在弹出的下拉菜单中选择主场景视图的缩放比例（见图 3-11）。如果选择“显示全部”，DragonBones 会根据主场景中的图片自动匹配缩放比例。在这里我们选择 50%。

图 3-11 选择场景视图大小

3.4.4 移动图片

在主场景中选中小球，在小球的蓝色方框内按住鼠标左键拖动就可以在 XY 轴任意方向移动图片。鼠标处于移动模式时，右下角将出现十字。现在将小球移动到左边（见图 3-12）。我们可以观察到“变换”面板 XY 轴的数值发生了改变。

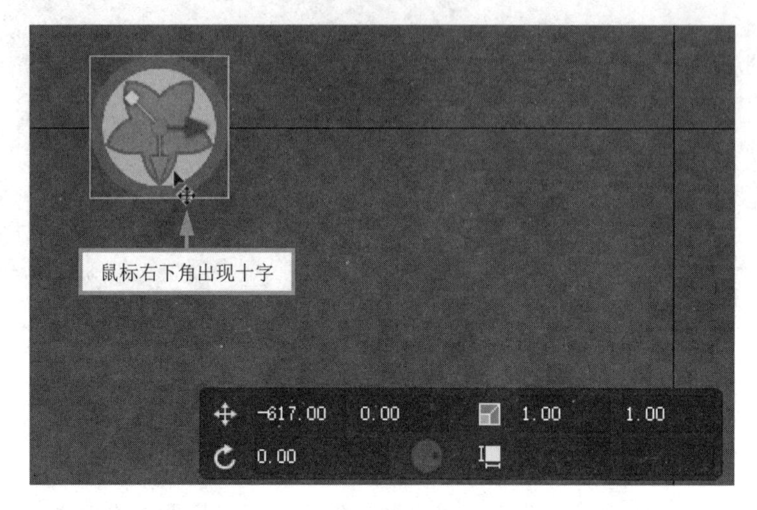

图 3-12 移动图片

小贴士

（1）可以通过键盘上的方向键微调图片位置。移动的数值取决于主场景视图的缩放比例。主场景视图缩放比例为 100%时，按一下方向键图片实际移动 1 像素；主场景视图缩放比例为 50%时，按一下方向键移动 2 像素，依此类推。

（2）选中图片时，鼠标在非图片区域进行拖拽可以旋转图片。

（3）选中图片时，拖拽黄色的手柄可以缩放图片。

（4）DragonBones 默认同时开启平移、旋转和缩放状态。如果只需开启其中一种状态，可以在“变换”面板中单击相关按钮激活。激活的按钮会变成绿色。

3.4.5 创建关键帧

现在开始创建小球移动动画。

小球将在第 0 帧开始向右移动，在第 60 帧停止移动。

此时时间轴只显示到第 13 帧。我们需要缩小时间轴以显示更多的帧数。单击时间轴缩放工具上的“-”号就可以缩小时间轴（见图 3-13），拖动滑块也可以缩放时间轴。

我们将时间轴缩小到能够显示 60 帧。

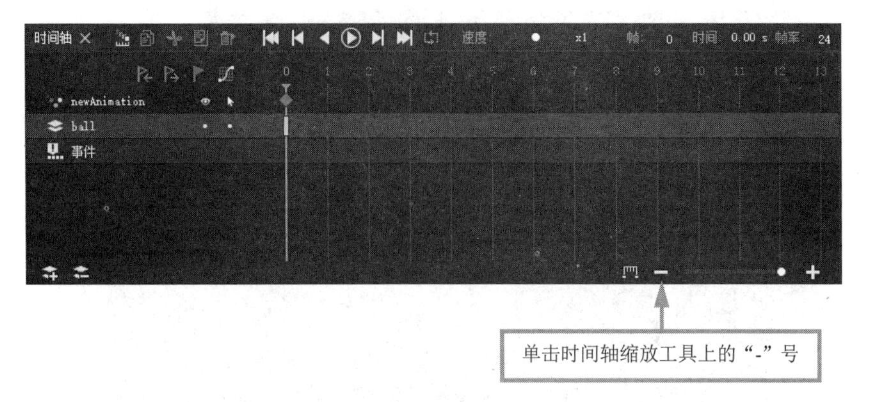

图 3-13　缩放时间轴

将绿色的播放指针从第 0 帧拖动到第 60 帧。可以观察到时间轴右上角的当前帧数值变成了 60，【创建关键帧】按钮从红色变成白色，这代表小球所在的图层在当前帧没有设置关键帧（见图 3-14）。

图 3-14　移动播放指针

将小球水平平移到场景右侧。如果我们只想沿 X 轴平移而不想改变 Y 轴的数值，则可以将鼠标悬停在红色的水平移动手柄上，手柄将高亮显示为白色。这时候拖动鼠标，小球就只会沿 X 轴移动了（见图 3-15）。

同时，时间轴的第 60 帧也自动生成了一个关键帧（见图 3-16）。

3.4.6　播放动画

单击"时间轴"面板上的【播放】按钮（见图 3-17），就可以在 DragonBones 中预览刚才调整的动画。

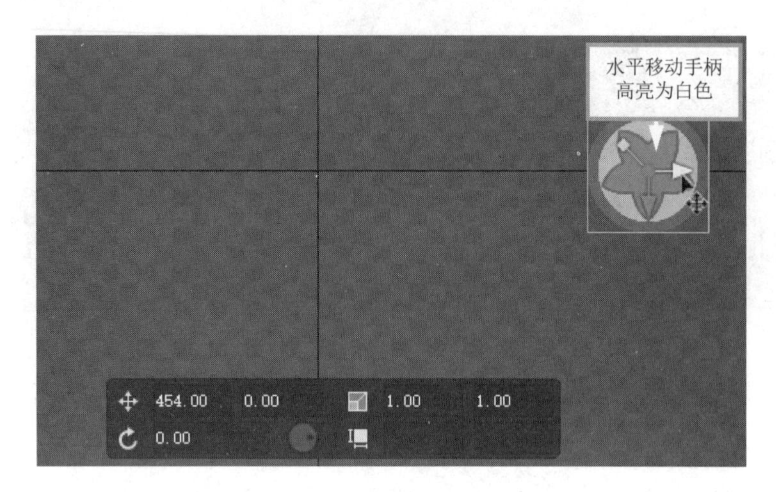

图 3-15　移动小球

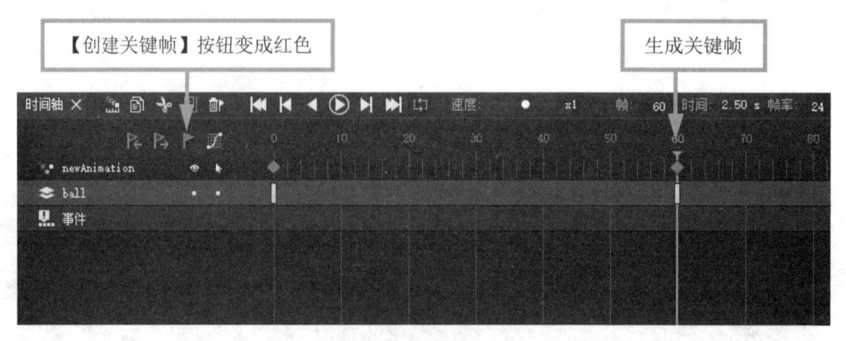

图 3-16　生成关键帧

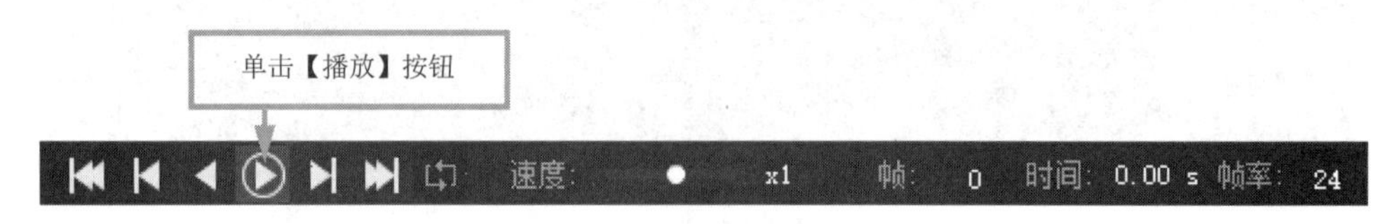

图 3-17　播放动画

3.4.7　设置运动曲线

我们刚才预览动画的时候，会发现小球两个关键帧中间并没有生成运动补间。小球在第 60 帧的时候直接跳动到了场景右侧。因此，我们需要为刚才的关键帧添加补间。

选择图层 ball 的位于第 0 帧的关键帧，单击“时间轴”面板上的【曲线编辑器】按钮，打开“曲线编辑器”面板（见图 3-18）。

这时候我们虽然选择的是第 0 帧，但设置的其实是第 0 帧和第 60 帧（即第 0 帧的下一个关键帧）之间的补间。也就是说，DragonBones 两帧之间的补间效果由前一帧决定。

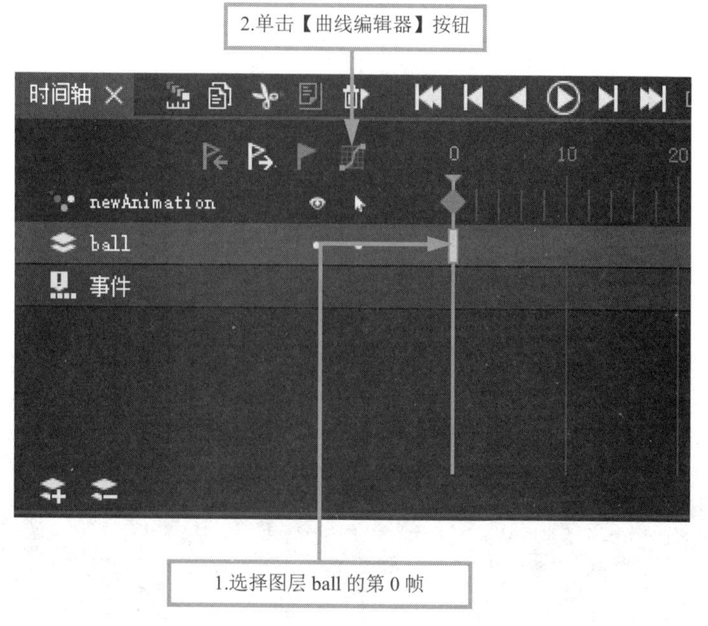

图 3-18　打开“曲线编辑器”面板

“曲线编辑器”面板如图 3-19 所示。面板右下方为预置曲线设置，由左到右依次为：无、线性、淡入、淡出、淡入淡出。

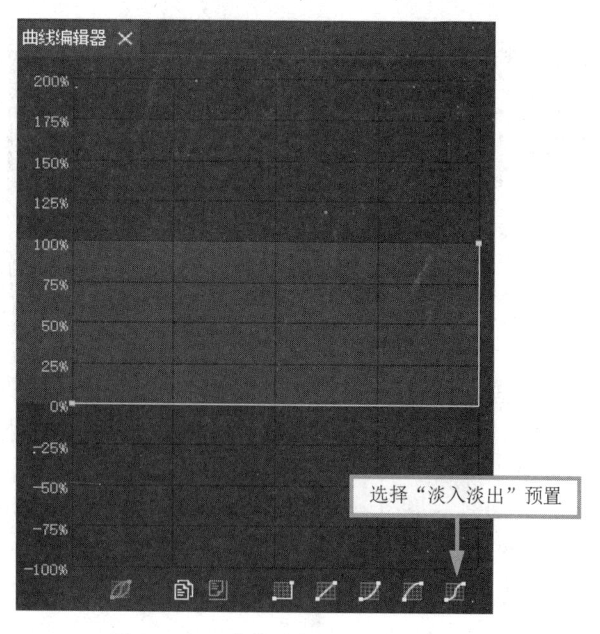

图 3-19　“曲线编辑器”面板

当前曲线显示的是“无”，所以小球没有补间。我们希望小球慢慢加速再慢慢停止，所以要将补间设置为“淡入淡出”（见图 3-19），让小球有缓动效果。

按下按钮后，我们可以观察到，“曲线编辑器”中的曲线从折线变成了 S 型曲线（见图 3-20）。同时，在“时间轴”面板中，生成补间的帧中间显示为一条曲线（见图 3-21）。

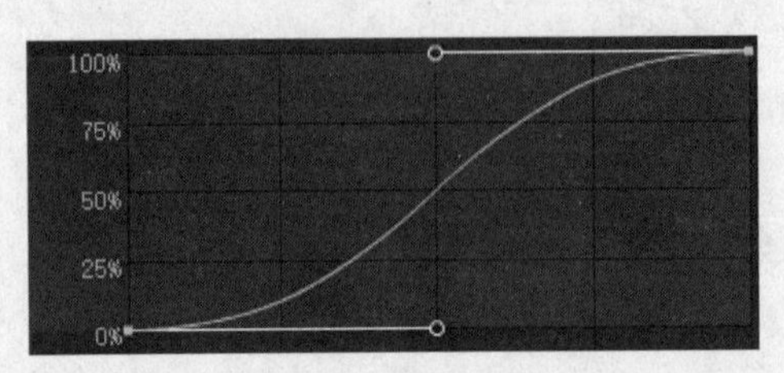

图 3-20　线性曲线

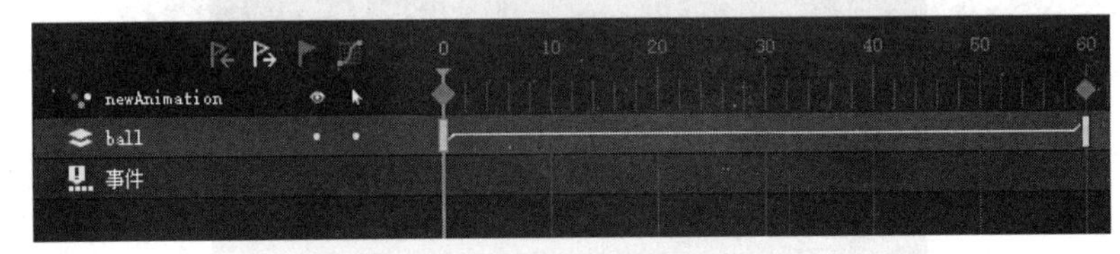

图 3-21　“时间轴”面板上的曲线标识

编辑完运动曲线之后，整个移动小球动画也完成了。

单击【播放】按钮，可以看到小球慢慢地加速向右移动，在快到达目的地时慢慢地停止。

小贴士

（1）基本动画元件默认曲线预置为“无”，骨架元件默认曲线预置为“线性”。

（2）在“曲线编辑器”面板中拖动曲线的两个手柄可以自由调整曲线。当曲线预置为“无”的时候，无法调整曲线手柄，我们可以先切换到其他预置再调整曲线手柄。当曲线预置为“线性”的时候，曲线手柄长度为 0，这时候可以拖拽对角线上的小圆圈将手柄拉出来。

3.5　在浏览器中预览动画

如果想要预览小球动画在浏览器中的效果，可以单击“系统工具栏”中的【Egret 预览】按钮（见图 3-22），或者使用快捷键 Ctrl+Enter。DragonBones 会在浏览器中打开一个带有 HTML5 动画的网页，供我们预览小球移动的效果，如图 3-23 所示。

用手机扫描网页左上方的二维码，我们可以在手机上预览动画效果。

单击【Egret 预览】按钮

图 3-22　单击【Egret 预览】按钮

图 3-23　在浏览器中预览动画

第 4 章　帧动画进阶——游戏开场动画

本章要点

- 在 DragonBones Pro 中创建基于帧动画模板的龙骨动画项目
- 制作一段游戏开场动画
- 批量添加关键帧
- 批量修改运动曲线
- 修改图片旋转轴点并旋转图片

4.1　项目概述

本章将为读者介绍在 DragonBones Pro 中如何创建基于帧动画模板的龙骨动画项目，以及制作游戏开场动画的基本操作流程。

在这一章中，我们会尝试制作一段游戏开场动画。与上一章相比，这一章制作的动画更加复杂，动画效果也更加丰富——包括移动、旋转、放大等动画变换效果。

4.2　新建并保存项目

首先新建一个基于帧动画模板的龙骨动画项目（以下简称帧动画项目）。怎样创建帧动画项目请参考上一章的教学。

新建完项目之后，我们需要保存一下当前的项目。在窗口顶部菜单依次单击【文件】→【保存项目】(快捷键为 Ctrl+S)，在弹出的“另存为”对话框中，将项目名修改为 opening（见图 4-1）。

单击【浏览】按钮选择项目文件夹的保存路径。还记得上一章提到的 DragonBones 项目构成吗？我们需要为当前项目单独新建一个名为 opening 的空白文件夹，再将 DragonBones 项目保存在里边。

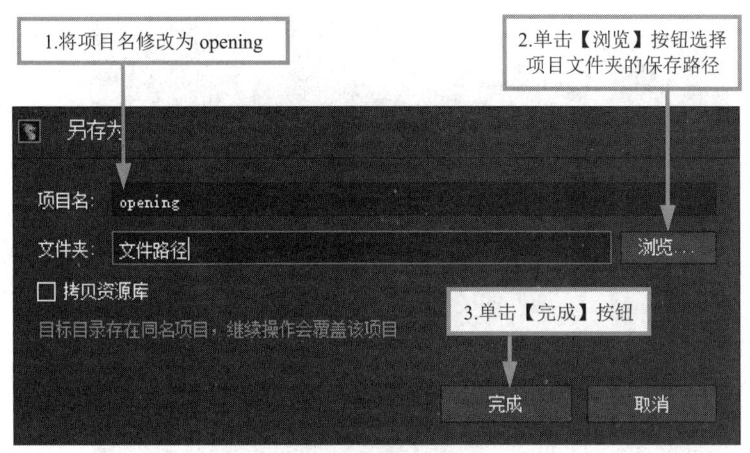

图 4-1　“另存为”对话框

4.3　准备工作

4.3.1　导入资源

现在导入我们制作游戏开场动画所需的图片素材。

还记得上一章介绍的导入图片的三种方法吗？现在我们要介绍的是方法二，即将图片导入到“资源”面板中，再放置到主场景。

单击界面右侧“资源”面板“library/”文件夹旁的【导入资源】按钮，在弹出的对话框中选择本书附带的游戏开场动画素材（素材所在文件夹为“DB 素材/游戏开场动画”），将该文件夹中的图片文件批量导入到“资源”面板中。

导入图片之后，将鼠标悬停在“资源”面板的图片名称上可以预览相关图片（见图 4-2）。

4.3.2　拖拽资源到主场景

我们已经导入了要使用的 PNG 图片，但是这些 PNG 图片只是被复制到了项目文件夹中。接下来我们需要把这些 PNG 图片放置到主场景中。

在“资源”面板中选择图片 sky，将它拖拽到主场景。松开鼠标，可以发现图片 sky 已经被放置在主场景中（见图 4-3）。同时，DragonBones 也会自动生成一个名为 sky 的图层。这时候我们还会发现，“资源”面板中图片 sky 的图标变成了黄色。这代表图片 sky 已经被放置在主场景中，而其他白色的图标则代表这些图片还未被使用。

这张图片是这个游戏开场动画的底图，我们需要将这张图片放置在主场景正中。在主场景选中图片 sky，在“变换”面板将它的 X 坐标和 Y 坐标都改为 0（见图 4-4）。图片 sky 就居中了。

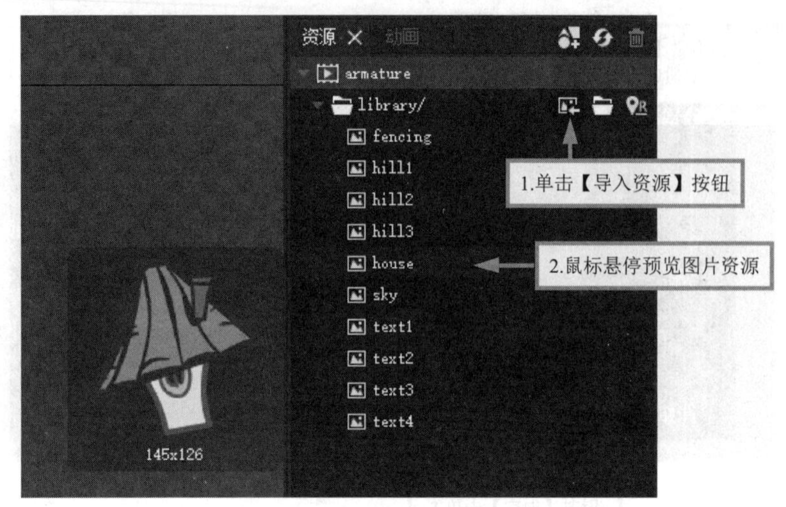

图 4-2 “资源”面板

图 4-3 拖拽资源到主场景

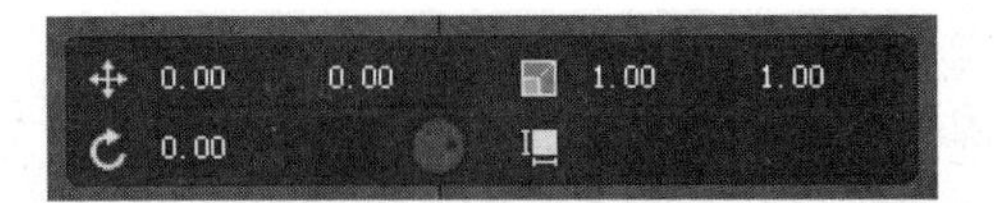

图4-4　修改图片坐标

那么，剩下的图片是否可以一起拖拽到主场景呢？答案是可以的。

按住 Ctrl 键，在“资源”面板就可以选择多张图片。我们将剩下的图片都选中，并将它们拖拽到主场景。

小贴士

DragonBones 的同一个图层的同一帧只能包含一张图片。

所以，从“资源库”拖拽图片到主场景时：

（1）如果没有图层被选中或选中层当前帧已有非空关键帧，DragonBones 便会在时间轴自动添加一个以图片名命名的层。

（2）如果选中的图层在当前帧没有关键帧，则会生成一个包含该图片的关键帧。

（3）如果选中的图层在当前帧为空关键帧，图片将被添加到空关键帧中，空关键帧变为非空关键帧。

4.3.3　放置图片

现在按照图 4-5 所示的位置放置图片。移动图片的方法在上一章中已有介绍。

图4-5　放置图片

4.3.4　修改图层层级

移动完图片之后，我们会发现图 4-5 中图片的层级不对。后面的山遮挡了前面的山，小屋子也没有被山体遮挡，这是因为我们没有设置好正确的图层层级。

凡是从“资源”面板拖拽到主场景的图片，DragonBones 会按照该图片的名称自动生成同名图层。但是这些图层不一定就会按照我们想要的层次排列，这时候我们需要做的是修改图层层级。

在“时间轴”面板中，我们可以看到图层 hill2 在图层 hill1 的下面，所以中间的山（图片 hill2）就会被右边的山遮挡（图片 hill1）。

在时间轴左侧标题栏处选中我们要调整顺序的图层，按住鼠标左键并上下拖拽，我们会发现在鼠标经过的地方，两个图层标题中间会出现一条蓝色的线（见图 4-6），这就代表如果我们现在松开鼠标，当前拖拽的图层就会被插入到这两个图层中间。

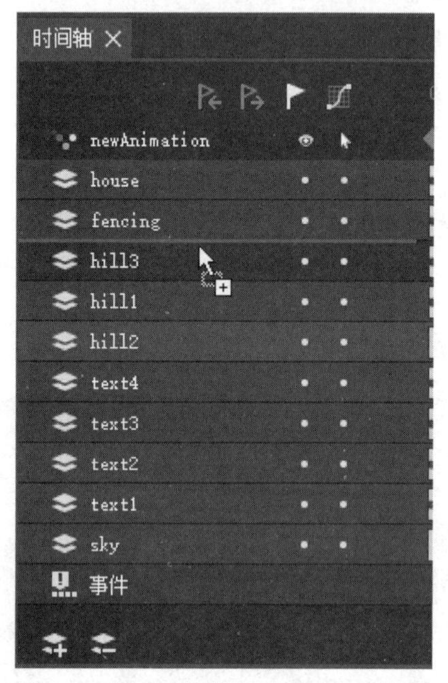

图 4-6　在“时间轴”面板中拖拽图层

现在按照图 4-7 所示调整图层顺序，最终呈现出来的画面如图 4-8 所示。

小贴士

（1）如果需要修改图层名称，可以在“时间轴”面板双击该图层的标题，就会弹出重新命名的窗口。

（2）如果需要创建新的空白的图层，可以在“时间轴”面板左侧标题栏处单击右键，在弹出的右键菜单中选择【插入层】。

（3）如果对创建的图层不满意，可以在该图层上单击右键，在弹出来的右键菜单中选择【删除层】。

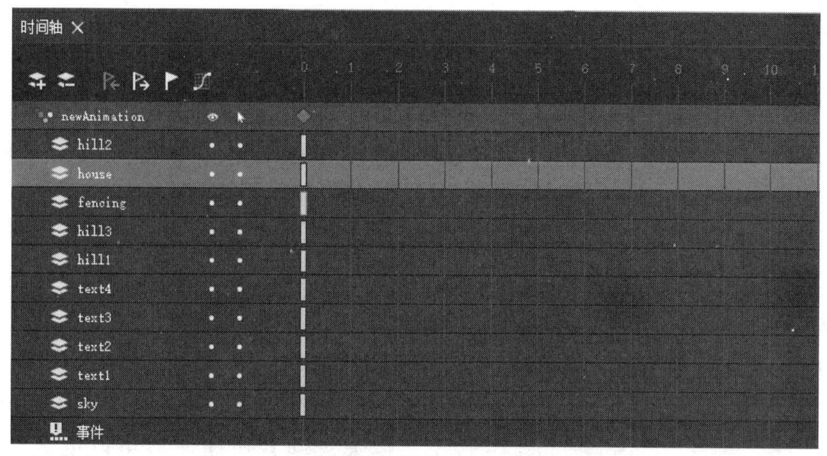

图 4-7　在“时间轴”面板中调整图层顺序

图 4-8　正常的图层顺序

4.4　游戏开场动画运动介绍

做完之前的准备工作后，我们将开始制作动画。

我们需要对即将创作的动画有一个明确的概念，我们之前构建的画面（见图 4-8）其实是游戏开场动画的完成画面。

动画实际上是这样的：在开场第一帧，画面除了天空之外，没有其他景色；随后，三座小山丘错落向上弹出，每个小山丘都有一个回弹动作；随后，小房子从小到大弹出；随后，白色的栅栏淡入到画面中；最后，“实例标题”这 4 个字依次从画面左下角旋转进入，环绕中间的小山丘，排列成如图 4-8 所示的拱形样式。

接下来让我们开始制作动画。

4.5 制作小山丘的动画

4.5.1 批量添加关键帧

小山丘的动画是一段向上弹出动画。

每个小山丘用 4 帧从下往上移动，然后用 3 帧回弹，回落到完成画面的位置。

我们先将绿色的播放指针移动到第 4 帧，按住 Ctrl 键，依次单击图层 hill1、hill2 和 hill3，将它们全部选中，再单击时间轴工具栏的【创建关键帧】按钮，就可以批量为图层添加关键帧。

再将播放指针移动到第 7 帧，再次单击时间轴工具栏的【创建关键帧】按钮创建关键帧。最终的关键帧分布情况如图 4-9 所示。

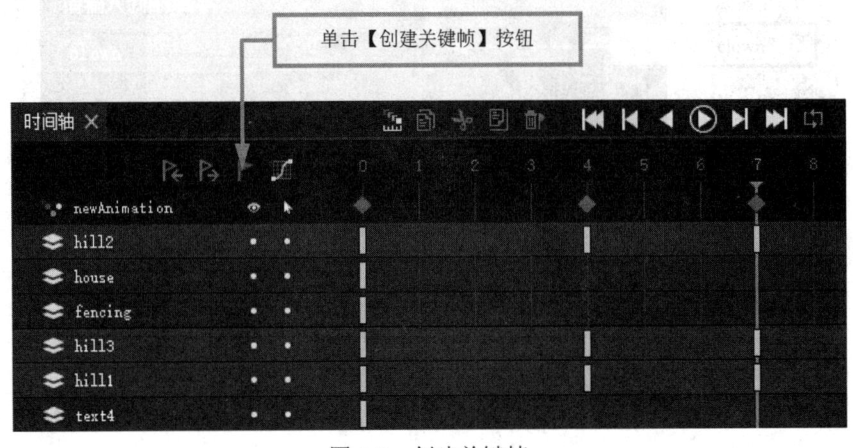

图 4-9 创建关键帧

4.5.2 创建关键帧动画

注意，这时候小山丘在第 0 帧、第 4 帧、第 7 帧都处于同一个位置，并没有发生位移。接下来我们要移动小山丘创建关键帧动画。

将播放指针移动到第 0 帧。选中图片 hill1、hill2 和 hill3，将它们向下移动到低于图片 sky 下边缘的位置。随后将播放指针移动到第 4 帧。选中图片 hill1、hill2 和 hill3 向上移动一小段距离（见图 4-10）。这样三个小山丘都会有一次回弹动画，显得比较活泼。

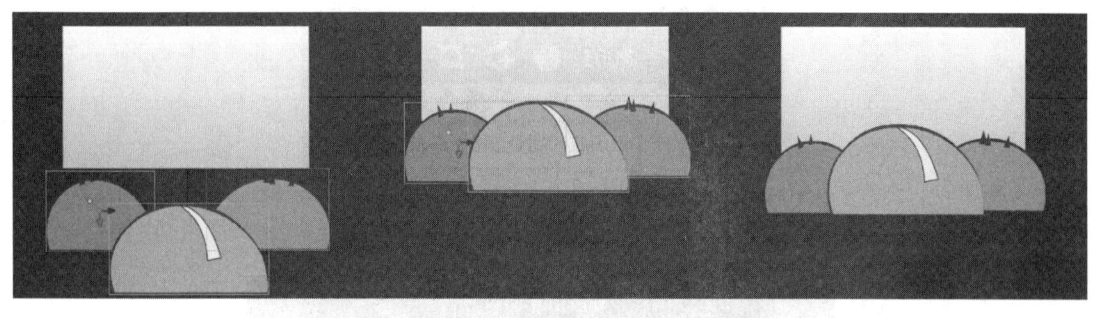

第 0 帧　　第 4 帧　　第 7 帧
移出背景框外　　回弹　　完成

图 4-10　小山丘移动示意图

4.5.3　将运动曲线设置为线性

预览动画的时候，会发现小山丘的三个关键帧中间并没有生成运动补间。这时候我们需要为刚才的关键帧添加补间。

选择图层 hill1 位于第 0 帧的关键帧，单击“时间轴”面板上的【曲线编辑器】按钮，打开“曲线编辑器”面板（见图 4-11）。

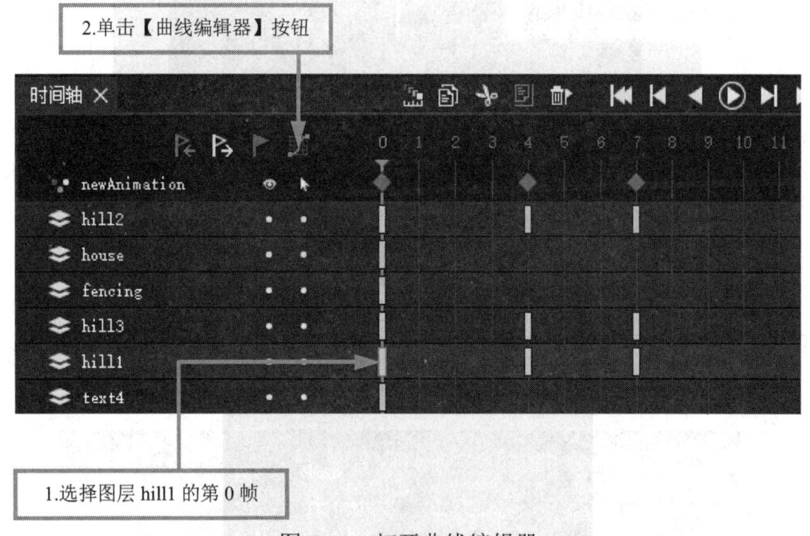

图 4-11　打开曲线编辑器

当前曲线显示的是“无”，所以小山丘没有补间，现在让我们将补间设置为“线性”。

首先要设置的是第 0 帧和第 4 帧之间的补间。这时候我们需要选择第 0 帧，在“曲线编辑器”面板中单击【线性】按钮（见图 4-12）。也就是说，如果要设置某个关键帧到下一个关键帧之间的补间，则应该选择开始的关键帧来设置曲线。

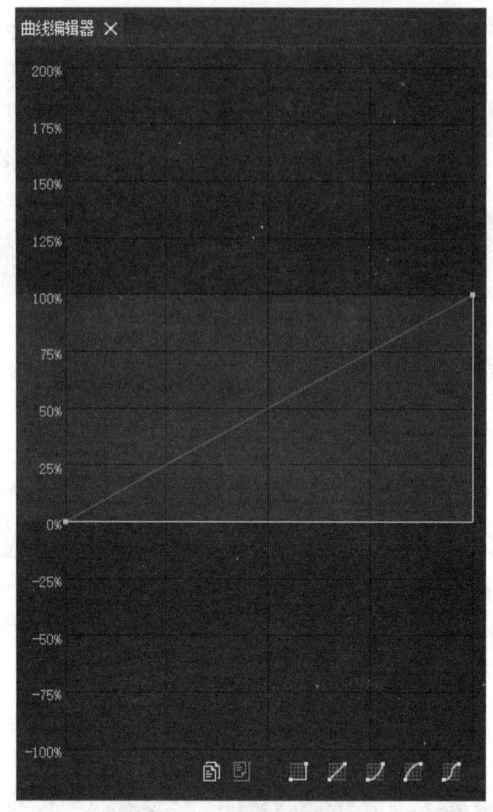

图 4-12　“曲线编辑器”面板

重复上述步骤，依次将图层 hill1、hill2 和 hill3 的第 0 帧到第 4 帧、第 4 帧到第 7 帧的补间都设置为“线性”。

此外还有另一种更为简便的方法，即按住 Ctrl 键一次性选中多个帧，再将其曲线设置为“线性”。

操作完成后，可以发现当我们设置了曲线的时候，时间轴上的曲线标识也发生了变化。例如，设置了线性补间的帧中间就是一条直线（见图 4-13）。

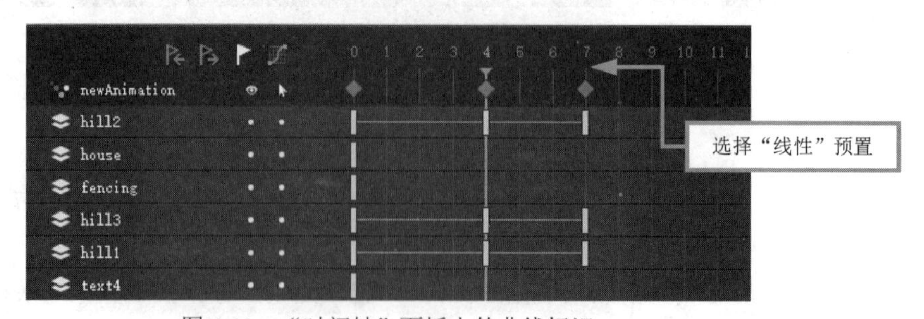

图 4-13　“时间轴”面板上的曲线标识

4.5.4　移动关键帧

现在让我们对此前的动画做一些小小的改进。三个小山丘同时弹出来显得太过古板，我们要让它们依次弹出。实现这个效果非常简单，我们需要做的只是将三个小山丘的关键帧稍微错一下位，让 hill2 先弹出来，之后才轮到 hill3 和 hill1。

批量框选 hill3 的所有关键帧。具体操作是在时间轴上拖拽鼠标，这时候时间轴会出现蓝色方框，蓝色方框内的关键帧都会被框选上。

框选完关键帧之后，将鼠标放在蓝色方框上面，鼠标就会变成十字符号。拖拽蓝色方框，就可以移动蓝色方框选中的关键帧（见图 4-14）。

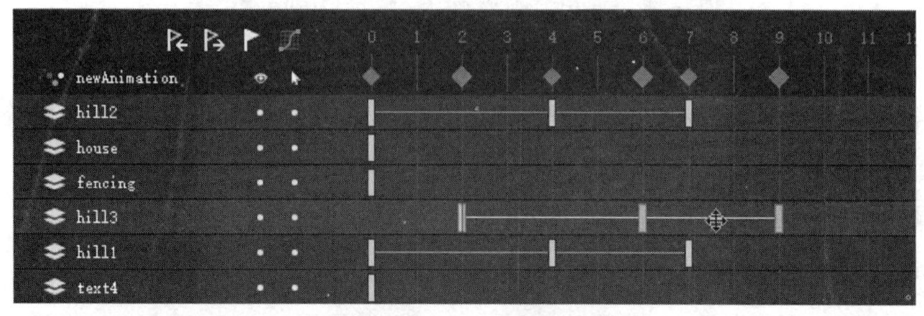

图 4-14　批量移动关键帧

三个小山丘的关键帧分布情况如图 4-15 所示。至此，小山丘的向上弹出动画就完成了。

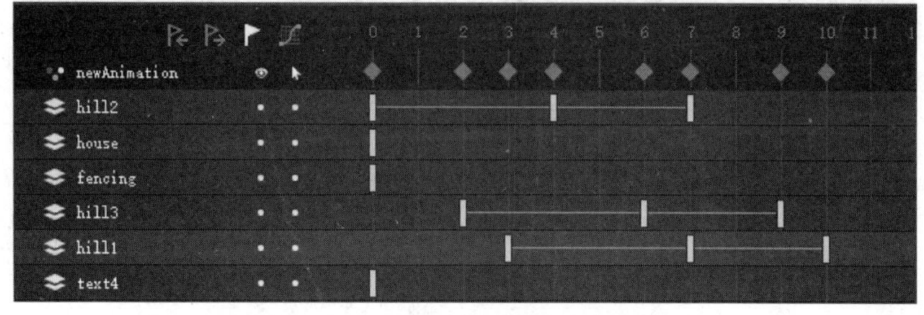

图 4-15　小山丘的关键帧分布情况

4.6　制作小房子的动画

小房子的动画是一段放大弹出动画。

在中间的小山丘运动完之前，小房子都会隐藏。等到了第 6 帧，小房子将放大出现，一直持续到第 9 帧，然后在第 11 帧回弹到正常大小。

现在我们将图层 house 在第 0 帧的关键帧移动到第 6 帧，并在第 9 帧和第 11 帧添加关键帧。

在第 6 帧的时候，我们将小房子隐藏在山丘后面，并将它的缩放比例设置为 0.50（见图 4-16）。

图 4-16　修改第 6 帧图片的缩放比例

在第 9 帧的时候，我们让小房子完全露出来，并将它的缩放比例设置为 1.20 和 1.50（见图 4-17）。

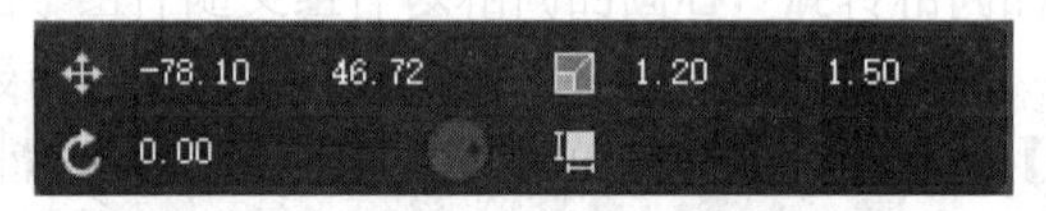

图 4-17　修改第 9 帧图片的缩放比例

第 11 帧保持原样即可。

之后不要忘记去“曲线编辑器”面板中将动画补间设置为“线性”。

小房子的关键帧分布如图 4-18 所示。至此，小房子的放大弹出动画就完成了。

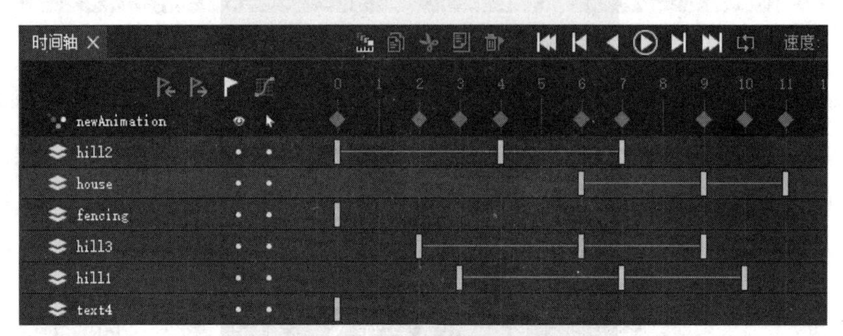

图 4-18　小房子的关键帧分布情况

4.7　制作栅栏的动画

栅栏的动画是一段淡入动画。

在小房子动画即将完成时，从第 9 帧到第 14 帧，小房子后的栅栏将由透明逐渐变为不透明。

现在将图层 fencing 在第 0 帧的关键帧移动到第 9 帧，并在第 14 帧添加关键帧。

选择图层 fencing 在第 9 帧的关键帧，在“属性”面板中将图片 facing 的透明度设置为 0（见图 4-19）。

打开“曲线编辑器”面板，将第 9 帧和第 14 帧之间的补间设置为“线性”。

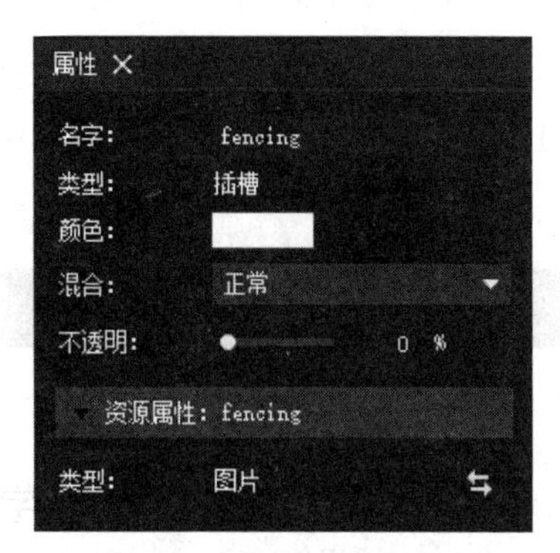

图 4-19　设置图片透明度

栅栏的关键帧分布情况如图 4-20 所示。至此，栅栏的淡入动画就完成了。

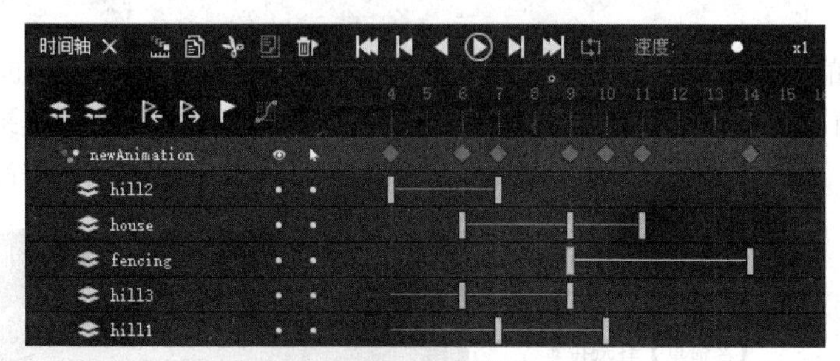

图 4-20　栅栏的关键帧分布情况

4.8　制作实例标题的动画

4.8.1　动画的时间安排

“实例标题”这 4 个字飞进画面采用的是一段旋转进入的动画（见图 4-21）。

在第 14 帧时，“题”字开始飞入，到第 22 帧停止；在第 16 帧时，“标”字开始飞入，到第 23 帧停止；在第 18 帧时，“例”字开始飞入，到第 24 帧停止。在第 20 帧时，“实”字开始飞入，到第 25 帧停止。值得注意的是，因为这几个字飞行的距离不同，因此它们运动持续的时间要和距离成正比，才能获得相近的速度。譬如“题”字，在速度相近的前提下，需要花费更多的时间才能飞到画面右上方。

4.8.2　修改图片旋转轴点

如何让文字按弧形路径飞入到画面中呢？

这时候，我们需要用到“轴点工具”，将这几个文字的旋转轴点放置在中间小山丘的中心，让这几个文字环绕小山丘旋转。

图 4-21　“实例标题”动画（一个瞬间）

单击主场景工具栏上的“轴点工具”（见图 4-22），将鼠标模式切换到轴点工具模式。

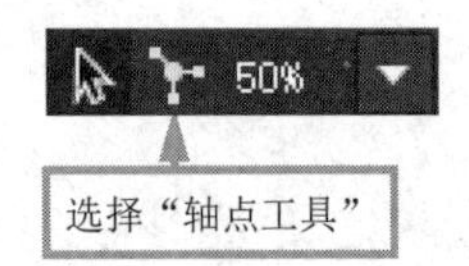

图 4-22　选择“轴点工具”

这时候再选择“题”字，就会发现“题”字控制手柄中间的圆圈边缘变黑了。拖动手柄就可以设置“题”字的旋转中心。

现在让我们将旋转轴点放到小山丘中心（见图 4-23）。

图 4-23　修改图片旋转轴点

修改完旋转轴点后，不要忘记将鼠标模式切换回移动工具模式。

4.8.3 创建关键帧动画

将“题”字所在图层 text4 的第 0 帧的关键帧移动到第 14 帧。

将播放指针移动到第 22 帧，给图层 text4 添加一个关键帧。

再将播放指针移动到第 14 帧，即“题”字动画的开始帧。将鼠标移动到画面空白处，鼠标指针右下角将出现旋转标志。此时拖拽鼠标就可以围绕轴心旋转图片。用这种方式将“题”字旋转到画面的左下方隐藏起来（见图 4-24）。

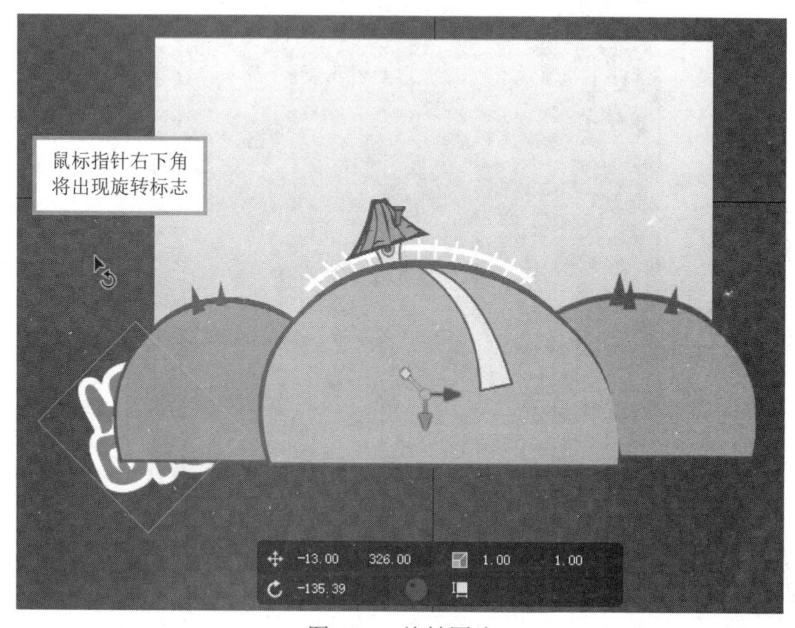

图 4-24 旋转图片

4.8.4 将运动曲线设置为淡出

设置完“题”字在两个不同关键帧的位置，接下来为这两个关键帧添加运动补间。

这一次，我们需要的是一段“淡出”动画。让“题”字快速飞出，然后慢慢地停下。减少动画运动突然停止的突兀感。

我们可以通过在“曲线编辑器”面板中调整贝塞尔曲线来控制补间的移动速度。打开“曲线编辑”面板，将补间设置为“淡出”（见图 4-25）。就可以发现“曲线编辑器”面板中的曲线呈现弧形。同时，在“时间轴”面板中也可以发现设置了淡出补间的帧中间是一条曲线。

播放动画就可以发现“题”字在快到达指定位置的时候速度就变慢了。

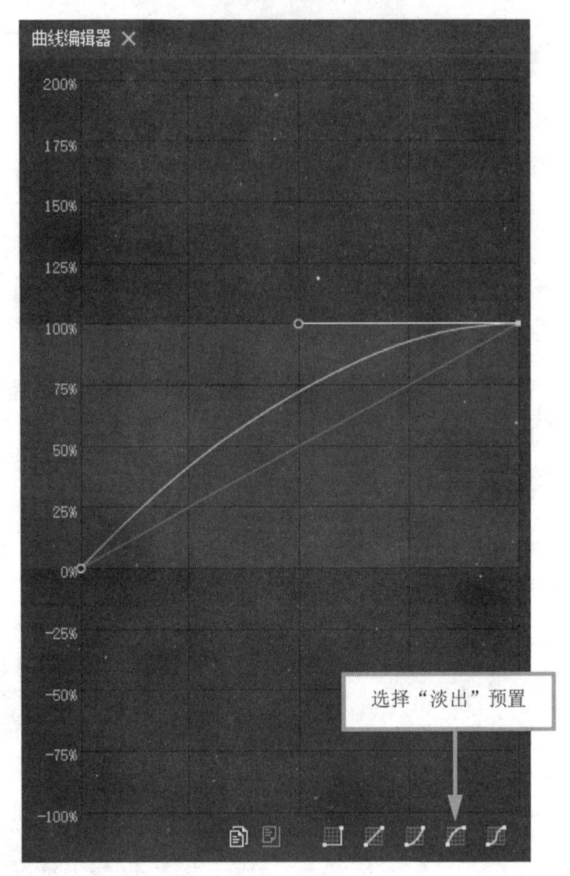

图 4-25　“曲线编辑器”面板

小贴士

“曲线编辑器”的 X 轴和 Y 轴与动画运动速度的关联:

（1）X 轴从左往右方向代表这段补间动画播放的时间，Y 轴从下往上方向代表这段补间动画已经移动的距离的百分比。

（2）运动曲线切线与水平线的夹角越小，就代表图片移动的速度越慢。

（3）所以在“淡出”曲线中，切线的夹角越接近 X 轴右侧就越小，代表图片的速度在逐渐变慢。

4.8.5　设置其他文字的关键帧动画

现在按照之前对“题”字进行的操作去设置“实”“例”“标”这三个字的动画。因为“题”字的运动路径比较长，所以我们让它的运动持续 8 帧。而“标”字的运动路径比较短，我们让它在第 16 帧开始运动，第 23 帧结束运动。依此类推，“例”字要在第 18 帧开始运动，到第 24 帧结束运动;“实”字要在第 20 帧开始运动，到第 25 帧结束运动。

“实例标题”这 4 个字的关键帧分布情况如图 4-26 所示。

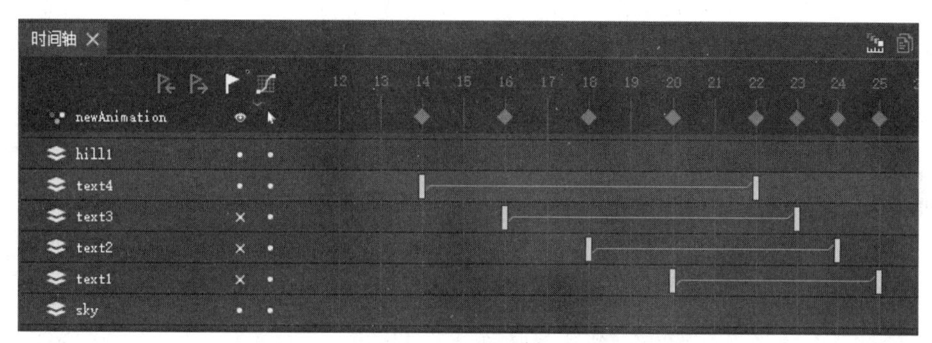

图 4-26　“实例标题”动画的关键帧分布情况

完成了“实例标题”动画后，整个游戏开场动画也完成了。游戏开场动画所有关键帧的分布情况如图 4-27 所示。

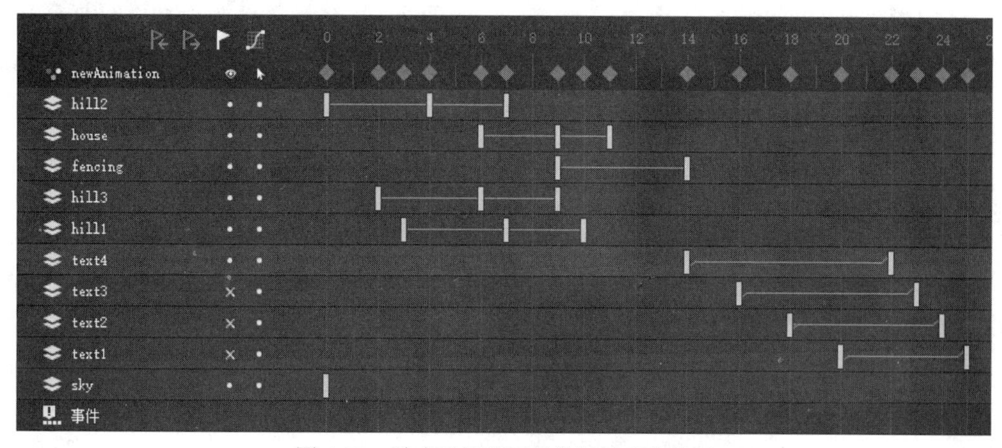

图 4-27　游戏开场动画的关键帧分布情况

单击【播放】按钮，预览一下整个动画吧。

第 5 章　创建简单的骨骼动画——小丑盒子

本章要点

- 在 DragonBones Pro 中创建骨骼动画
- 使用 DragonBones Pro 装配简单的骨架
- 使用装配好的骨架制作一段简单的动画

5.1　项目概述

本章将为读者介绍在 DragonBones Pro 中创建骨骼动画的基本操作流程。与传统的帧动画相比，骨骼动画将节省动画师大量的精力，不需要重新绘制每一帧的动作就可以生成流畅的动画。

我们在制作骨骼动画的时候，需要先将角色身体分为多个部分，然后把这些图片素材分别绑定到相互连接的骨骼上，最后再通过控制这些骨骼的位移、旋转和大小来生成一段角色动画。

在这一章中，会尝试制作一段小丑盒子的循环动画。在这一制作过程中我们将学会用 DragonBones 创建骨骼动画的基本流程和方法。

5.2　新建并保存项目

首先新建一个基于骨骼动画模板的龙骨动画项目（以下简称骨骼动画项目）。

启动 DragonBones，在窗口顶部菜单依次单击【文件】→【新建项目】，打开“新建项目”对话框（或者在欢迎界面中单击【新建项目】）。

在“新建项目”对话框中，单击【创建龙骨动画】按钮（见图 5-1）。

在“新建项目”对话框中，选择“骨骼动画模板”并单击【完成】按钮（见图 5-2）。

新建完项目之后，需要保存一下当前的项目。在窗口顶部菜单依次单击【文件】→【保存项目】（快捷键为 Ctrl+S），在弹出“另存为”对话框中，将项目名修改为 theClown（见图 5-3）。

单击【浏览】按钮选择项目文件夹的保存路径。保存之前要为当前项目单独新建一个名为 theClown 的空白文件夹，再将 DragonBones 项目保存在里边。

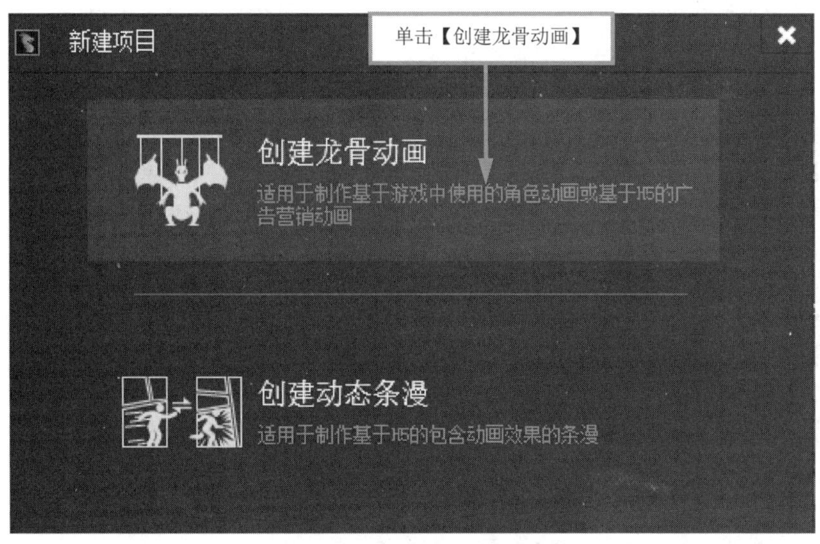

图 5-1 “新建项目”对话框

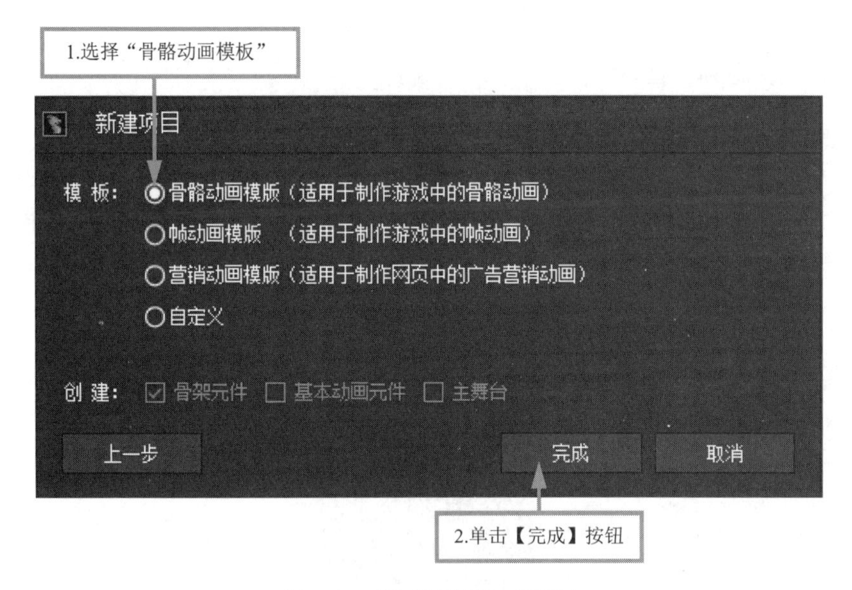

图 5-2 “新建项目”对话框

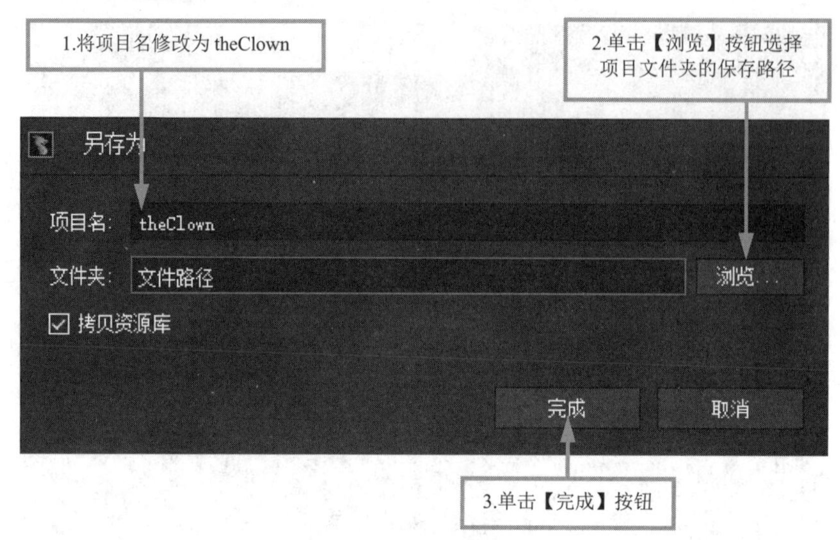

图 5-3 “另存为”对话框

5.3 骨架装配

5.3.1 导入资源到舞台

现在需要导入制作骨骼动画所需的图片素材。

单击软件顶部菜单【文件】→【导入资源到舞台】，如图 5-4 所示。在弹出的对话框中选择本书附带的小丑盒子素材（素材所在文件夹为“DB 素材/小丑盒子素材”），将图片文件批量导入到舞台中。

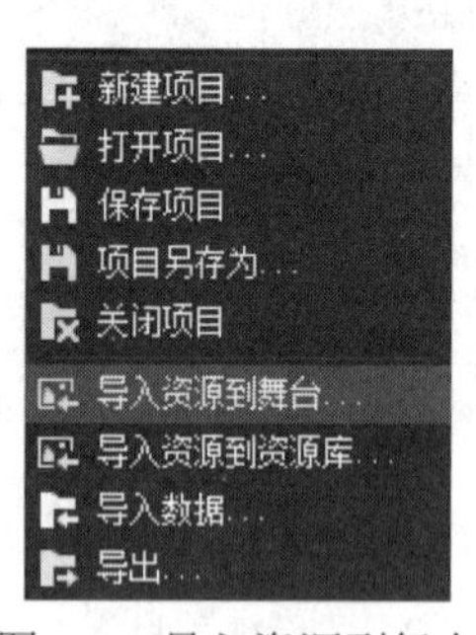

图 5-4 导入资源到舞台

可以看到，刚才选择的图片已经被批量导入到舞台中（见图 5-5）。

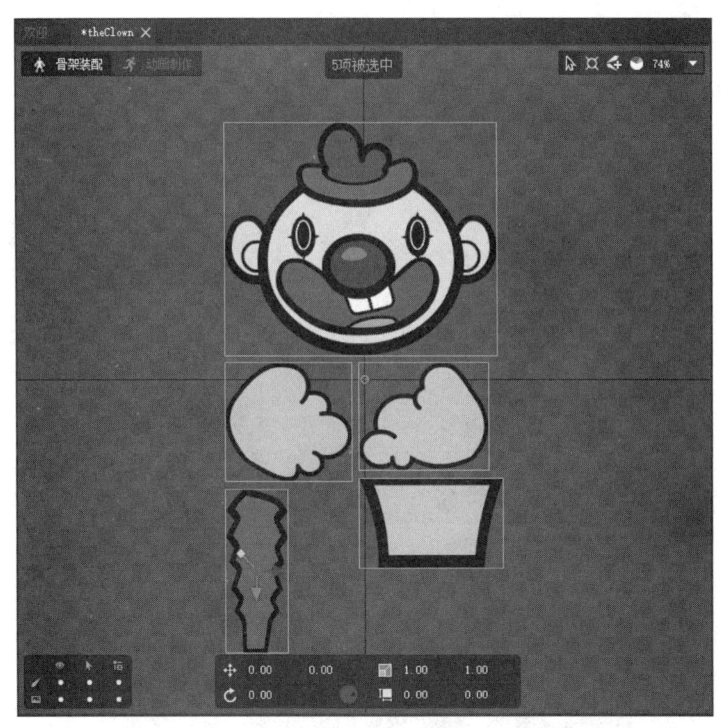

图 5-5　导入资源到舞台

5.3.2　生成插槽

DragonBones 为我们刚才导入主场景的图片自动生成了插槽。

什么是插槽？插槽是骨骼元件独有的元素。插槽就像是图片的容器一样，每张图片都必须和插槽关联，一个插槽可以关联多张图片。同时，插槽也是连接骨骼和图片的桥梁，通过插槽，一根骨骼可以同时控制多张图片。

在“场景树”面板中，我们可以看到一些树形关系。这就是 DragonBones 为我们刚才导入主场景的图片自动生成的插槽（见图 5-6）。插槽和图片成父子关系。

小贴士

（1）插槽可以为空，或者包含图片，但不能包含其他插槽或骨骼。

（2）一个插槽下可以有多张图片，但同一时间只能有一张图片处于显示状态，其他的图片会处于隐藏状态。插槽内的图片也可以全部处于隐藏状态。

5.3.3　放置图片

之前，DragonBones 已经自动将图片平铺在主场景上，现在需要将其拼接为完整的小丑。按照图 5-7 所示将图片放置好。

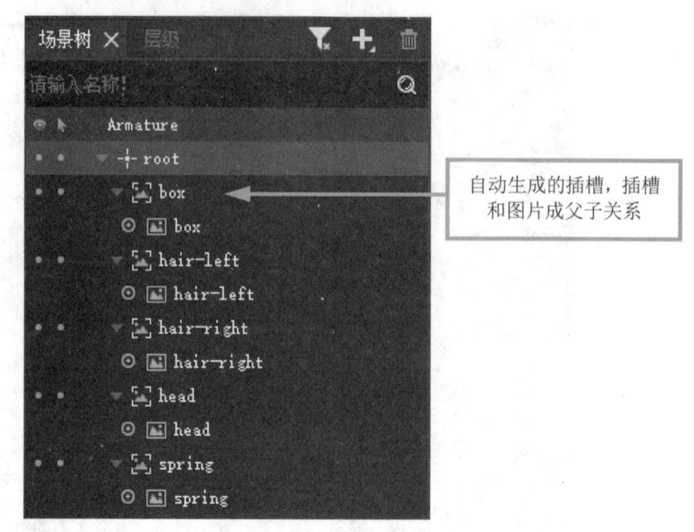

图 5-6　自动生成的插槽

图 5-7　放置图片

5.3.4　修改插槽层级

移动完图片之后，我们会发现在图 5-7 中，小丑的头发遮挡了脸。这是因为我们还没有设置好插槽的层级。

插槽的层级可以在“层级”面板中查看。如果找不到“层级”面板，可以在软件顶部菜单中单击【窗口】→【层级】调出。

在“层级”面板中，可以看到插槽 head 在插槽 hair-left 和 hair-right 的下面，所以小丑的脸在头发下面。现在将插槽 head 拖拽到插槽 hair-left 和 hair-right 的上方（见图 5-8），主场景中小丑头发和脸的层级关系也正常了（见图 5-9）。

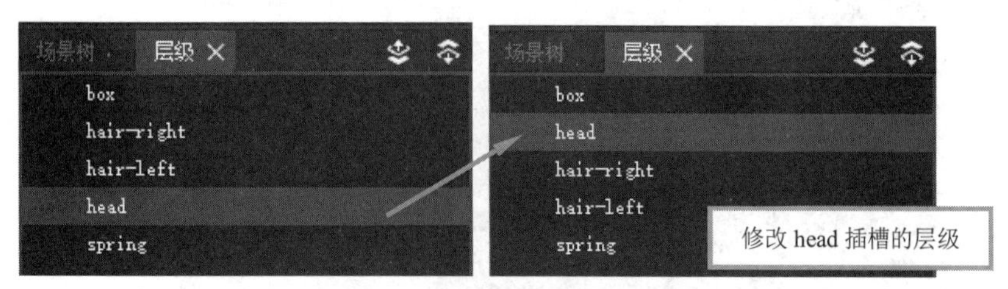

图 5-8　修改插槽层级

图 5-9　正常的插槽层级关系

小贴士

插槽处于选择状态时，鼠标单击并按住其他区域会旋转当前插槽。如果需要使用鼠标框选多个插槽，可以先右击取消当前插槽的选择状态，之后再框选插槽。

5.3.5　修改骨架名称

小丑骨架的名称为默认的 Armature，现在我们想要修改骨架名称。

双击“场景树”面板中的骨骼，或者在骨骼上右击并在弹出的右键菜单中选择【重命名】，即可弹出“重命名”窗口，我们可以在其中输入新的骨架名称 clown（见图 5-10）。

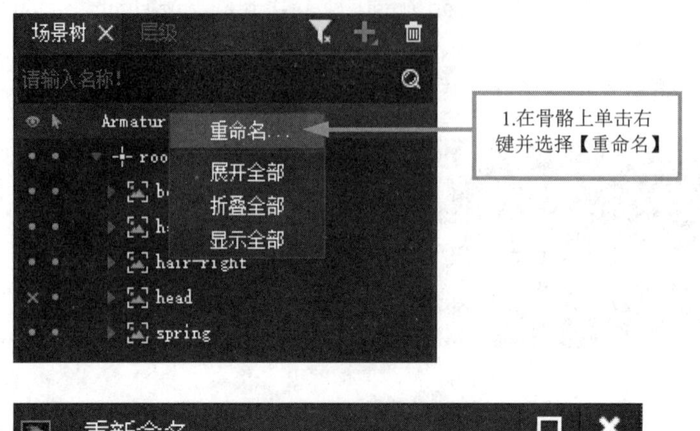

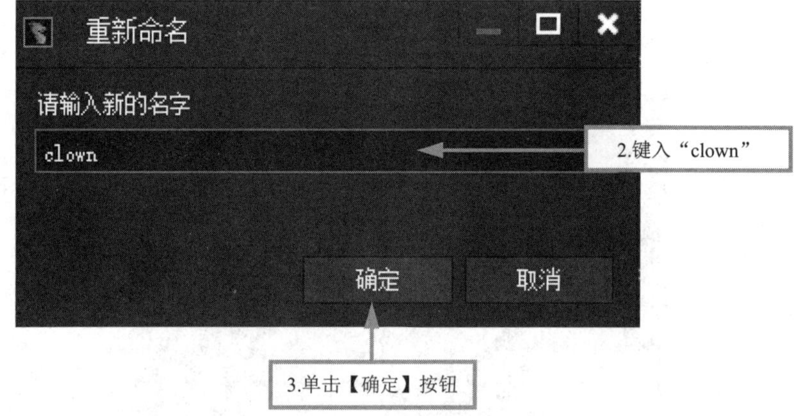

图 5-10 修改骨架名称

5.3.6 创建小丑头部的骨骼

现在来为主场景中的图片创建骨骼。

在 DragonBones 中，骨骼的起点最为重要，因为它决定了骨骼旋转的中心点，也决定了骨骼其下包含的插槽和图片旋转的中心点。我们必须仔细观察角色的结构，将骨骼的起始点放在角色旋转的关节处。

选择主场景工具栏的“创建骨骼”工具（见图 5-11），然后按照图 5-12 所示创建骨骼。

按住鼠标左键并拖拽就可以创建骨骼。在创建骨骼的过程中，包含骨骼且离骨骼最近的图片的边缘会处于高亮状态，松开鼠标的时候，高亮的图片会自动绑定到创建的骨骼上。同时，舞台上方亦会出现“骨骼将绑定[插槽名称]”的提示。新创建的骨骼的名称也会自动命名为插槽的名称（见图 5-13）。

图 5-11 选择“创建骨骼”工具

图 5-12 创建骨骼

图 5-13 骨骼自动命名

小贴士

如果不希望高亮图片绑定到骨骼上，可以在创建骨骼时长按 Ctrl 键禁用自动绑定图片的功能，并在保持 Ctrl 键按下的状态下用鼠标单击图片来重新选择希望绑定的图片。

5.3.7 隐藏插槽和骨骼

接下来，我们要创建小丑头发和颈部的骨骼。由于图片 head 和 box 的遮挡，我们看不到图片 hair-left、hair-right 和 spring 的全貌，所以难以判断骨骼的起点。这时候，我们可以暂时先将图片 head 和 box 隐藏。

在 DragonBones 中，可以通过隐藏图片所在的插槽来隐藏图片。在“场景树”面板中，单击插槽 head 和 box 前面的第一个小圆点，将其切换为“×”，就可以隐藏这两个插槽（见图 5-14）。

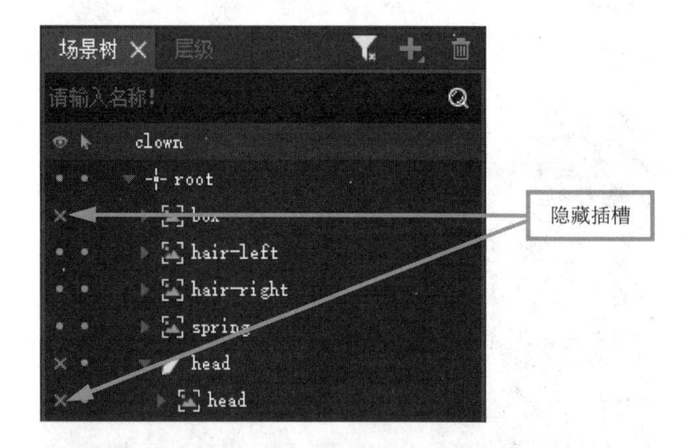

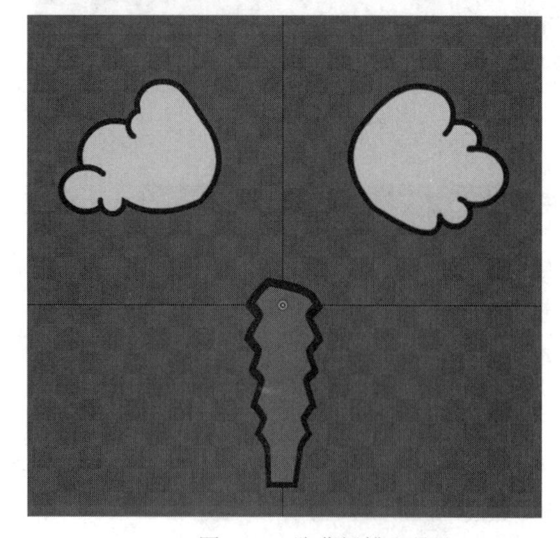

图 5-14　隐藏插槽和骨骼

小贴士

（1）如果需要隐藏骨骼，可以单击骨骼前面的第一个小圆点，将其切换为“×”。这一操作隐藏的是骨骼本身，骨骼所关联的子组件并不会随着骨骼一起隐藏。

（2）当图片、插槽、骨骼数量过多时，我们可以在“场景树”面板中的搜索框键入关键词，只显现包含该关键词的组件。

（3）“场景树”面板右上方的【智能过滤】按钮能够过滤掉图片组件，降低场景树的繁杂程度。

5.3.8 创建其他部分的骨骼

按照图 5-15 所示为图片 hair-left、hair-right 和 spring 创建骨骼。

创建完毕之后，取消骨骼和插槽的隐藏状态。最终结果如图 5-16 所示。

图 5-15 创建其他骨骼

图 5-16 骨骼创建完毕

小贴士

（1）如果对创建的骨骼不满意，可以先在“场景树”面板或主场景选中这根骨骼，再单击“场景树”面板中的【删除】按钮，或者使用键盘的 Delete 键，将这根骨骼删除。骨骼被删除时，其下包含的子骨骼、插槽和图片将一同被删除。如果要保留这些组件，请先将这些组件移出即将要删除的骨骼。

（2）如果对 DragonBones 自动命名的骨骼名称不满意，可以双击“场景树”面板中的骨骼，或者在骨骼上右击并在弹出的右键菜单中选择【重命名】，在弹出的“重命名”窗口中输入新的名称。

5.3.9 整理骨骼层级

现在我们要开始整理骨骼层级，确立各组件的父子关系，以便更好地控制骨骼和图片。

DragonBones 中父子组件之间存在继承关系。成父子关系的可以是骨骼和骨骼，也可以是骨骼和插槽、插槽和图片。

子组件会继承父组件的移动、缩放和旋转：

- 移动的继承是指子组件随父组件移动相同的距离和方向。
- 缩放的继承是指子组件随父组件缩放相同的大小比例。
- 旋转的继承是指子组件随父组件以相同的圆心，旋转相同的角度和方向。

我们在整理骨骼层级前，最好先展开全部组件。

在骨架 clown 或者骨骼 root 上右击，在弹出的右键菜单中选择【展开全部】，即可一次性展开全部组件。

按照图 5-17 所示在“场景树”面板中整理骨骼层级。

图 5-17 整理骨骼层级

在“场景树”面板中，将骨骼 hair-right 拖拽到骨骼 head 上，就可以让骨骼 hair-right 成为骨骼 head 的子组件。

骨架装配环节至此就结束了。

5.4 动画制作

5.4.1 切换到动画制作模式

装配完骨架之后，我们将开始制作骨骼动画。

我们要制作的是一段小丑左右摇摆的循环动画。

在“编辑模式切换”面板中单击【动画制作】按钮，将 DragonBones 的编辑模式切换到“动画制作”模式（见图 5-18）。

图 5-18　“编辑模式切换”面板

5.4.2　修改动画剪辑的名字

切换到动画制作模式后，会发现 DragonBones 已经自动为我们创建了一个动画剪辑 newAnimation。规范的命名非常重要，我们最好将这个动画剪辑的名称修改为一个更具指向性的词汇。

要修改当前动画剪辑的名字，可以在“动画”面板中，在要修改名称的动画剪辑上右击并在弹出的右键菜单中选择【重命名】。DragonBones 将弹出“重新命名”窗口。我们便可以在“请输入新的名字”文本框中输入当前动画的新名字 wave（见图 5-19）。

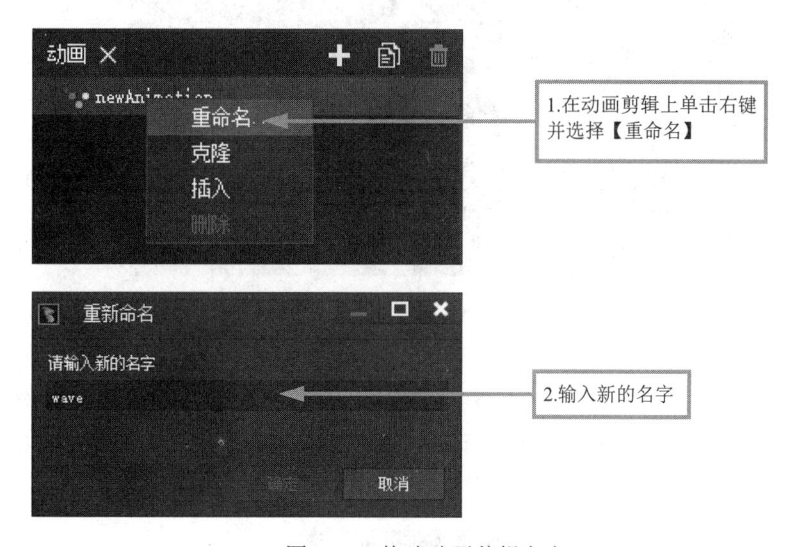

图 5-19　修改动画剪辑名字

5.4.3　移动及旋转骨骼

接下来我们将正式进入制作骨骼动画的环节。

选择主场景工具栏的“选择”工具。在主场景选中小丑头部的骨骼，或者在“场景树”面板选中骨骼 head，可以发现被选中的骨骼已经变成蓝色。

在骨骼 head 上按住鼠标左键并拖拽，将骨骼 head 略微向左下方平移。在骨骼 head 之外的区域按住鼠标左键并移动，将骨骼 head 逆时针旋转大约 30°。

这时候，我们会发现如果移动骨骼 head，骨骼 hair-left 和 hair-right 也会跟随骨骼 head 移动。这是因为骨骼 head 分别与 hair-left、hair-right 是父子组件，它们之间存在继承关系，子组件会继承父组件的移动，缩放和旋转。骨骼之所以能控制图片的移动、旋转和缩放，也是因为骨骼、插槽、图片之间存在继承关系。

用同样的方法将骨骼 spring 也逆时针旋转，对准小丑的脑袋。

最终结果如图 5-20 所示。至此，当前动画的第一个关键姿势已经完成。

图 5-20　小丑盒子的第一个关键姿势

小贴士

（1）在选择骨骼的时候，因为骨骼标识比较细，使用“选择工具”有时候会误选图片。这时候我们需要到“显示/可选/继承”工具面板，在“选择控制”一栏将“图片可选”关闭（见图 5-21），这样就不会再误选图片了。等到需要选择图片的时候再将“图片可选”开启。

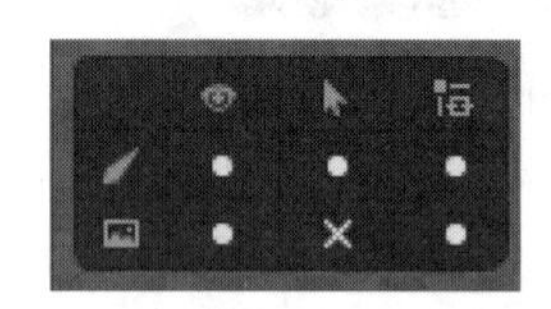

图 5-21　关闭“图片可选”

（2）鼠标单击骨骼进行拖拽，可以在 XY 轴任意方向移动骨骼。选中骨骼时，鼠标单击红色 X 轴（或绿色 Y 轴）可以在单一 X 轴（Y 轴）方向上平移。鼠标拖动黄色缩放手柄可以缩放骨骼。鼠标在非骨骼区域进行拖拽可以旋转骨骼。

5.4.4　创建关键帧

我们虽然已经完成了当前动画的第一个关键姿势，但是这个姿势还处于未记录的临时状态。如果我们查看“时间轴”面板，可以发现“时间轴”面板中没有关键帧存在。这时候如果拖动绿色的播放指针，之前修改的姿势将会复原到未修改状态。因此，我们需要创建关键帧将这个姿势记录下来。

现在让我们选中刚才修改过的骨骼 head 和 spring，单击“时间轴”工具栏的【创建关键帧】按钮，创建该骨骼的关键帧（见图 5-22）。我们也可以在时间轴第 0 帧上单击右键，在右键菜单中选择【K 帧】。

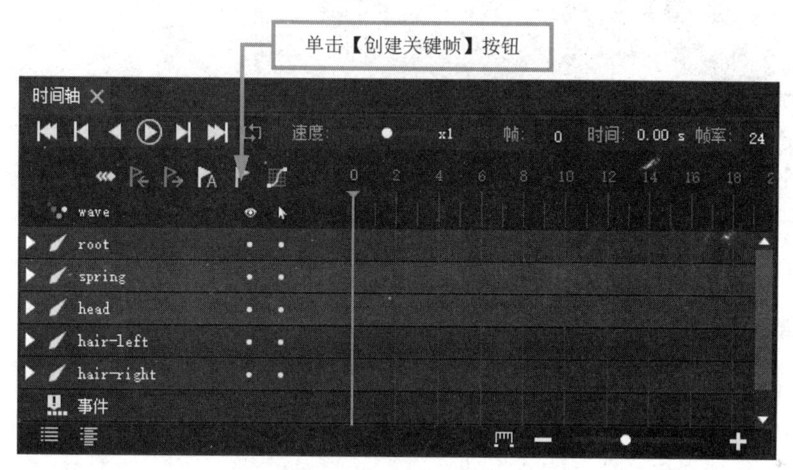

图 5-22　创建关键帧

创建完关键帧之后，关键帧所在的位置就会出现一个小方块，代表此处存在关键帧。

如果修改了骨骼但没有添加或更新关键帧，【添加关键帧】按钮就会变黄，表示这次改动没有被记录。这时候我们需要重新单击【添加关键帧】按钮来记录这次修改。

小贴士

【添加关键帧】按钮有三种状态：白色表示无关键帧；黄色表示有改动但未添加或更新关键帧；红色表示当前关键帧没有改动或改动已经被记录。白色或黄色状态下，单击按钮，将在绿色播放指针所在帧和相应骨骼层或插槽层上添加或更新关键帧。

5.4.5　自动关键帧

之前添加关键帧的方法可能会显得比较繁琐，你可能会因为忘记单击【创建关键帧】按钮而导致修改结果丢失。那么，有什么更方便的办法来记录所作的修改呢？

办法就是开启“自动关键帧”状态。开启之后，你对骨骼或插槽所作的修改都会被自动记录下来。当你移动到没有关键帧的时间点修改骨骼时，DragonBones 会自动生成关键帧来记录你所作的修改。

当“自动关键帧”状态没有开启的时候，时间轴工具栏的【自动关键帧】按钮显示为白色。鼠标单击【自动关键帧】之后，这个按钮会变成红色，代表自动关键帧状态已经开启（见图 5-23）。

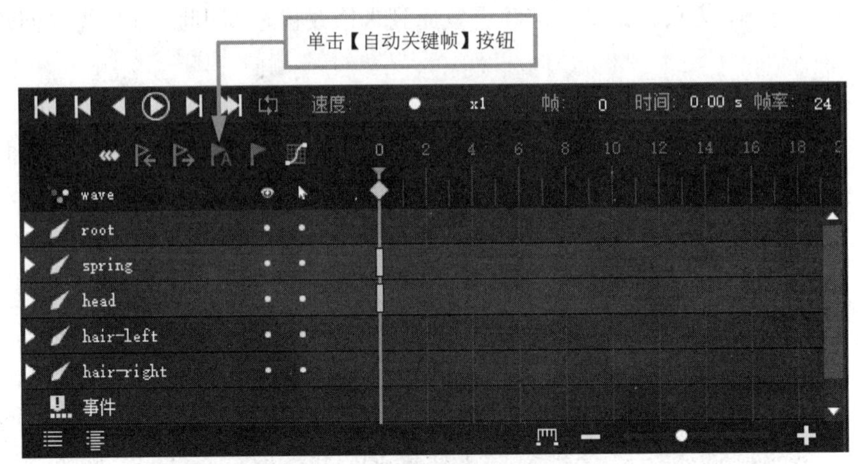

图 5-23　开启自动关键帧状态

5.4.6　缩放骨骼

接下来，我们要完成第二个关键姿势。在这个姿势中，弹簧将回缩，将小丑的头部拉到较靠近盒子的位置。

现在让我们将播放指针移动到第 4 帧。

选中骨骼 head，将小丑的头部摆正，移动到较靠近盒子的位置。

选中骨骼 spring，将弹簧摆正。这时候我们会发现弹簧是处于伸展的状态，不太符合当前的情境。这时候需要用到骨骼缩放功能，将骨骼 spring 沿骨骼朝向压缩。在 DragonBones 中，骨骼朝向的缩放属于 X 轴方向的缩放，与骨骼朝向呈 90° 的方向属于 Y 轴缩放。“变换”面板中骨骼 spring 的 X 轴缩放比例的数值是 1.00，代表骨骼当前还没有缩放。将这个数值改为 0.70（见图 5-24），就会发现主场景中的弹簧被压扁了。

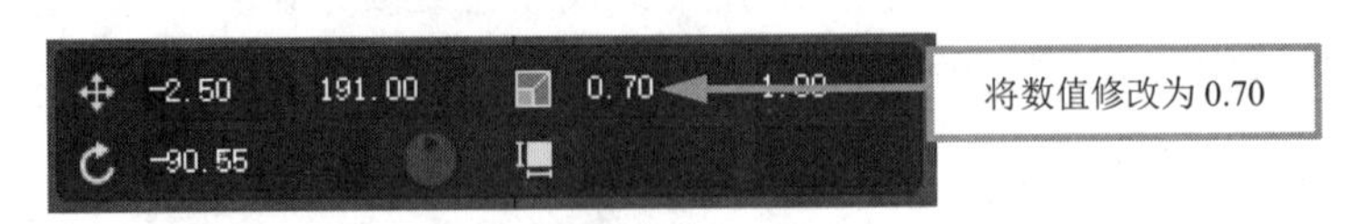

图 5-24　修改 X 轴缩放比例

小丑头部在甩动的时候，其头发也需要做跟随运动，因此，我们需要稍微旋转骨骼 hair-left 和 hair-right。

最终结果如图 5-25 所示。至此，当前动画的第二个关键姿势已经完成。

图 5-25　小丑盒子的第二个关键姿势

5.4.7　完成其他关键姿势

按照上文的方法，在第 8 帧完成如图 5-26 所示的第三个关键姿势；在第 12 帧完成如图 5-27 所示的第四个关键姿势。至此，当前动画的 4 个关键姿势就都完成了。

图 5-26　小丑盒子的第三个关键姿势

图 5-27　小丑盒子的第四个关键姿势

5.4.8　复制及粘贴关键帧

完成四个关键姿势之后，我们还要让这段动画能够循环。也就是说，小丑盒子的第四个关键姿势需要平滑过渡到第一个关键姿势。

方法就是将第一个关键姿势（第 0 帧）的关键帧复制到第 16 帧。

有以下两种方法复制第 0 帧的关键帧：

- 在“时间轴”面板第一层的动画剪辑层上单击第 0 帧的菱形方块选中所有关键帧，在选中的任意关键帧上右击并在弹出的右键菜单中选择【复制帧】（快捷键为 Ctrl+C）（见图 5-28）。
- 在时间轴上拖拽鼠标，框选第 0 帧的所有关键帧。然后就会发现我们刚才框选过的位置出现了一个蓝色方框，在这个蓝色方框内的所有关键帧都被选中了（见图 5-29）。在选中的任意关键帧上右击并在弹出的右键菜单中选择【复制帧】。

复制完关键帧后，下一步操作是粘贴关键帧。

将播放指针移动到第 16 帧。在时间轴第 16 帧处右击并在弹出的右键菜单中选择【粘贴帧】（快捷键为 Ctrl+V）（见图 5-30）。刚才复制的所有关键帧就都被粘贴到第 16 帧了。

这时候小丑盒子的动画就完成了。单击【播放】按钮，预览一下整个动画吧。

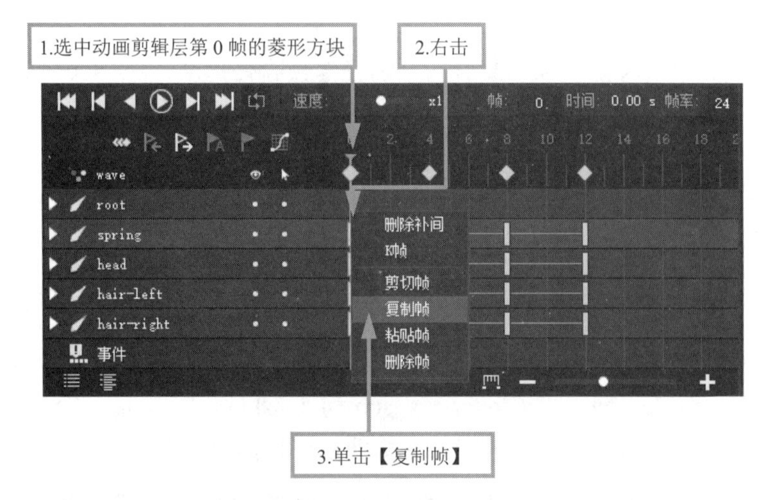

图 5-28　第一种复制关键帧的方法

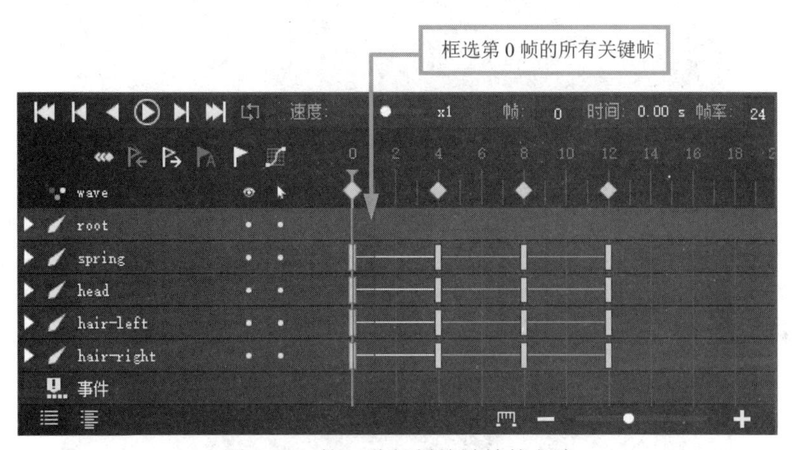

图 5-29　第二种复制关键帧的方法

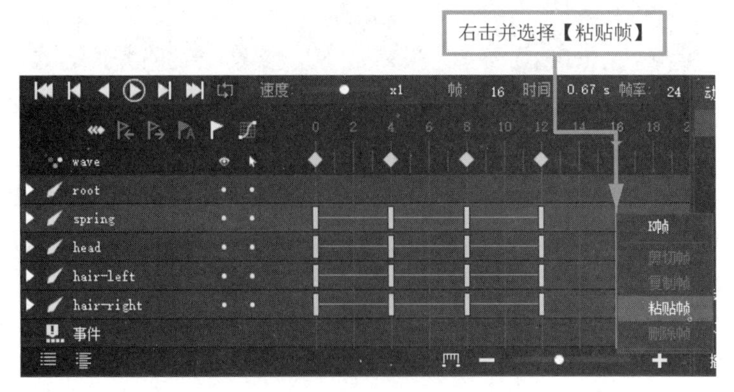

图 5-30　粘贴关键帧

小贴士

剪切板中的帧参数可以被粘贴到时间轴的任意帧、任意层，也可以覆盖已存在的关键帧。

5.5 导出动画数据

完成动画之后，我们需要将动画导出为数据，以供下个环节使用。

在窗口顶部菜单中单击【文件】→【导出】(快捷键为 Ctrl+E)，弹出“导出数据”对话框。

在本案例中，我们要导出的是 DragonBones 动画数据。按照图 5-31 所示进行设置，最终将会得到 theClown_ske.json、theClown_tex.json 和 theClown_tex.png 三个文件。将这三个文件交给 Egret 开发者，就可以将动画数据传递给他们进行下一步的开发。

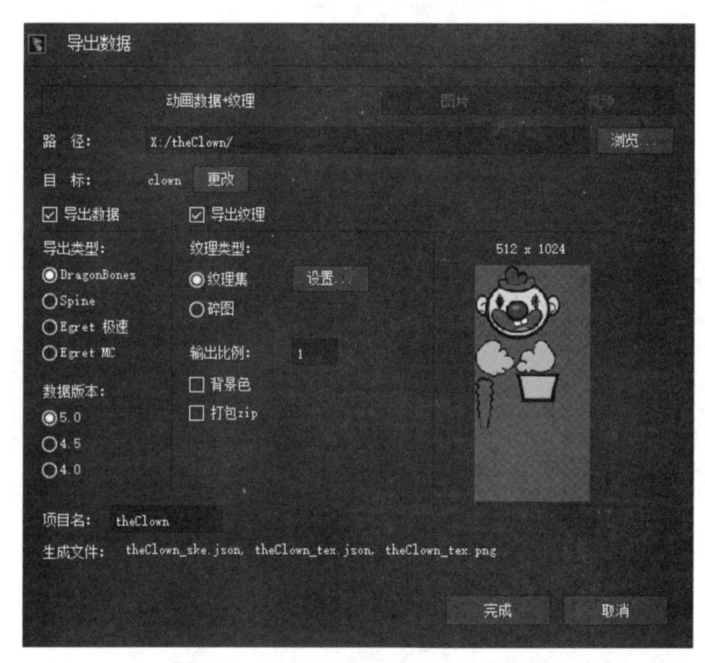

图 5-31 导出 DragonBones 动画数据

小贴士

“导出数据”对话框的各项功能如下：“路径”设置的是动画数据的导出位置，我们可以单击【浏览】按钮自行指定；“目标”设置的是我们所要导出的元件，DragonBones 支持多元件动画，这在此后的章节中会涉及。

左边栏目是导出数据的设置项。DragonBones 提供 4 种导出类型：

- DragonBones：导出 DragonBones 骨骼动画格式，由 JSON 文件和图片文件构成。
- Spine：导出 Spine 2.1 或 3.3 数据格式。

- Egret 极速：导出针对 Egret 的专属数据格式。用此方法导出并配合白鹭引擎，能在不损失画质的前提下，让性能提升 2 ~ 3 倍，内存减少 70%，配置文件体积减少 50% ~ 70%。但是该模式目前还不支持网格。
- Egret MC，导出 Egret MovieClip 动画格式，即将当前动画的序列帧导出为 SpriteSheet。

中间及右边的栏目分别是导出图片的设置项和图片的预览。

- 纹理类型：包括纹理集和碎图。纹理集就是将零碎的小图拼合为一张大图再输出。碎图则是输出多张小图。如果选择纹理集，右侧会显示纹理集预览，如果选择碎图，右侧为空。
- 输出比例：默认为 1。用户可以输入数值来控制导出项目的缩放。（4096 × 4096 为单张纹理集的最大尺寸，超过此尺寸输出的比例将缩小）
- “背景色”复选框：默认为不勾选，勾选后用户可以单击右边的颜色方块打开颜色选择窗口，选择需要作为背景色的颜色。
- 打包 zip：默认为不勾选。勾选则导出 zip 包形式的项目文件，不勾选则导出项目文件夹。

如果选择 Spine 类型，则没有打包 zip 选项。选择 Egret 极速和 Egret MC 类型，则没有碎图选项。

第 6 章　骨骼动画进阶——跑步的人

本章要点

- 使用 DragonBones Pro 制作比较复杂的角色骨架
- 创建动画剪辑，使用装配好的骨架制作几段不同状态的角色动画
- 设置动画剪辑循环次数和过渡时间
- 在浏览器中预览动画并切换动作

6.1　项目概述

本章将为读者介绍在 DragonBones Pro 中创建骨骼动画的进阶操作流程。

在这一章中，我们会尝试制作一个游戏角色的骨骼动画。在游戏中，一个角色通常拥有多种状态，比如走路、跑步、跳跃、静止、战斗等。DragonBones 可以创建多个动画剪辑，每个剪辑包含其中一种状态，这让角色动画的管理更加方便。

与上一章相比，这一章装配的骨架更加复杂，角色的运动也更加丰富——其中包括一段跑步动画、一段跳跃动画和一段空闲状态的动画。

6.2　骨架装配

6.2.1　导入数据到项目

我们在前面介绍了单独导入图片素材的方法，这一节将介绍另外一种导入素材的方法——导入带数据的素材。

这些素材通常由其他软件或插件生成，例如 Photoshop、Flash、Cocos、Spine 等。

在这一节中，我们即将导入的是使用 PSD 导出插件从 Photoshop 中导出的带数据的素材。PSD 插件的用法可以参考下一章，本章暂不介绍。

我们可以在本书提供的“DB 素材/跑步的人素材”文件夹中找到这套素材。这套素材包括一个 JSON 文件和多张图片，JSON 文件记录了图片的位置和图层顺序。

在窗口顶部菜单依次单击【文件】→【导入数据】（见图 6-1），打开“导入数据到项目”对话框。

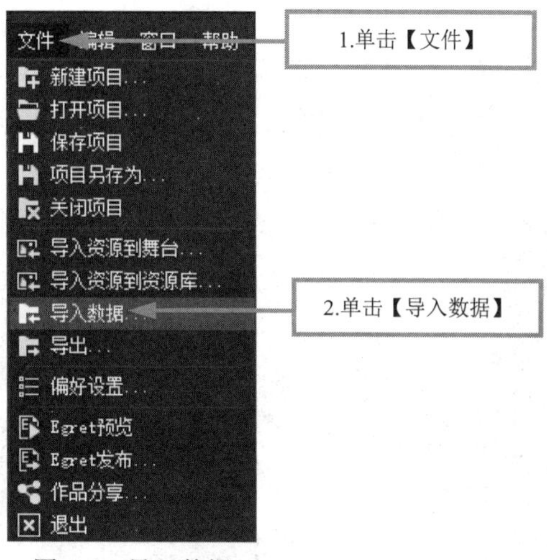

图 6-1　导入数据

在“导入数据到项目”对话框中，单击【浏览】按钮（见图 6-2）。在弹出的对话框中选择本书附带的 theElf.json，单击【打开】按钮。

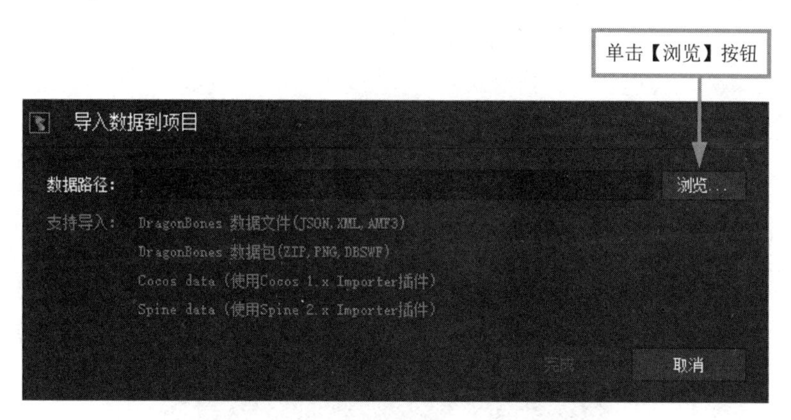

图 6-2　“导入数据到项目”对话框

DragonBones 将自动分析文件，并更新“导入数据到项目”对话框（见图 6-3）。通常来说，数据路径、纹理类型和图片目录都无需更改，我们需要修改的是项目类型、项目名称和项目位置。在这里，我们选择“导入到新建项目”。

DragonBones 会根据 JSON 文件记录的信息将图片一起导入 DragonBones，并将它们放到相应的位置。最终结果如图 6-4 所示。

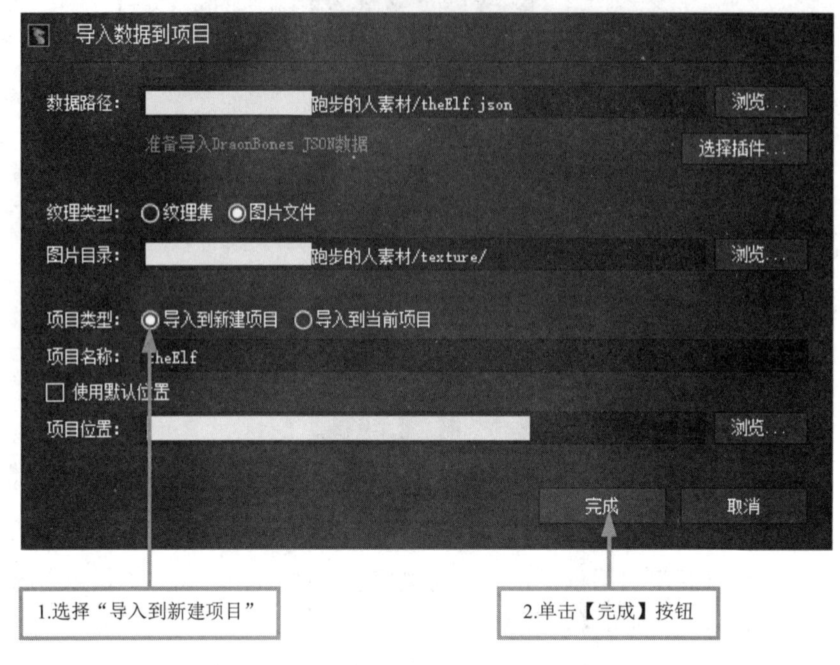

图 6-3 “导入数据到项目”对话框（更新）

图 6-4 导入的数据

6.2.2　创建角色四肢的骨骼

现在让我们为角色的四肢创建骨骼。

因为这个角色比较复杂，各个部位之间存在重叠关系，直接创建骨骼有可能会关联到错误的部位。所以，我们需要先隐藏一些部位再创建骨骼。

我们要隐藏的是角色的身躯、头部，以及外侧的腿部和手臂。

本案例的角色由很多部位组成，在“场景树”面板一个个查看名字并隐藏比较麻烦。有一个较为快捷的方式就是按住 Ctrl 键先选中我们想隐藏的部位，在其上右击并在弹出的右键菜单中选择【隐藏】，如图 6-5 所示。

隐藏完毕之后，我们再根据图 6-5 创建骨骼。

单击主场景工具栏的“创建骨骼”工具开始创建骨骼。创建骨骼的具体方法请参考上一章。不过这里需要注意的是，如果我们选中某个骨骼之后再创建新骨骼，这个新骨骼会自动与之前选择的骨骼关联，成为后者的子骨骼。所以，我们创建骨骼的顺序要先从父骨骼创建起。

图 6-5　创建内侧腿部和手臂的骨骼

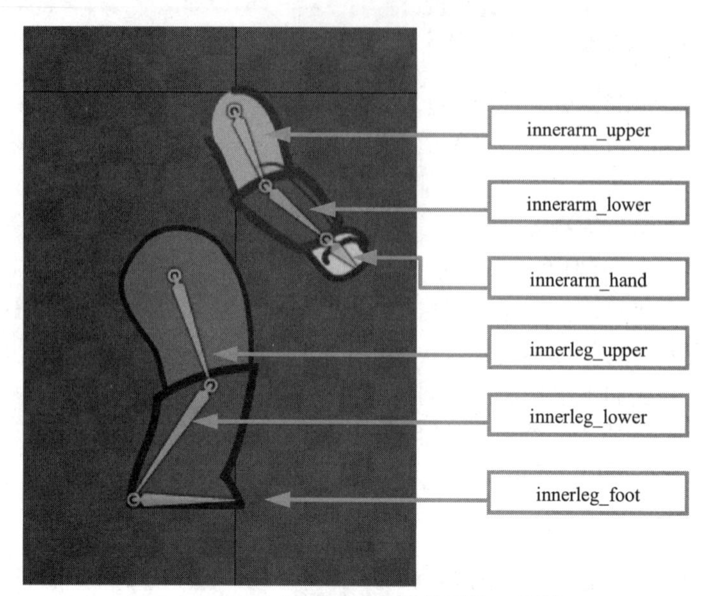

图 6-5 创建内侧腿部和手臂的骨骼（续图）

以角色手臂为例，要按照 innerarm_upper→innerarm_lower→innerarm_hand 的顺序创建骨骼。当我们创建完手臂的 3 个骨骼之后，在创建腿部的骨骼之前，我们可以先在主场景右击，取消对当前骨骼的选择。这样在创建腿部骨骼的时候，腿部骨骼就不会成为手部骨骼的子骨骼了。

创建完骨骼之后，我们需要测试当前骨骼关节的设置是否妥当。

测试之前要先检查当前骨骼的层级关系是否如图 6-6 所示。

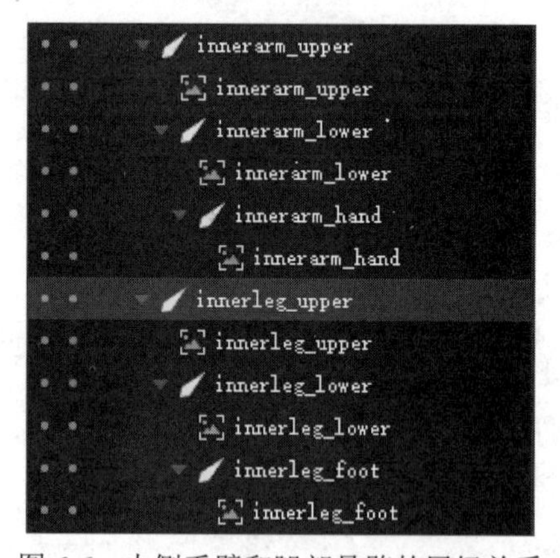

图 6-6 内侧手臂和腿部骨骼的层级关系

层级关系检查完没有问题之后，就切换回“选择工具”，旋转新创建的各个骨骼，观察角色关节的衔接（见图 6-7）。测试完毕之后，再撤销之前的操作（快捷键为 Ctrl+Z），将骨骼恢复到测试前的状态。

图 6-7　测试骨骼关节

小贴士

（1）测试时我们可以关闭骨骼的显示，以免骨骼遮挡到图片关节处（见图 6-8）。

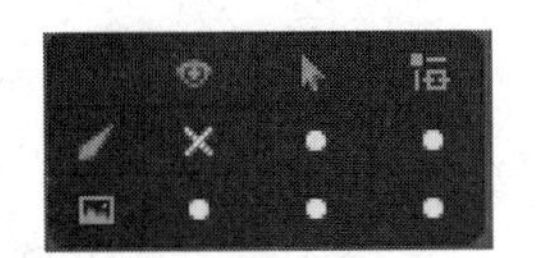

图 6-8　关闭“骨骼可见”

（2）如果刚才设置的骨骼有问题，无需删掉骨骼重新绑定。我们可以关闭“子骨骼可控”和“子图片可控”（见图 6-9），再对有问题的骨骼进行平移和旋转的操作。这样操作就只会作用于该骨骼，而不会影响到其他子组件。

图 6-9　关闭“子骨骼可控”和“子图片可控”

重复上述的步骤，创建角色外侧腿部和手臂的骨骼。角色四肢骨骼创建的结果如图 6-10 所示。

6.2.3　创建身体和头部的骨骼

现在让我们为角色的头部和身体创建骨骼。

我们首先需要隐藏角色四肢的插槽和骨骼，然后显示角色其他部位的骨骼和插槽。

操作完毕之后，根据图 6-11 创建角色身体和头部的骨骼。这里边一共有 3 根骨骼，它们的层级关系为 lowerbody→upperbody→head。

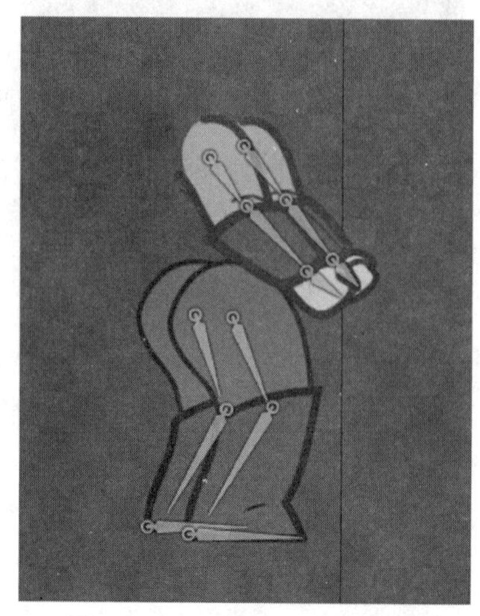

图 6-10　创建角色四肢的骨骼

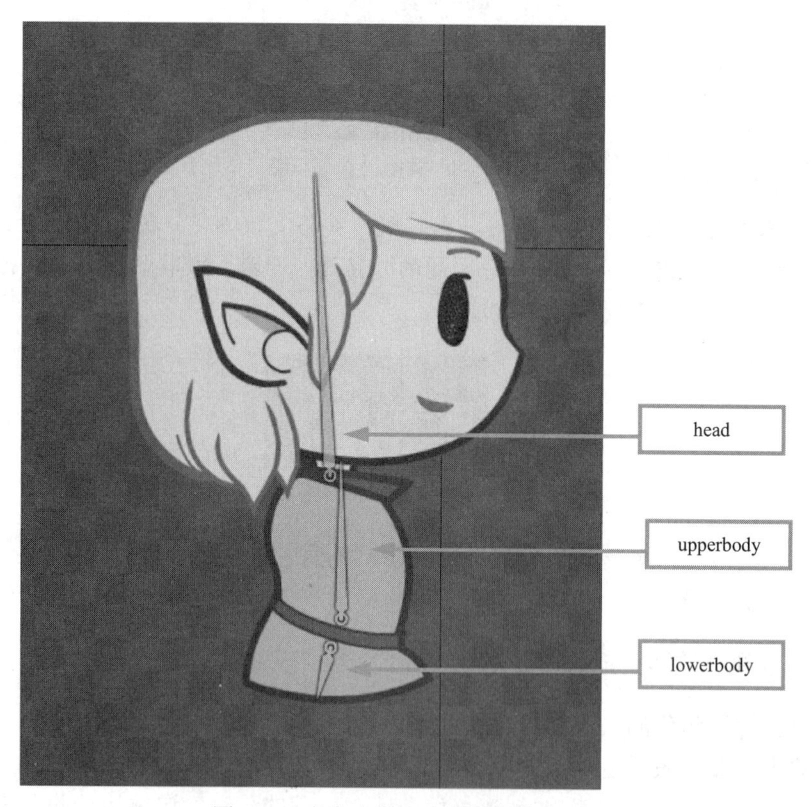

图 6-11　角色身体和头部的骨骼

小贴士

在创建骨骼 head 的时候，因为插槽 hair 与 head 重叠，DragonBones 有可能会将骨骼关联到插槽 hair 上。所以在创建骨骼的时候，可以按 Ctrl 键禁用自动绑定图片的功能。创建完骨骼后，不要松开 Crtl 键，用鼠标选择插槽 head，就可以将其与此前创建的骨骼进行绑定。

6.2.4　整理骨骼层级

创建完骨骼之后，我们最后需要再整理一下骨骼的层级关系。

在此之前我们已经整理好角色四肢骨骼的层级关系。现在我们要让角色的腿部成为骨骼 lowerbody 的子骨骼，让角色的手臂成为骨骼 upperbody 的子骨骼。同时，将插槽 ear、eye、hair、mouse 和 neck 都关联到骨骼 head 上。

同时，我们也可以将默认的骨架名称修改为我们想要的名字。双击“场景树”面板中的骨架 armatureName，或者选中骨架 armatureName 再单击【重命名】按钮，在弹出的“重命名”窗口中输入新的骨架名称 elf。

最终结果如图 6-12 所示，至此，角色骨架就装配完成了。

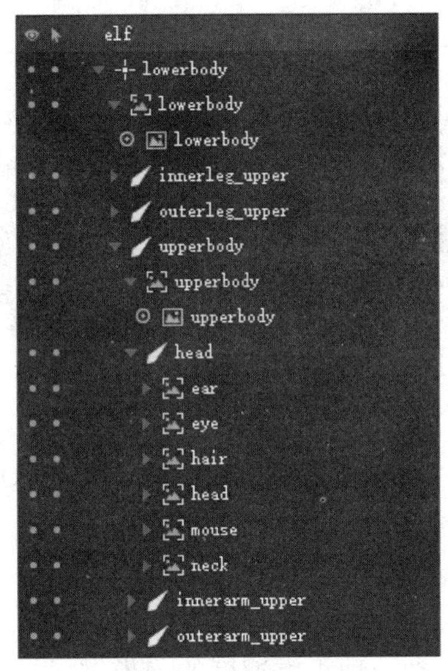

图 6-12　骨骼层级

6.3　制作跑步动画

6.3.1　跑步动作介绍

跑步是游戏角色的基本动作之一。要让角色奔跑起来，只需要创建一个循环的跑步动作，就可以让角色无限时地奔跑下去。

正常人跑完一个循环需要大约半秒的时间，如果按照 24 帧每秒的帧率来计算，这个循环为 12 帧，即 1 个半步 6 帧，一个全步 12 帧。相对而言，较为接近真人的角色跑步速度较慢，腾空幅度较小。但是对于比较活泼的卡通角色，包括游戏中的卡通角色，可以适当地加快跑步速度，加大腾空幅度，以获得更具动感的效果。

奔跑动作需要把握角色全身的姿态，但是最为关键的部分在于角色的腿部。尤其要注意腿部与地面的接触帧、蓄力帧和发力帧（有的时候接触帧和蓄力帧为同一帧）。腿部带动整个角色全身的起伏，因此也要注意角色的最高位和最低位。通常而言，腿部蓄力的时候，往往是角色处于最低位的时候。但是角色的最高位却不在腿部发力的那一帧，而是发力之后整个身体腾空，双脚没有接触到地面的那一帧。

现在以本节所要制作的角色为例来演示几种跑步的方式。

第 1 种方式：这种跑步方式是一种非常快的卡通式跑步方式。4 帧就可以完成一个半步，一秒钟可以跑 6 个半步，如图 6-13 所示。因为完成一个半步所需的帧数很少，所以这种跑步方式的速度非常快。

图 6-13　第 1 种跑步方式

第 2 种方式：这种跑步方式是一种正常速度的跑步方式。8 帧可以完成一个半步，一秒钟可以跑 3 个半步，如图 6-14 所示。

第 3 种方式：这种跑步方式是一种 6 帧跑步方式。6 帧就可以完成一个半步，如图 6-15 所示。它比第 1 种跑步方式稍微慢一点，更接近现实中正常人跑步的姿态。

图 6-14　第 2 种跑步方式

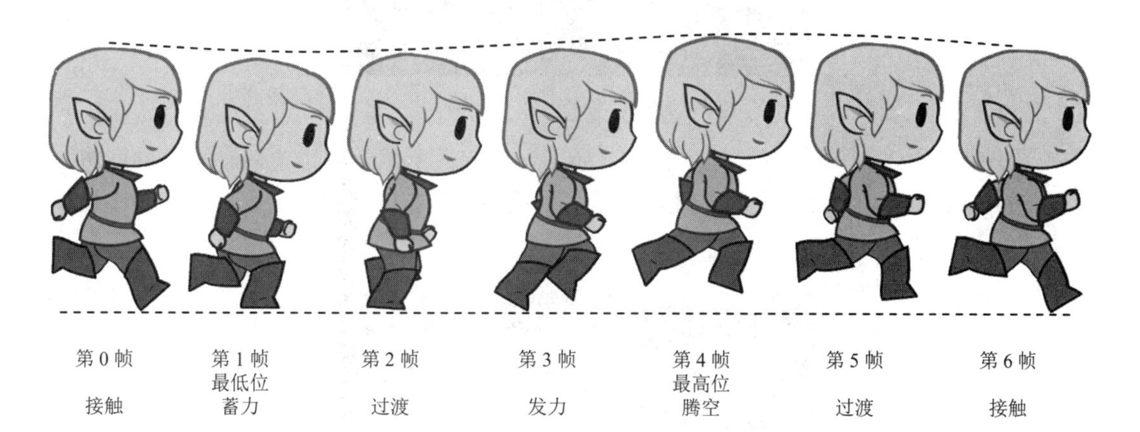

图 6-15　第 3 种跑步方式

上面只是展示了一些比较常见的跑步方式。根据角色性格或需求的不同，我们可以在这些跑步姿态的基础上进行创新，或创造出全新的跑步方式。阅读一些关于运动规律的书籍也有助于我们掌握更多的跑步方式。

6.3.2　关键姿态的摆放

下面将以第 1 种和第 2 种跑步方式为例来演示如何在 DragonBones 中创建循环跑步动作。

切换到“动画制作”模式，开始进行关键姿态的设置。

我们首先要确定的是角色的最低位和最高位。

最低位姿态（第 0 帧）如图 6-16 所示，这一帧是蓄力帧。角色一只脚着地，另一只脚处于即将抬起的状态。同时，因为奔跑的平衡需要，角色身体处于前倾的姿态。

图 6-16　最低位姿态（第 0 帧）

第二个最低位姿态（第 4 帧）如图 6-17 所示。我们之所以要先确定两个最低位姿态，是为了让 DragonBones 自动生成补间。哪怕之后需要调整这些自动生成的补间，但依然比重新摆一个姿态更为方便。

图 6-17　最低位姿态（第 4 帧）

最高位姿态（第 2 帧）如图 6-18 所示。角色双脚腾空，身体非常舒展。为了让角色处于最高点，我们需要向上移动位于骨架第一层级的骨骼 lowerbody，使角色的身体整体向上移动。

确定了两个最低位姿态和一个最高位姿态之后，DragonBones 就自动生成了骨骼 lowerbody 在垂直方向的运动补间，以及腿部和手臂骨骼的运动补间。

发力姿态（第 1 帧）如图 6-19 所示。由于之前确定最低位姿态和最高位姿态的时候，DragonBones 已经自动在第 1 帧和第 3 帧生成了补间，所以这一帧仅需要做细微的调整就可以了。比如这一帧我们可以对角色用于发力的腿进行微调，让这条腿绷直伸长。必要的时候，为了显示腿部的力量，我们甚至可以改变腿部骨骼的位移和缩放参数，而不仅仅只是旋转骨骼。

图 6-18 最高位姿态（第 2 帧）

图 6-19 发力姿态（第 1 帧）

图 6-20 展示的是最高位姿态和第二个最低位姿态之间的过渡姿态（第 3 帧）。虽然是过渡姿态，我们依然要注意角色下落时腿部与地面接触的趋势，细微地调整骨骼 innerfoot_upper 和 innerfoot_lower，让角色前伸的腿伸长。

到这里，角色的第一个半步就完成了。所有骨骼在时间轴上的关键帧分布情况如图 6-21 所示。

接下来我们用同样的方法完成另一个半步。

为了形成循环的跑步动作，我们可以把第 0 帧的所有关键帧复制到第 8 帧。之前已经调整完毕的一些关键帧也可以重用。比如我们可以把骨骼 lowerbody 和 head 位于第 2 帧的关键帧复制到第 4 帧，然后再去调整手臂和腿部的骨骼。

图 6-20　过渡姿态（第 3 帧）

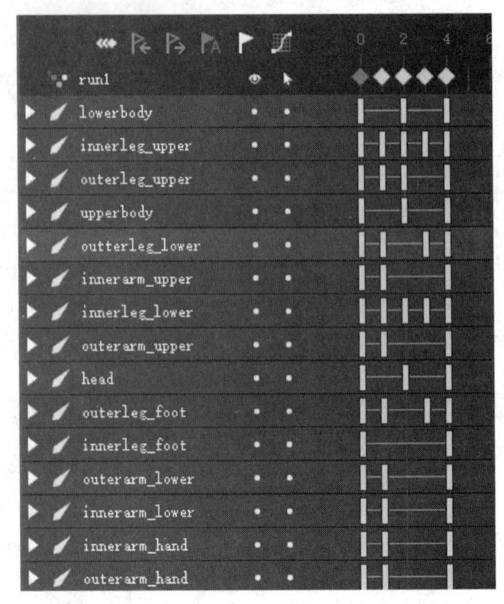

图 6-21　第一个半步的关键帧分布情况

最终整个跑步循环动画的关键帧分布情况如图 6-22 所示。

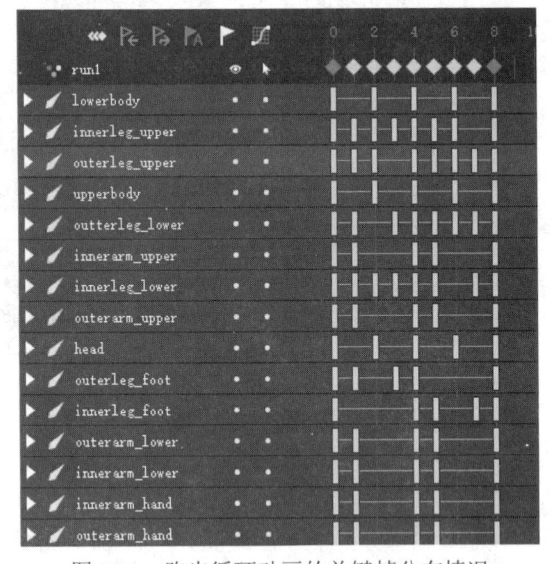

图 6-22　跑步循环动画的关键帧分布情况

小贴士

使用快捷键“,”和“.”可以查看当前帧的前一帧或后一帧（即左右移动时间轴的播放指针）。如果这两个快捷键没有起作用，请检查是否开启了中文输入法。如果是的话，请切换到英文输入状态。

6.3.3　移动和缩放关键帧

前面已经提到，第 1 种跑步方式有快慢两种选择。如果我们觉得之前创建的跑步动画速度太快，我们可以通过移动关键帧或缩放关键帧的方法，将其修改为 16 帧的跑步方式，达到减缓运动速度的目的。

移动关键帧的方法：

我们在第 5 章的“复制和粘贴关键帧”部分已经提到过 DragonBones 动画剪辑层的作用：选择动画剪辑层的菱形方块，就可以选择菱形方块所在帧的所有关键帧。在这里我们可以通过移动菱形方块的方式来调整动画的速度。

将动画剪辑层上第 8 帧的菱形方块移动到第 16 帧（见图 6-23），将第 7 帧的菱形方块移动到第 14 帧，将第 6 帧的菱形方块移动到第 12 帧。依此类推，直到第 1 帧的菱形方块被移动到第 2 帧（见图 6-24）。

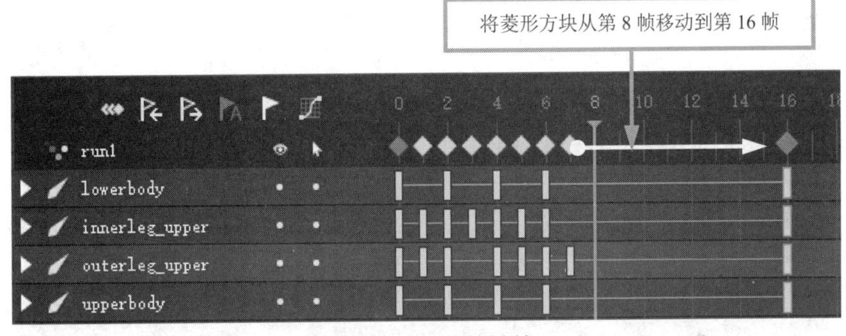

图 6-23　移动关键帧

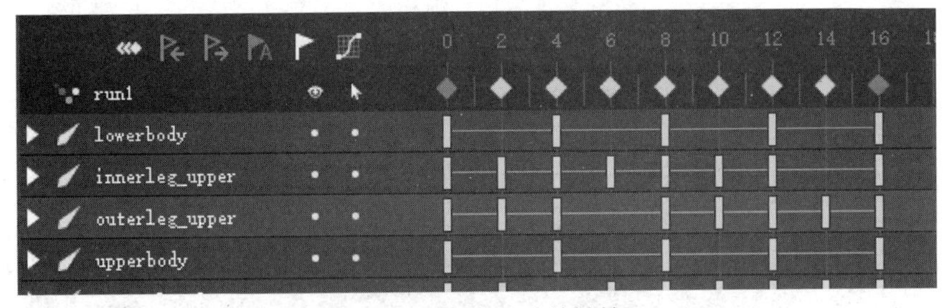

图 6-24　完成移动关键帧

当然，也可以通过框选关键帧的方法来移动关键帧。但是相对而言，移动动画剪辑层的关键帧更为方便。

缩放关键帧的方法：

对于整体减慢速度来说，移动动画剪辑层关键帧的方法还是不够简便。这里要介绍第二种方法，即缩放关键帧的方法。

首先，鼠标框选所有关键帧。鼠标框选过的位置会出现一个蓝色方框，蓝色方框内的所有关键帧都被选中。

然后，将鼠标放在蓝色方框的右边缘，鼠标指针会变成左右箭头的样式。向右拖动鼠标，直到关键帧分布变成图 6-25 第 3 步所示的状态。

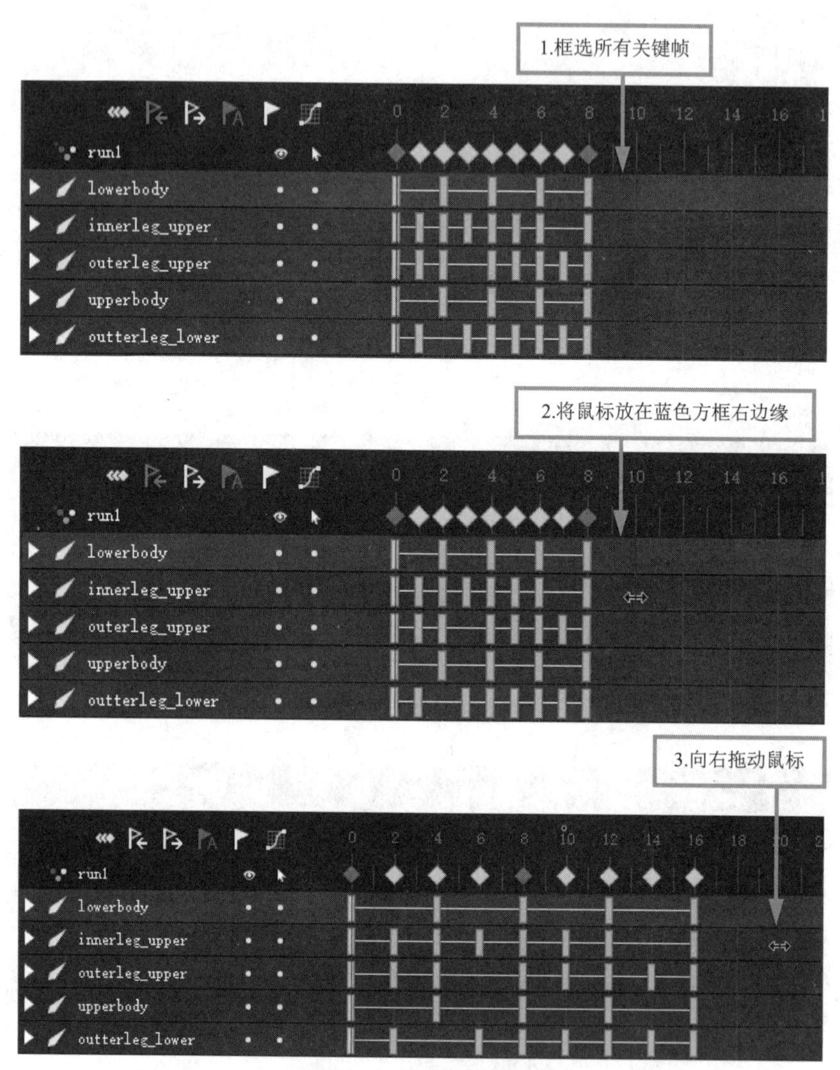

图 6-25　缩放关键帧

单击播放按钮，可以预览到角色的奔跑速度已经减慢了。

6.4 制作跳跃动画

6.4.1 添加动画剪辑

现在我们要创建关于该角色的另一段动画。

在“动画”面板中单击【添加动画】按钮，“动画”面板上会新增一个名为 newAnimation_1 的动画剪辑。双击动画剪辑标题，将我们之前制作的跑步动画命名为 run，将刚才新建的动画剪辑命名为 jump。最终结果如图 6-26 所示。

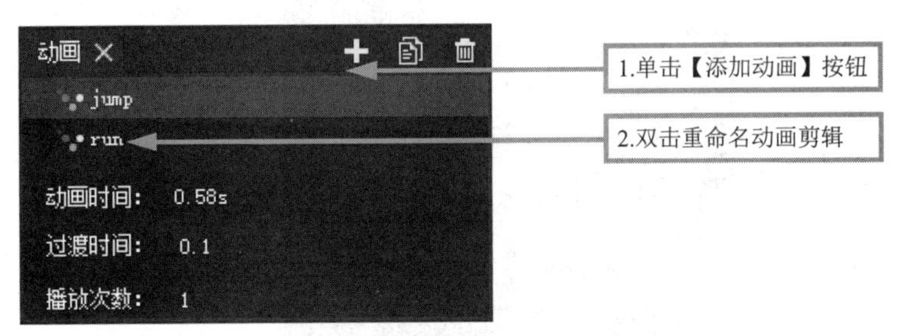

图 6-26 添加动画剪辑及重命名动画剪辑

6.4.2 跳跃动作介绍

接下来我们要制作一段跳跃动画。

单击刚才新建的动画剪辑 jump，这是一个全新的动画剪辑。我们可以发现角色的姿势已经恢复到绑定时的最初状态，时间轴上也没有任何关键帧。

下面提供一段跳跃动作的参考（见图 6-27）。

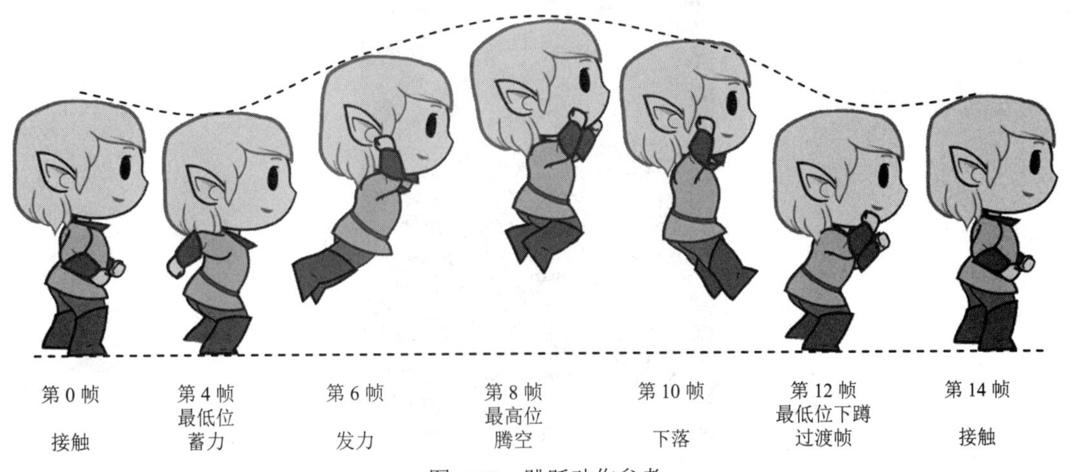

图 6-27 跳跃动作参考

虽然角色做出了向前跳跃的动作，但是我们给游戏提供的素材必须是原地跳跃，所以第 0 帧到第 14 帧基本都是在原地。

6.4.3 关键姿势的摆放

接触姿势（第 0 帧和第 14 帧）如图 6-28 所示，这一帧是跳跃的预备动作。角色双手举起，为跳跃做准备。

图 6-28 接触姿势（第 0 帧和第 14 帧）

蓄力姿势（第 4 帧）如图 6-29 所示，这一帧也是跳跃的预备动作。角色下蹲到最低位，双手向后摆动，为跳跃蓄力。

图 6-29 蓄力姿势（第 4 帧）

发力姿势（第 6 帧）如图 6-30 所示。经过之前的预备动作，角色双腿发力，双手前摆，向前跳跃。

腾空姿势（第 8 帧）如图 6-31 所示。角色跳跃至最高位时，双腿向上收起。

图 6-30　发力姿势（第 6 帧）

图 6-31　腾空姿势（第 8 帧）

着地前的下落姿势（第 10 帧）如图 6-32 所示。这时候角色的双腿伸直，为着地做准备。手臂也跟随腿部伸直，保持身体平衡。

着地时的下蹲姿势（第 12 帧）如图 6-33 所示。角色着地时向下蜷缩，卸掉落下的冲力。下一帧就是第 14 帧，角色恢复跳跃前的姿势。

图 6-32　下落姿势（第 10 帧）

图 6-33　下蹲姿势（第 12 帧）

至此，角色的跳跃动画就完成了。整个跳跃动画的关键帧分布情况如图 6-34 所示。

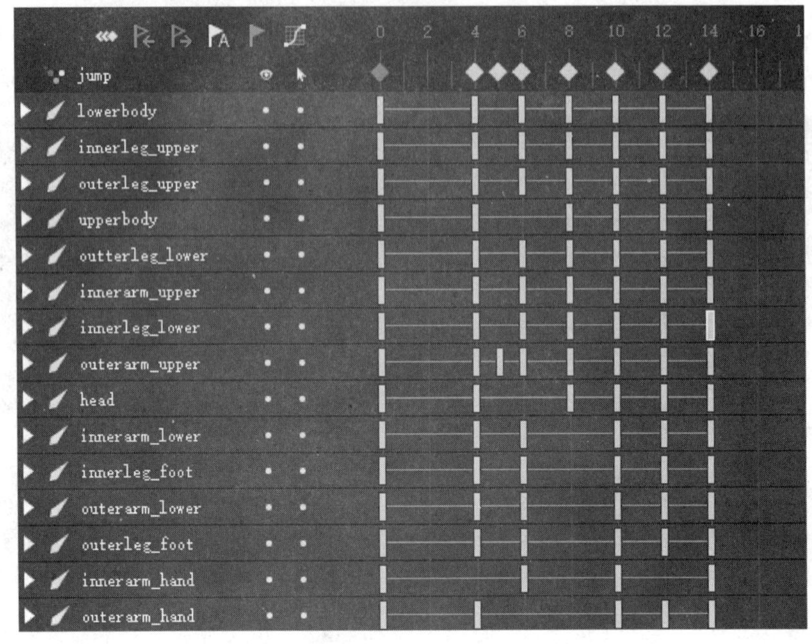

图 6-34　跳跃动画的关键帧分布情况

6.4.4　洋葱皮功能

在调整跳跃动作的时候，为了更好地规划角色动作，有时需要同时查看多个帧。这时候我们可以打开洋葱皮（见图 6-35），同时查看当前帧的前后 N 帧（默认为前后 3 帧）。

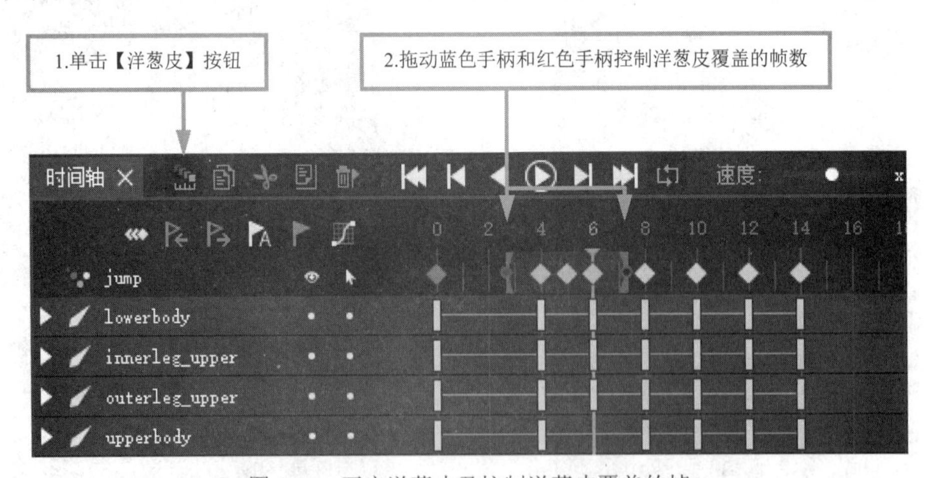

图 6-35　开启洋葱皮及控制洋葱皮覆盖的帧

这时候，主场景上会出现角色的影图。蓝色的影图为当前帧的前导帧，红色的影图为当前帧的后续帧（见图6-36）。拖动时间轴上的蓝色手柄和红色手柄就可以控制洋葱皮所能显示的帧的范围。

洋葱皮功能一经开启，就会显示其覆盖范围内的所有帧的影图。这其中既包括关键帧，也包括补间帧。但是我们在制作动画的时候，需要查看的往往是关键帧的影图。这时候，我们可以先将所有关键帧紧密地排列在一起（见图6-37），再使用洋葱皮功能来查看这些关键帧的影图（见图6-38）。等到姿势摆放完毕之后再将这些关键帧的间隔恢复原样。

图6-36　开启洋葱皮功能之后显示的影图

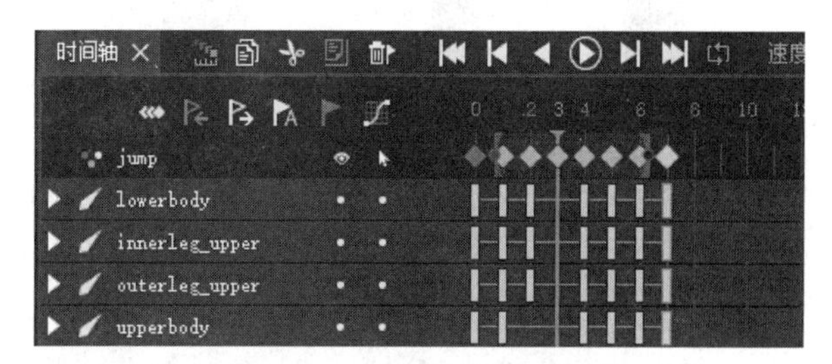

图6-37　紧密地排列关键帧

图6-38　关键帧的影图

6.5 制作空闲动画

6.5.1 空闲动作介绍

空闲动作指的是用户在游戏中没有进行任何操作时角色的站立动作。在这时候如果角色一动不动，就会显得比较僵硬。所以我们可以轻微地活动角色的关节，模拟呼吸的感觉，也可以让角色眨一下眼睛，增加角色的灵动性。

角色空闲动作的参考姿势如图 6-39 所示。

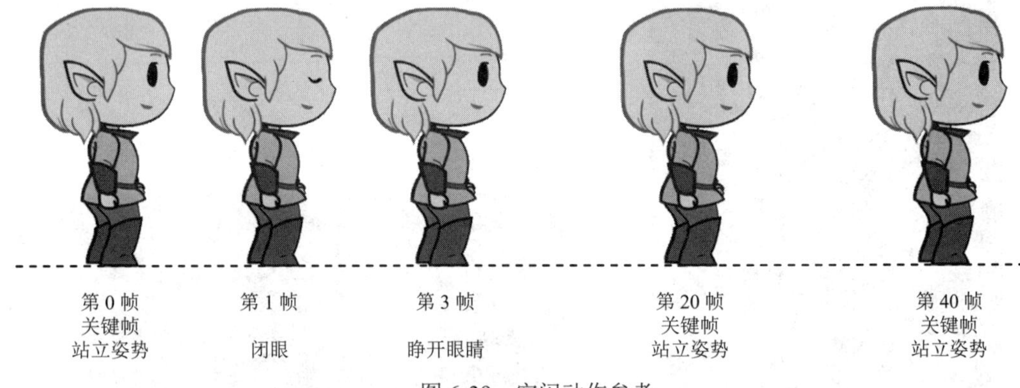

图 6-39 空闲动作参考

角色的第 0 帧与第 40 帧完全一样，目的是构成一个循环。

角色的第 20 帧较第 0 帧和第 40 帧有非常细微的区别。角色上半身略微下移并旋转。角色膝盖略微弯曲，双脚则依旧停留在原地。

同时，本案例还设计了角色闭眼睁眼的动作。在第 1 帧角色闭上了眼睛，持续 2 帧之后，到第 3 帧睁开了眼睛。

6.5.2 关键姿势的摆放

现在让我们新建动画剪辑 idle，开始制作空闲动画。

如图 6-40 所示将角色的站立姿势摆好并添加关键帧。在第 40 帧也添加一个同样的关键帧，构成一个循环。

然后将播放指针移到第 20 帧。让骨骼 lowerbody 向下移动 2 个像素，让骨骼 upperbody 顺时针旋转 1°。同时，因为骨骼 lowerbody 产生了位移，所以我们要相应地让角色双腿略微弯曲来抵消这一位移，以便让脚掌保持在原来的位置。最后，让角色的双臂也微微摆动。调整后的姿势如图 6-41 所示。

图 6-40　站立姿势（第 0 帧和第 40 帧）

图 6-41　站立姿势（第 20 帧）

6.5.3　让角色眨眼

现在为角色添加眨眼动画。之前我们导入的 JSON 数据并没有包含角色闭眼的图片。我们需要重新回到“骨架装配”模式。然后在“资源”面板中单击【导入资源】按钮，在弹出的对话框中选择 eye_close.png（素材见“DB 素材/跑步的人素材”）。这时候就会发现 eye_close 已经显示在“资源”面板中。

eye_close 文件名前的图标为白色，而其他素材文件名前的图标为黄色，这代表 eye_close 还没有被使用。按住鼠标左键，将“资源”面板的图片 eye_close 拖拽到“场景树”面板的插槽 eye 上并释放鼠标（见图 6-42）。这样，图片 eye_close 就被关联到插槽 eye 了，而原先的图片 eye 则会被自动隐藏（见图 6-43）。

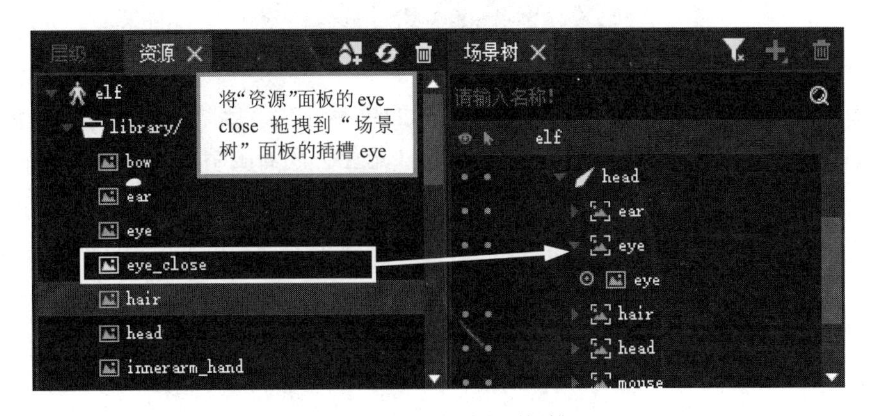

图 6-42　拖拽图片到插槽

图 6-43　图片 eye_close 与插槽 eye 关联

这时会发现，图片 eye_close 在场景坐标轴中心点上。我们还需要将图片 eye_close 拖拽到正确的位置（见图 6-44）。

图 6-44　图片 eye_close 的位置

然后我们需要将角色的眼睛恢复原样。因为如果不恢复，闭眼图片会成为角色眼睛的默认图片，进而影响到之前创建的跑步和跳跃动画（角色会闭着眼睛跑步和跳跃）。

现在让我们在“场景树”面板中，单击图片 eye 前面的小圆圈将其切换为显示状态。同时图片 eye_close 也会自动隐藏（见图 6-45），这是因为一个插槽只能显示一张图片。

切换回“动画制作”模式，进入动画剪辑 idle。

将播放指针移动到第 0 帧。单击骨骼 head 前面的小三角，展开骨骼关联的组件。我们可以看到插槽 eye 也在其中。

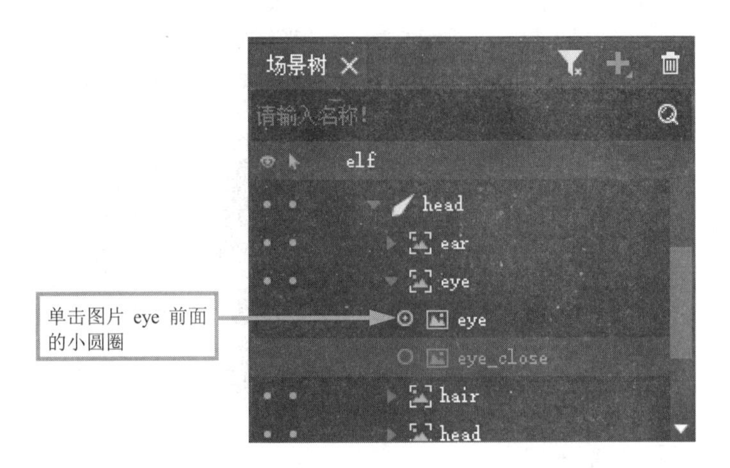

图 6-45　将图片 eye 切换为显示状态

选择插槽 eye，在其上添加关键帧（见图 6-46）。需要注意的是，插槽的关键帧控制的是插槽中图片的显示与隐藏，而不是插槽或图片的位置。我们可以给插槽 K 关键帧来控制角色的睁眼与闭眼。

与骨骼的白色关键帧不同，插槽的关键帧是黄色的。

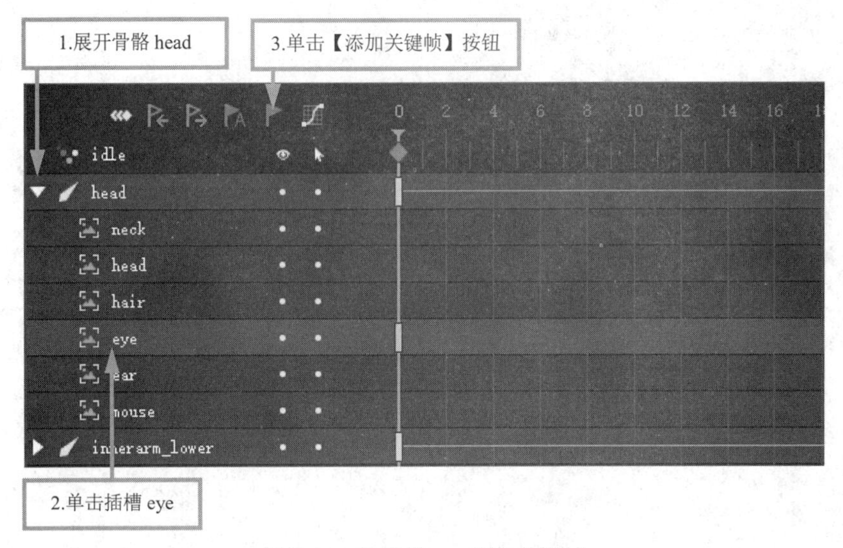

图 6-46　给插槽 eye 添加关键帧

接下来把播放指针移动到第 1 帧。在“场景树”面板中，将图片 eye_close 切换为显示状态（见图 6-47）。如果你已经开启了“自动关键帧”功能，就可以发现插槽 eye 的第 1 帧也出现了黄色关键帧。

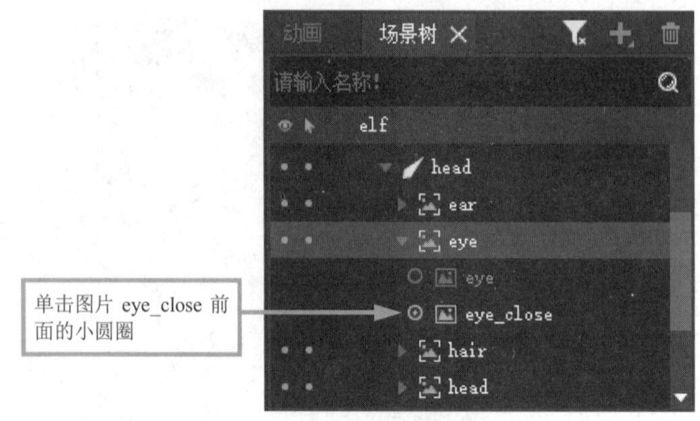

图 6-47　将图片 eye_close 切换为显示状态

重复上述步骤，在第 3 帧将图片 eye 切换为显示状态。

这样，角色就会在第 1～2 帧闭眼，其他时间睁开眼睛，构成一个眨眼的效果。

这时候，空闲动画就完成了。整个空闲动画的关键帧分布情况如图 6-48 所示。

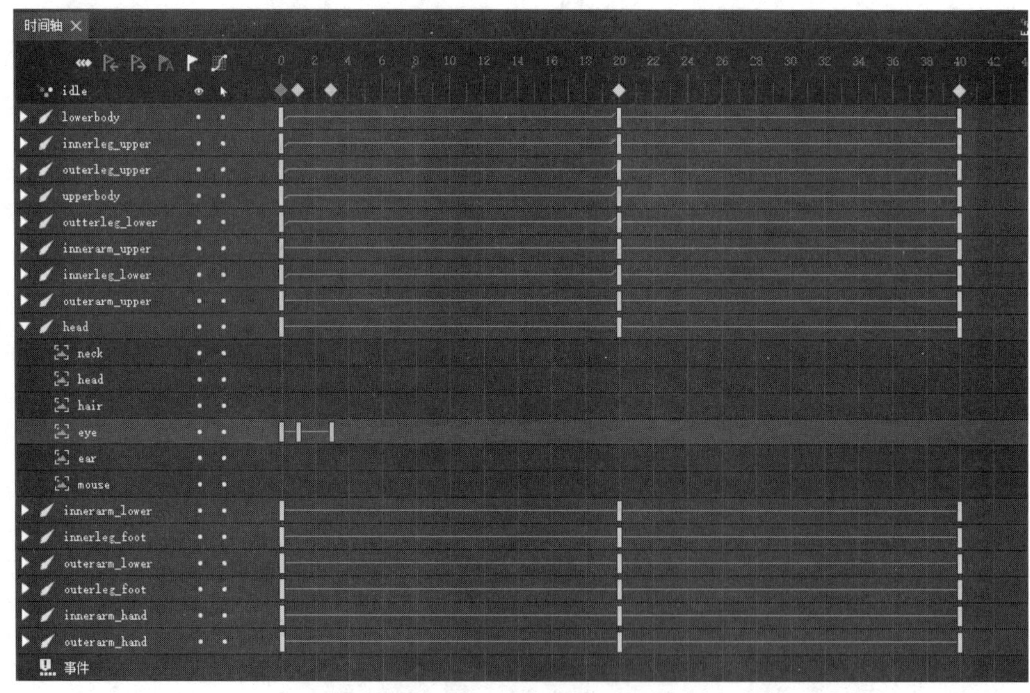

图 6-48　空闲动画的关键帧分布情况

6.6 设置动画剪辑播放次数和过渡时间

6.6.1 设置动画剪辑播放次数

在同一个 DragonBones 工程文件中，不同的动画剪辑之间可以互相切换，而且可以设置动画剪辑的播放次数和过渡时间。

首先让我们设置播放次数。

我们之前设置的 3 个动画剪辑分别为 run、jump 和 idle。角色会持续奔跑和呼吸，而不会一直跳跃，所以 run 和 idle 是循环动画，jump 不是循环动画。

按照这个逻辑，我们需要在“动画”面板中，将动画剪辑 run 和 idle 的播放次数设置为 0。0 代表这个动画剪辑会一直循环播放。

将动画剪辑 jump 的播放次数设置为 1，1 代表这个动画剪辑播放 1 次之后会静止（见图 6-49）。

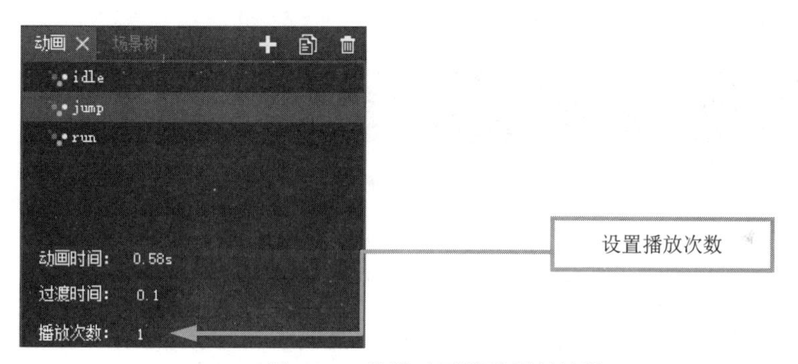

图 6-49 设置动画剪辑播放次数

6.6.2 设置动画剪辑过渡时间

在默认情况下，从一个动画剪辑切换到另一个动画剪辑是直接切换。如何在两个动画剪辑的中间添加过渡动画，让角色动画的切换变得更加自然呢？方法就是设置动画剪辑的过渡时间。如果将动画剪辑的过渡时间设置为 1，在切换动画剪辑的时候，DragonBones 会自动添加 1 秒钟补间动画，让角色平滑地从当前姿势过渡到下一个动画剪辑的第 0 帧。

当然，1 秒钟的补间有点长。在这里将动画剪辑 run、jump 和 idle 的过渡时间都设置为 0.1（见图 6-50）。

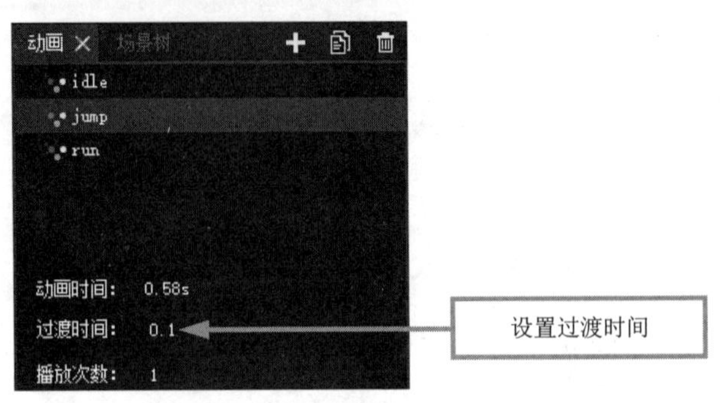

图 6-50　设置动画剪辑过渡时间

6.7　在浏览器中预览动画并切换动作

我们设置了动画剪辑的播放次数和过渡时间。但是这些设置在 DragonBones 中无法预览，我们需要在浏览器中预览这些设置。

单击“系统工具栏”中的【Egret 预览】按钮（见图 6-51），或者使用快捷键 Ctrl+Enter，就可以在浏览器中预览之前的所有动画剪辑了。

图 6-51　单击【Egret 预览】按钮

根据屏幕提示，点击屏幕即可切换角色动作。而我们也可以预览到不同动画剪辑的播放次数和过渡动画（见图 6-52）。

图 6-52　在浏览器中预览动画

第 7 章　创建网格变形动画——跳跳羊

本章要点

- 安装 PSD 导出插件
- 使用 PSD 导出插件从 Photoshop 导出数据到 DragonBones Pro
- 使用 DragonBones Pro 装配带有网格变形的角色骨架
- 使用装配完的骨架与网格制作一段小羊跳跃的动画

7.1　项目概述

本章将为读者介绍在 DragonBones Pro 中如何创建带有网格变形的骨骼动画。

骨骼动画通过控制骨骼来移动、旋转和缩放图片，最终组织形成一段动画。骨骼动画虽然制作起来简单快捷，但是却存在一个缺点——它无法控制图片自身的变形。这导致骨骼动画往往看起来会略显僵硬，这个缺点可以借助 DragonBones Pro 的网格变形功能来克服。通过控制网格各点的位置，网格可以用来实现图片的任意变形和扭曲。

在这一章中，我们会尝试制作一段跳跳羊的动画。在这一制作过程中我们将学会如何从 Photoshop 中导出数据到 DragonBones，并且使用 DragonBones 创建带有网格变形的骨骼动画。

7.2　从 Photoshop 中导出数据到 DragonBones

7.2.1　安装 PSD 导出插件

要从 Photoshop 中导出数据到 DragonBones，首先要将 DragonBones 的 PSD 导出插件安装到 Photoshop。DragonBones 在帮助中提供了相关指引。单击【帮助】→【PSD 导出插件安装指引】可以查阅相关内容（见图 7-1）。

具体步骤如下：

Windows 用户：

（1）在 DragonBones 安装目录下，找到 PhotoshopPlugin 文件夹，打开文件夹找到 install.jsx 文件（如果此前安装时没有修改默认安装路径的话，文件所在路径应为 C:\Program Files\Egret\DragonBonesPro\others\PhotoshopPlugin\install.jsx）。

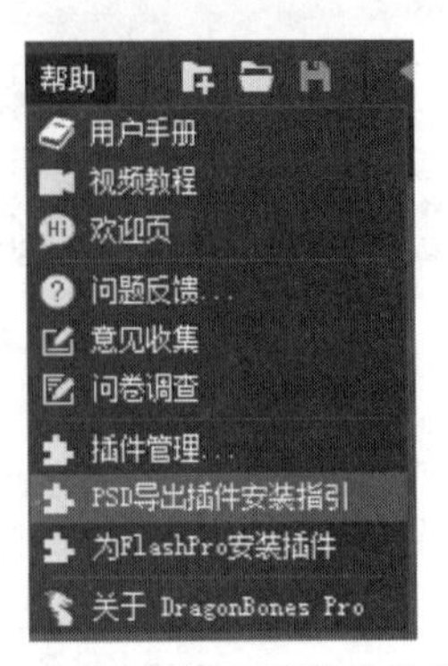

图 7-1　PSD 导出插件安装指引

（2）以管理员身份运行 Photoshop，在 Photoshop 内依次单击【文件】→【脚本】→【浏览】，在弹出的浏览窗口中浏览刚才找到的 install.jsx 文件，单击【载入】按钮。

（3）载入后，在弹出对话框中单击【确定】按钮即可完成安装。这个插件以后可以在 Photoshop 中随时调用。

Mac 用户：

（1）前往路径：/Applications/DragonBonesPro.app/Contents/Resources/others/Photoshop Plugin/。

（2）将该文件夹中的 exportToDragonBones.jsx 文件和 DragonBones Scripts Only 文件夹拷贝到“/Applications/【你所安装的 photoshop】/Presets/Scripts/”文件夹中。这个插件以后便可以在 Photoshop 中随时调用了。

7.2.2　使用 PSD 导出插件导出数据到 DragonBones

在 Photoshop 中打开本书提供的“DB 素材/跳跳羊素材/跳跳羊 PS 素材.psd”文件（见图 7-2）。

图 7-2　跳跳羊 PS 素材

需要注意的是，PSD 导出插件所导出的数据会根据 PSD 文件的现有图层自动命名及排序，并且可以选择不导出隐藏图层。因此，我们在导出之前需要先整理好图层的名称及顺序，同时隐藏不需要导出的图层。

在这里，我们只想导出小羊，而不希望导出绿色的草地背景，就可以先把背景图层隐藏起来。

最后的图层分布情况如图 7-3 所示。

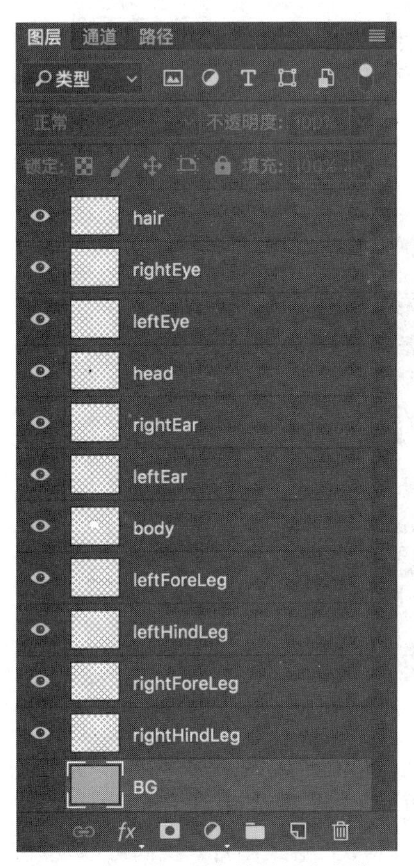

图 7-3 跳跳羊 PS 素材图层分布情况

整理完图层后，在 Photoshop 中依次单击【文件】→【脚本】→【exportToDragonBones】（见图 7-4），打开 PSD 导出插件。

首先在“场景类型”处选择“骨骼动画”，这是因为网格变形目前暂时只支持骨骼动画类型。其次勾选上“忽略隐藏图层”复选框，这是因为我们不想导出 PSD 文件中的 BG 层。最后，插件界面底部有【导出到数据】和【导出到 DragonBones Pro】两个按钮。前者导出 JSON 格式文件及素材库，后者能够直接打开 DragonBones Pro 并自动载入数据。这里我们采用第一种方案，即导出 JSON 格式文件及素材库（见图 7-5）。

图 7-4　exportToDragonBones

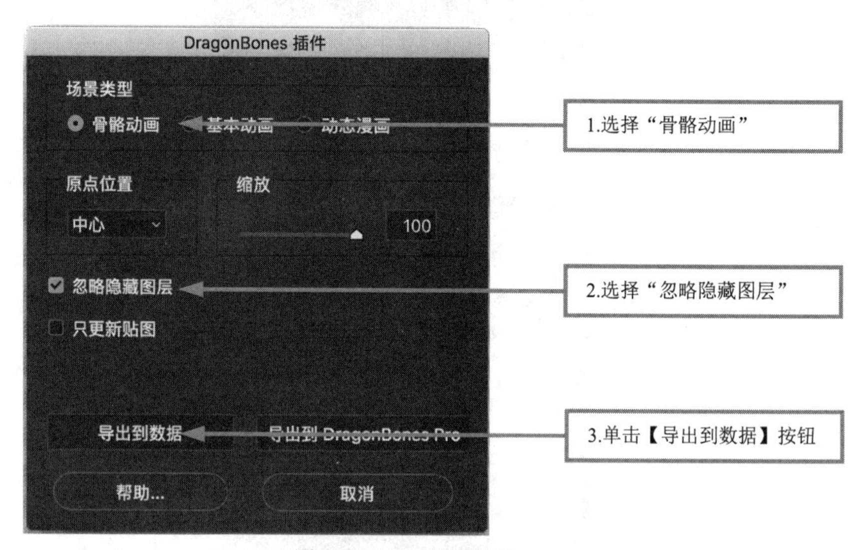

图 7-5　PSD 导出插件

单击【导出到数据】按钮，弹出“导出完成”对话框（见图 7-6）。单击【打开文件夹】按钮，我们可以看到刚才导出的 DragonBones 数据文件（见图 7-7）。它包含一个 JSON 文件和若干储存在 texture 文件夹的 PNG 格式图片。我们可以发现，这些 PNG 文件就是 PSD 文件的各个图层，文件名对应图层名。

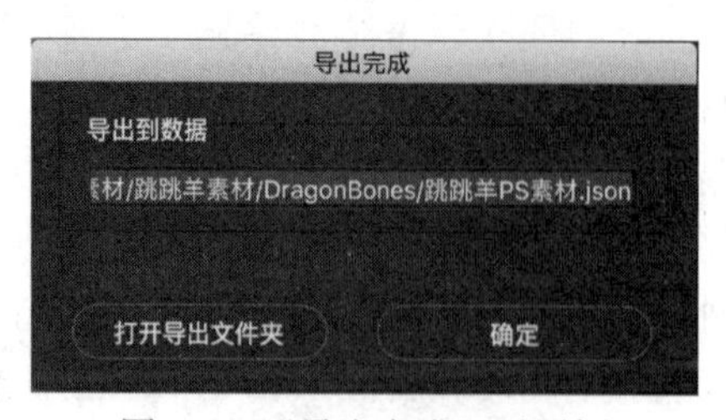

图 7-6　“导出完成”对话框

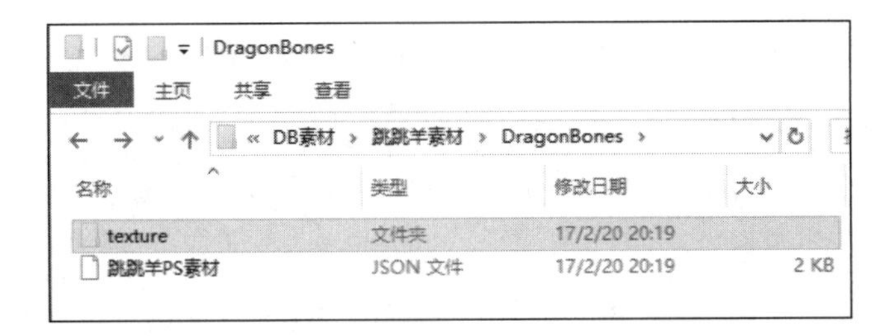

texture
文件　主页　共享　查看
« 跳跳羊素材 › DragonBones › texture　搜索"texture"

名称	类型	修改日期	大小
body	PNG 文件	17/2/20 20:19	116 KB
hair	PNG 文件	17/2/20 20:19	23 KB
head	PNG 文件	17/2/20 20:19	26 KB
leftEar	PNG 文件	17/2/20 20:19	21 KB
leftEye	PNG 文件	17/2/20 20:19	23 KB
leftForeLeg	PNG 文件	17/2/20 20:19	21 KB
leftHindLeg	PNG 文件	17/2/20 20:19	21 KB
rightEar	PNG 文件	17/2/20 20:19	21 KB
rightEye	PNG 文件	17/2/20 20:19	23 KB
rightForeLeg	PNG 文件	17/2/20 20:19	21 KB
rightHindLeg	PNG 文件	17/2/20 20:19	21 KB

12 个项目

图 7-7　导出的文件

回到 DragonBones。单击【文件】→【导入数据】(见图 7-8)，弹出“导入数据到项目”对话框。单击【浏览】按钮，选择刚才 PSD 导出插件所导出的 JSON 文件（在本例里为“跳跳羊 PS 素材. json”)，此后窗口的各个选项会更新（见图 7-9)。

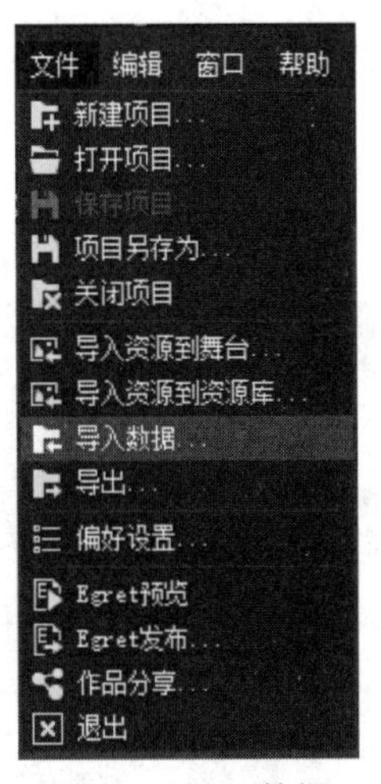

图 7-8　导入数据

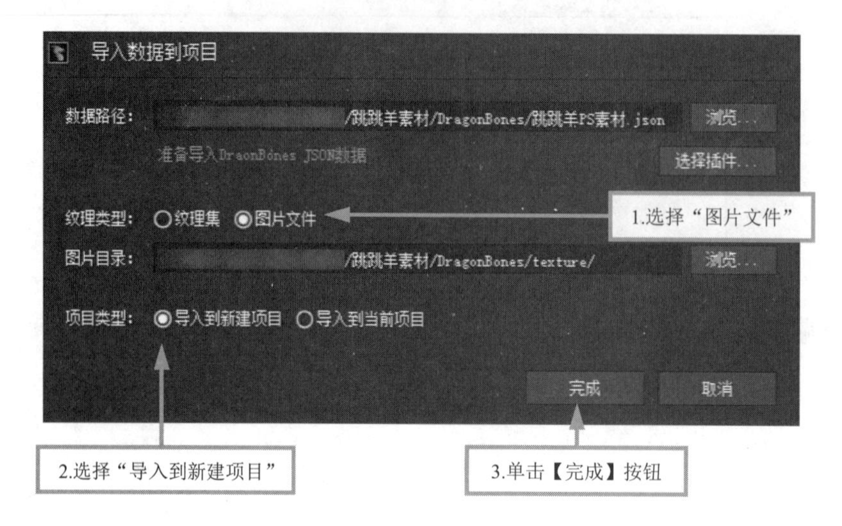

图 7-9　导入数据到项目

我们在“纹理类型”处保持默认的“图片文件”不变，项目类型选择“导入到新建项目”，然后单击【完成】按钮并在弹出的对话框中选择“骨骼动画”类型（见图 7-10），DragonBones 就可以为导入的数据创建一个新的项目了。

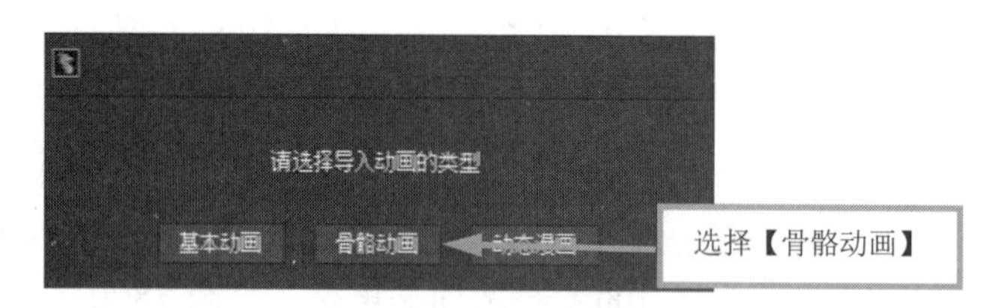

图 7-10　选择导入的动画类型

在新项目中，我们可以发现小羊出现在了场景中（见图 7-11）。展开场景树，可以发现每个图片自动生成了一个插槽，这些插槽位于根骨骼 root 下（见图 7-12）。切换到“层级”面板，可以发现这些插槽已经按照 PSD 文件图层顺序自动排列完毕（见图 7-13）。

图 7-11　主场景中的小羊

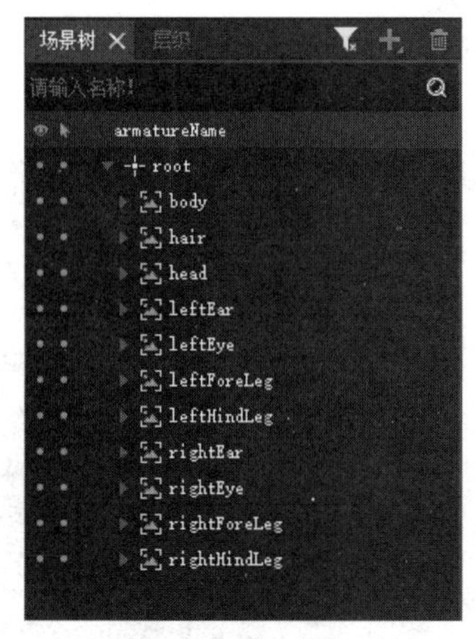

图 7-12　“场景树”面板

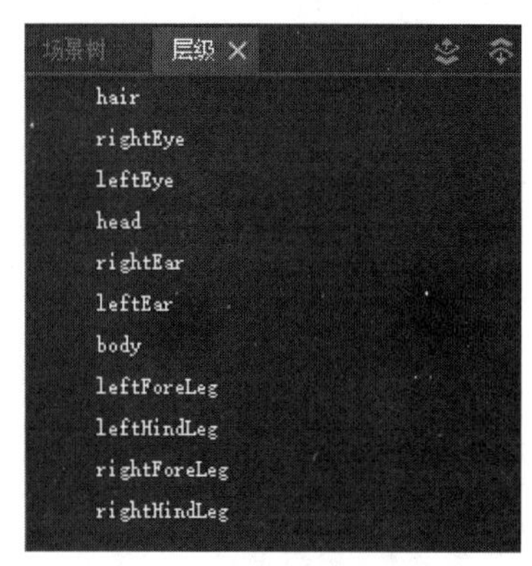

图 7-13　“层级”面板

此时的项目还未保存。单击【文件】→【保存】，在弹出的“另存为”对话框中修改项目名称和保存路径。这一次，一定要记得勾选上“拷贝资源库”复选框。因为当前场景已经包含有图片素材，如果不勾选上这个复选框，就会出现素材丢失的情况（见图 7-14）。

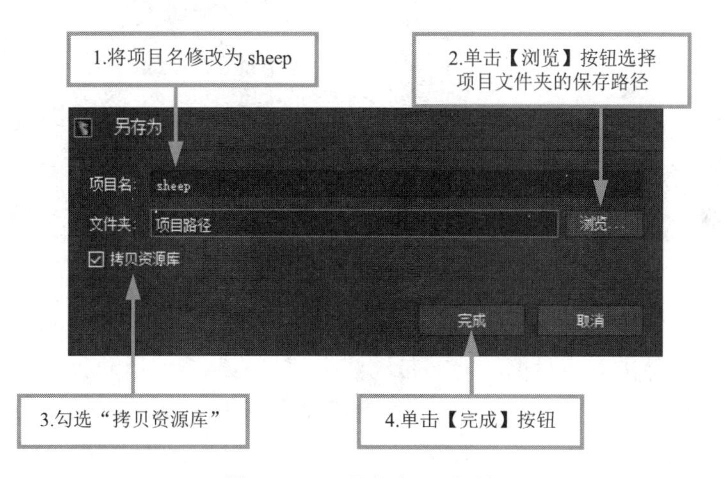

图 7-14　“另存为”对话框

7.3　骨架装配

先创建骨架，再创建网格。

骨架装配的操作要点请参考本书的第 5 章和第 6 章。最后装配完成的骨骼分布情况如图 7-15 所示，在场景树的分布情况如图 7-16 所示。

在这里，我们要为小羊身体创建骨骼 body，为小羊头部创建骨骼 head，为小羊四肢分别创建骨骼 leftForeLeg、leftHindLeg、rightForeLeg 和 rightHindLeg，为小羊头发创建骨骼 hair，为小羊耳朵分别创建骨骼 leftEar 和 rightEar。

图 7-15　装配完成的骨骼

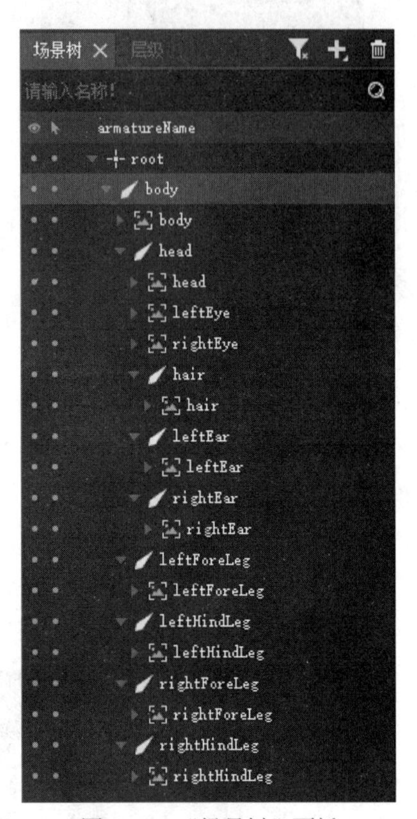

图 7-16　“场景树”面板

骨骼 head、leftForeLeg、leftHindLeg、rightForeLeg 和 rightHindLeg 从属于骨骼 body。也就是说，控制小羊身体的对应骨骼，能够带动其头部与腿部一起运动。

骨骼 head 底下包含插槽 head、leftEye、rightEye 和骨骼 hair、leftEar、rightEar。也就是说，控制小羊头部的对应骨骼，将带动其眼睛、头发、耳朵一起运动。而其子骨骼 hair、leftEar 和 rightEar 能够控制小羊头发和耳朵自身的运动。

7.4　网格装配

7.4.1　创建网格

在本案例中，需要采用网格装配的部位是小羊的身体。当小羊跳跃时，其身上蓬松的毛发将做追随运动。由于惯性，当小羊的身体改变运动方向的时候，它身上毛发的运动是滞后的，不会立即跟随其改变，由此产生了丰富的形变。毛发形变让小羊的动作更加柔软，更加符合自然规律，而这种形变需要依靠 DragonBones 的网格变形功能才能呈现。可以说，正是骨骼和网格变形功能的配合，为角色的运动开启了无限的可能性。

接下来就让我们开始装配网格吧。

DragonBones 的网格变形功能目前只在骨骼元件中存在。选择插槽 body 或者图片 body，在“属性”面板中单击【转换成网格】按钮，便可以将图片转换成网格（见图 7-17）。

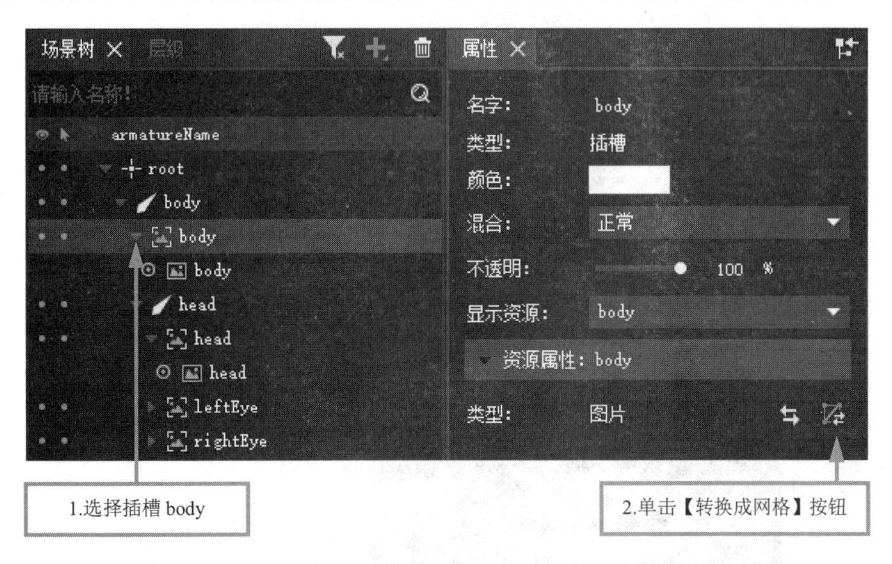

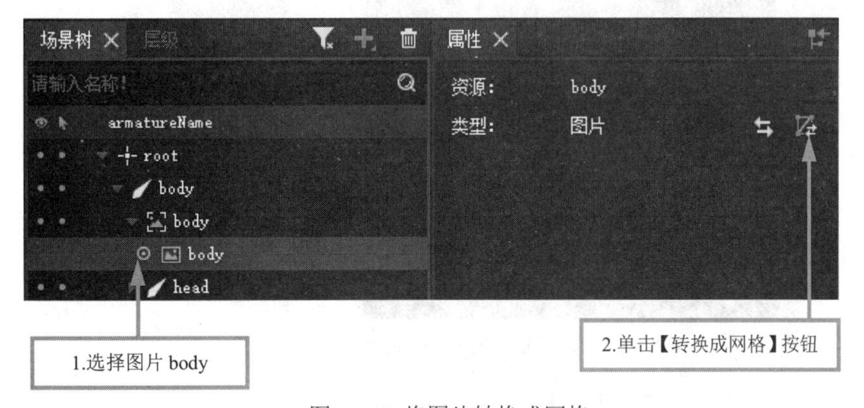

图 7-17　将图片转换成网格

我们可以发现场景树中 body 的图标及“属性”面板中 body 的类型已经从图片转变为网格（见图 7-18）。同时，图片的边框从原先的蓝色边框转变为四角带圆点的边框（见图 7-19）。

单击“属性”面板中的【编辑网格】按钮（见图 7-20），打开“网格编辑器”面板（见图 7-21）。

图 7-18　处于网格状态的图片的图标及属性

图 7-19　处于网格状态的图片

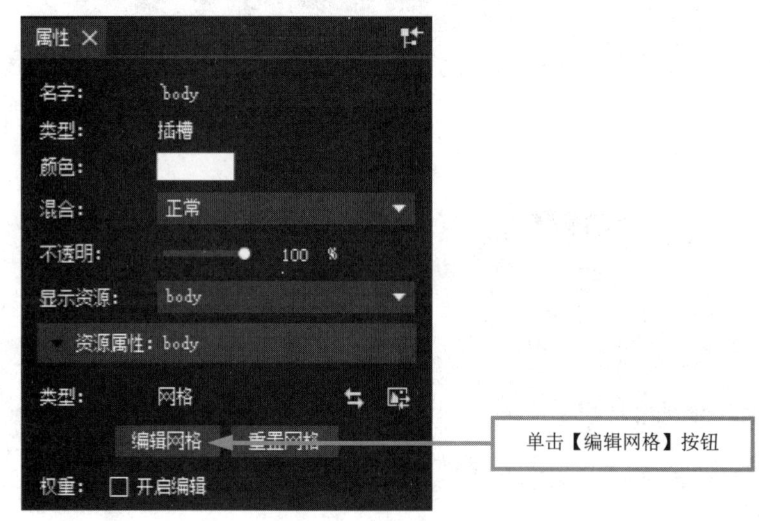

图 7-20　网格变形插槽的“属性”面板

“网格编辑器”面板下方的工具栏中从左至右依次是：

- 顶点数：显示网格中顶点的个数。
- 【编辑】工具：用来移动顶点（快捷键为 Q）。
- 【添加】工具：用来添加顶点（快捷键为 W）。
- 【删除】工具：用来删除顶点（快捷键为 E）。
- 【边线】工具：用来勾画网格边线的工具。注意，使用这个工具时原有的顶点和边线会被全部清除。

- 【重置】工具：顶点会被重置为默认状态和数量（四个顶点分居正方形的四个角）。

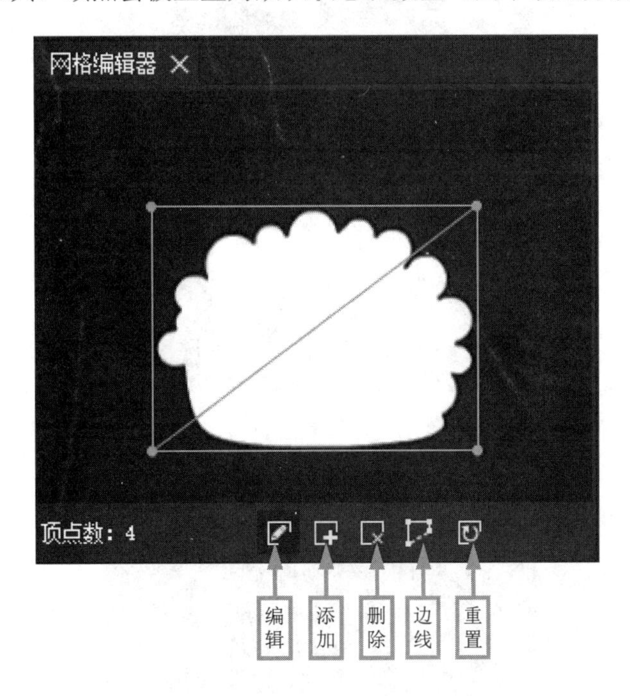

图 7-21 “网格编辑器”面板

小贴士

如果“网格编辑器”面板没有出现，我们可以在软件菜单中选择【窗口】→【网格编辑器】，调出“网格编辑器”面板。如果“网格编辑器”面板是空的，证明转换成网格的图片没有处于选中状态，这时候只需在场景中重新选择图片即可。

7.4.2 设置图片边线

网格装配通常需要先设置图片边线，再添加网格点。这是因为对于很多形状来说，方形的边线不够直观，无法得心应手地进行网格变形动画的调整。而网格内顶点的排布，很大程度上取决于边线的形状。因此我们需要先确定好边线顶点，再去添加网格顶点。

现在让我们先设置网格边线。

单击“网格编辑器”面板下方工具栏的【边线】工具，在小羊身体图片的边缘处单击鼠标（鼠标右下角为“+”号），即可添加一个边线顶点（见图 7-22）。

松开鼠标再移动鼠标，会发现之前添加的顶点和当前鼠标位置中间会有一条连线（见图 7-23），这条连线就是边线的提示。通过观察这条连线，我们可以判断图片的某一部分是不是位于边线外。位于边线外的图片会被裁剪掉，我们要尽量避免这种情况（见图 7-24）。如果觉得当前的连线没有问题，就可以在当前位置单击鼠标左键，将这条连线固定为边线。

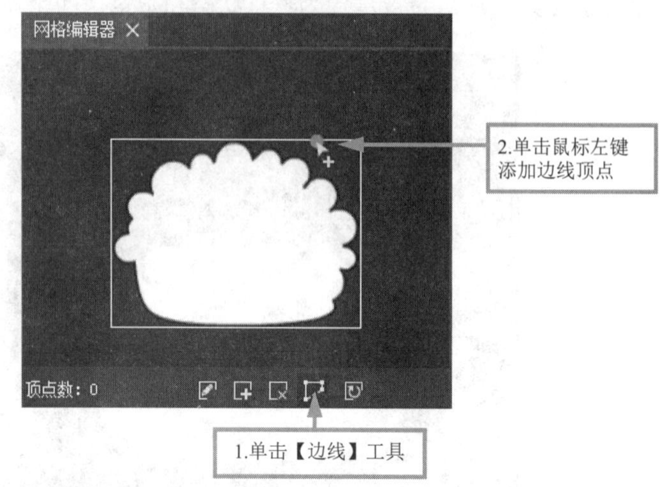

图 7-22　添加边线顶点

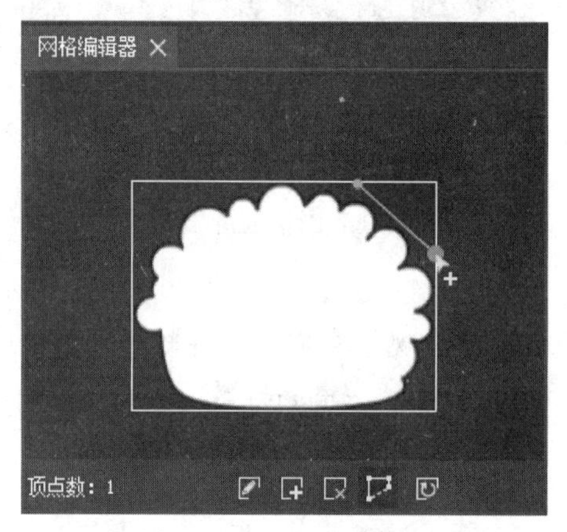

图 7-23　顶点边线提示

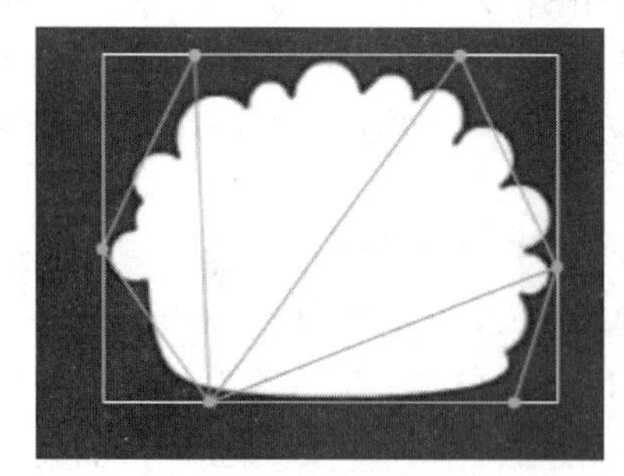

图 7-24　错误的边线——小羊的身体有一部分被裁掉了

重复上述步骤逐段设置边线，等到要闭合边线时，将鼠标放在原先创建的第一个顶点上（鼠标右下角的“+”号会变成“○”号，见图7-25），单击鼠标，即可闭合边线。此时移动鼠标，鼠标和原先的顶点之间也不会出现连线了。

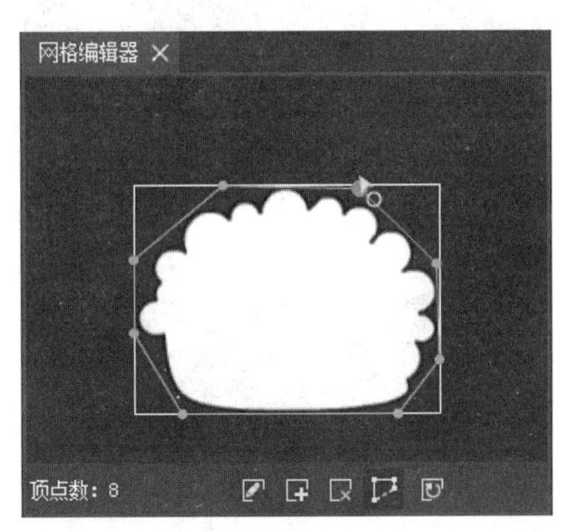

图7-25 闭合边线

网格的边线要根据图片的轮廓特征和动画运动的组成部分进行设计。按照上述步骤和准则，我们创建了一圈边线，最后设计出来的边线如图7-26所示。为什么设计成这个形状，在后面的步骤中会解释。

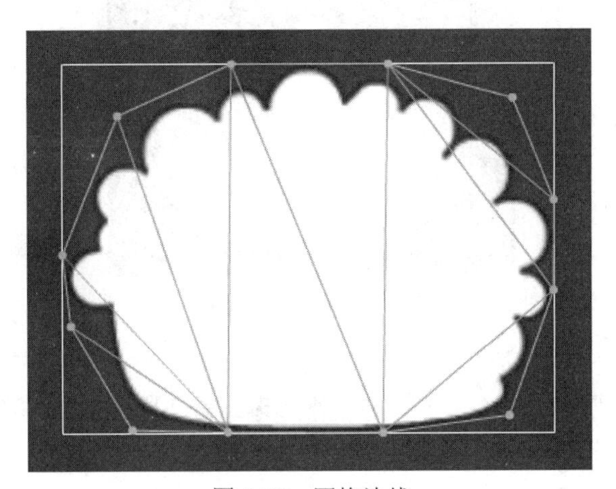

图7-26 网格边线

7.4.3 添加网格顶点

接下来让我们添加边线内部的网格顶点。

单击“网格编辑器”面板下方工具栏的【添加】工具（快捷键为W），在小羊身体图片的边线内部单击鼠标（鼠标右下角显示“+”号），即可添加一个网格顶点（见图7-27）。

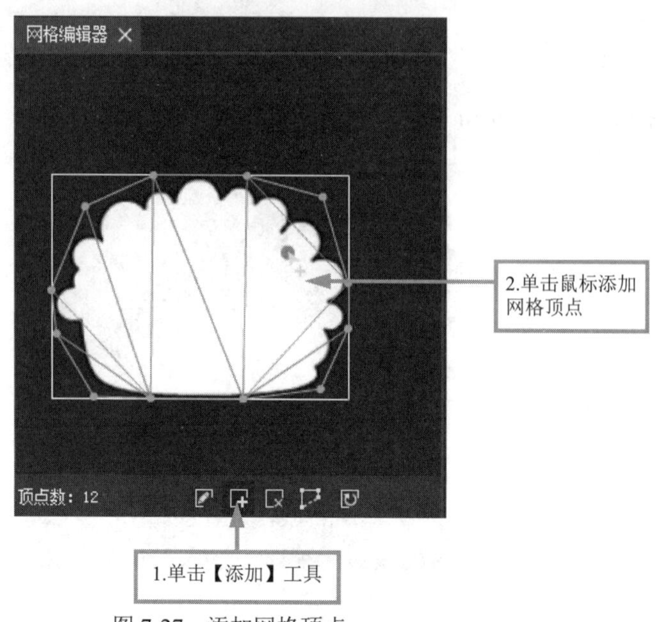

图 7-27　添加网格顶点

重复上述步骤，如图 7-28 所示添加网格顶点。

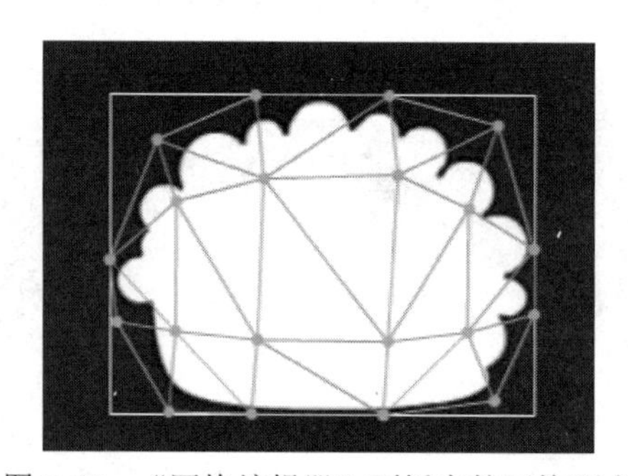

图 7-28　“网格编辑器”面板中的网格顶点

之所以设计成这个形状，很大程度考虑到该图片之后所要做的变形运动。我们应该把小羊的身体想象为一个椭圆的“橡胶球”，同时外部环绕着一圈柔软的羊毛。当小羊向上跳跃的时候，其身体顶部的羊毛被压缩，身体底部、身体两侧的羊毛被拉伸；当小羊下落的时候，其身体顶部的羊毛被拉伸，身体底部、身体两侧的羊毛被压缩。这是因为小羊身体的主要受力点是在身体中间的“橡胶球”上，周边的羊毛只是做追随运动。由于惯性的存在，周边羊毛会滞后于身体中间的“橡胶球”的运动。因此，为了保持扭曲的自由度，我们将“橡胶球”横向分为 3 块，将“橡胶球”顶部和底部的羊毛各分为 3 块，将“橡胶球”的两侧羊毛各分为 1 块，剩下的部分自动成 4 块。

设置完网格后，可以发现主场景的小羊如图 7-29 所示。小羊四周环绕着实线边线，而网格顶点则显示为小蓝点。小羊身体网格的装配到这里就基本结束了。

图 7-29 主场景中的网格顶点

但是我们在生产过程中，经常会发生这些情况：装配完网格，调整完动画后突然发现图片有一小块边缘位于边线外面，被裁掉了；或者在调动画的过程中，发现原先设置的网格顶点不太符合要求。

如果我们重新单击边线工具，DragonBones 会弹出如图 7-30 所示的提示："重绘网格边会删除已有的网格点，删除所有绑定的骨骼，并删除相对应的时间轴，你确定要重绘吗？"单击【确定】按钮之后意味着你之前的努力化为泡影，所以我们需要通过另外一种方式来修改网格顶点。

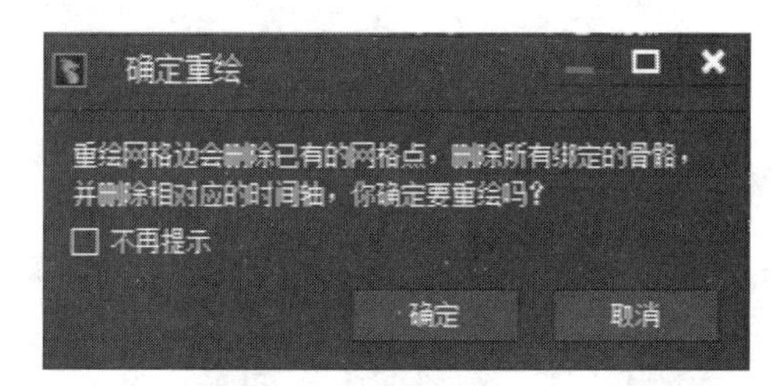

图 7-30 "确定重绘"窗口

我们可以使用【编辑】工具（快捷键为 Q）去移动已有的网格顶点。

我们会发现主场景中的图片产生了变形（见图 7-31）。这个顶点位置是我们想要的，但图片的变形却不是我们想要的。这时候我们可以单击该插槽或图片的"属性"面板中的【重置网格】按钮（见图 7-32）。恢复图片原貌但保留当前的网格顶点位置（见图 7-33）。

网格装配的操作步骤和注意事项基本上就是这些。这一阶段的教程暂告一段落，接下来我们将进入动画制作环节。

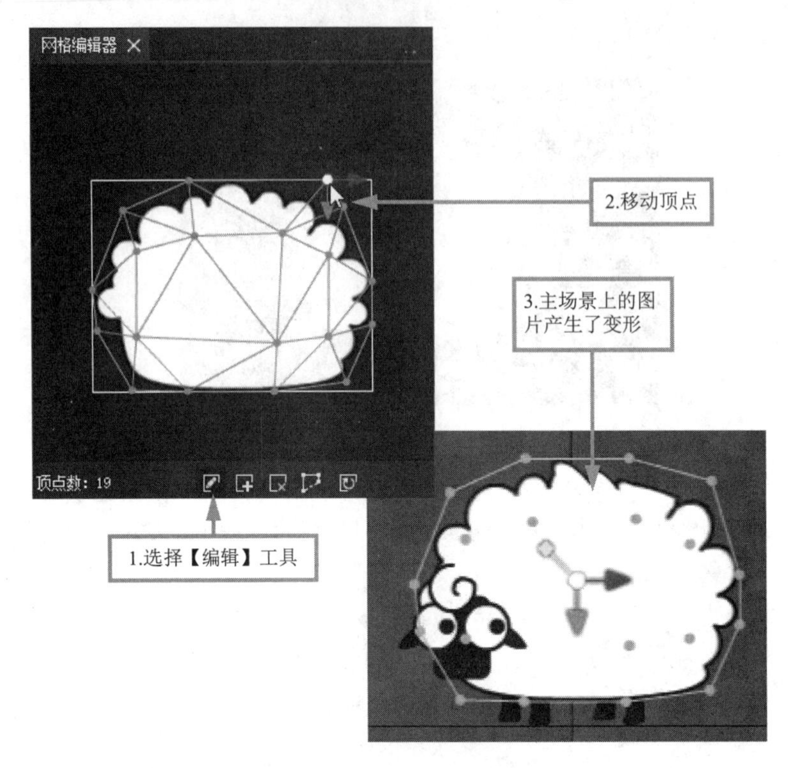

图 7-31　移动顶点

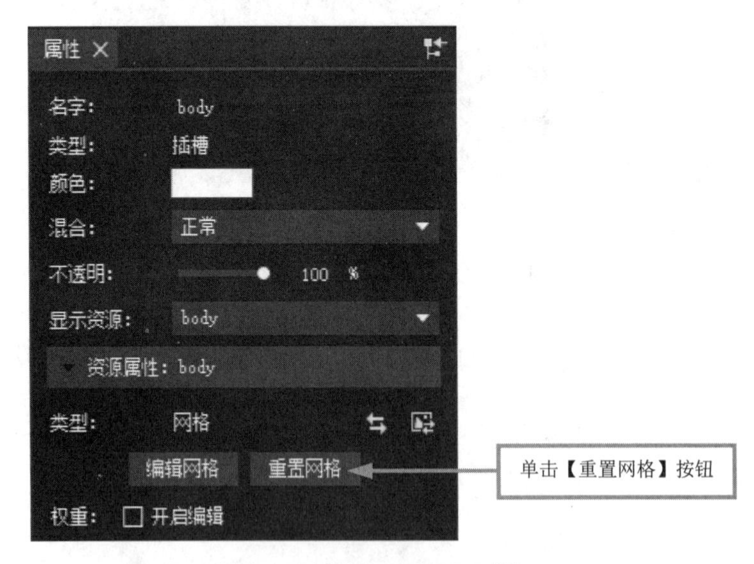

图 7-32　网格变形插槽的“属性”面板

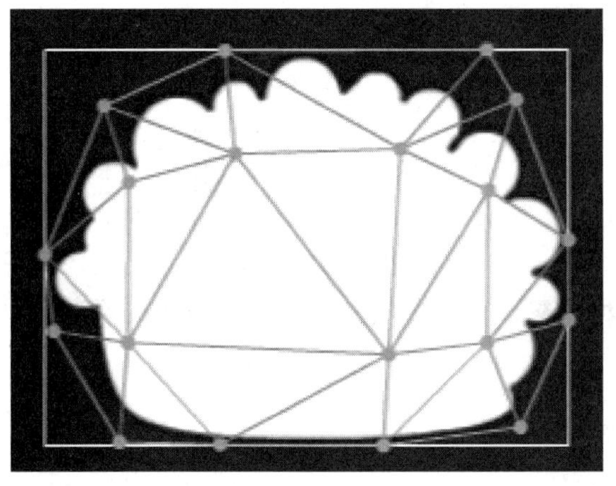

图 7-33　重置网格的结果

小贴士

（1）使用“网格编辑器”面板的【编辑】工具移动顶点时，可以通过框选的方式框选多个顶点，或者按住快捷键 Ctrl 选择多个顶点。

（2）如果要删除某个顶点，可以使用【删除】工具（快捷键为 E）单击该顶点进行删除。

7.5　动画制作

7.5.1　跳跳羊动作介绍

在本案例中，我们要制作的是小羊跳跃的动作，小羊的跳跃方式如图 7-34 所示。

小羊在腾空之前，在第 0 帧到第 12 帧之间会有一个预备动作。预备动作总共持续 12 帧。所谓预备动作，就是在对象做大幅度运动之前，所设计的一个反向动作。预备动作的作用一是蓄力；二是对观众形成一个提示，避免观众反应不过来而觉得动作突兀不自然。同时，夸张的预备动作会让角色更有卡通感，更加活泼生动。

接着，小羊在第 18 帧马上腾空。第 18 帧距第 12 帧只有 6 帧，但是运动幅度却远远大于预备动作的运动幅度。这是预备动作的一个特点，就是持续时间长，然后在极短的时间内发力完毕，让动作显得富有力度。

我们留意到，在第 13 帧的时候，小羊的腿部被极大地拉伸了，这是我们为小羊腿部设计的残影。通过夸张腿部长度，可以让动作更加流畅有力。

在第 24 帧的时候，小羊下落着地。小羊从最低点跳跃到最高点时长为 6 帧，从最高点下落到最低点时长也为 6 帧。符合抛物线的运动规律。同时，小羊着地时并不是马上恢复到正常状态，而是会有一个压缩。这一压缩是对腿部的一种保护，让动画更加自然。同时，小羊身上的柔软的羊毛滞后于身体的运动，因此呈现被拉伸的状态，这是追随运动的一种体现。力的传递存在一个时间差，柔软的被动物体的运动会追随但同时滞后于主体运动。

到了第 28 帧，小羊恢复为正常的站立状态。运动循环结束。

我们在制作动画的时候，运动的调整次序要讲究策略。如果策略对了，动作的思路更加清晰，就能起到事半功倍的效果。从角色本身来说，我们最好先设置主体动作（在本案例中为小羊身体），再确定其他次要部位的动作（小羊腿部），最后再设置角色附属物的动作（小羊的毛发和耳朵）。从时间上来说，我们要先设置好最关键的姿势（类似原画的概念），再设置次关键的姿势（类似小原画的概念），最后再调整补间的曲线。接下来我们将按照这个原则进行制作。

图 7-34　小羊跳跃的方式

7.5.2　设置主体的动作

什么是小羊的主体动作？我们可以把小羊先视为一个弹跳的小球，做一个整体的运动。那我们将要设置的主体动作就是根骨骼 root。

切换到“动画制作”模式。

将播放指针移动到第 0 帧。关闭“显示继承”面板的【图片可选】开关。按快捷键 Ctrl+A 全选所有图层，单击时间轴工具栏中的【添加关键帧】按钮，为所有骨骼和插槽添加一个关键帧。之所以要关闭【图片可选】开关，目的是为了避免全选时把图片也选上，给图片添加了多余的关键帧。

将播放指针移动到第 28 帧，单击【添加关键帧】按钮，添加一个与第 0 帧相同的关键帧，创建动作循环（见图 7-35 和图 7-36）。

将播放指针移动到第 12 帧，把小羊整体下移一点，为跳跃设置一个反方向的预备动作（见图 7-37）。设置动作的时候不要忘记开启时间轴工具栏的“自动关键帧”功能。

图 7-35　添加关键帧创建动作循环

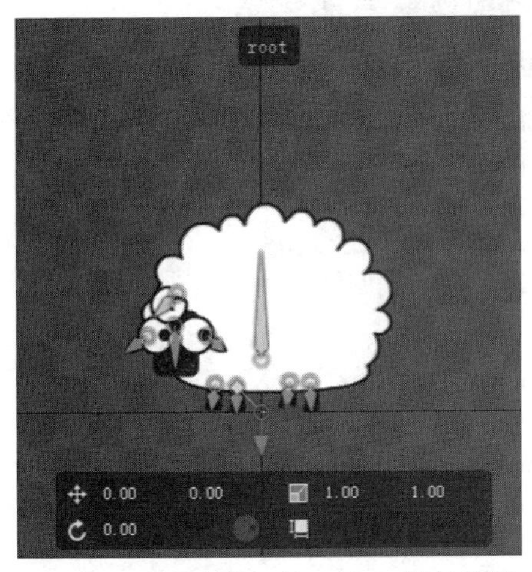

图 7-36　小羊在第 0 帧、第 28 帧的位置

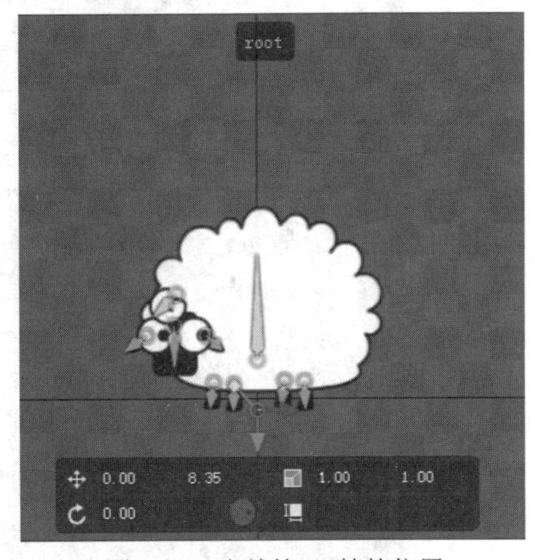

图 7-37　小羊第 12 帧的位置

将播放指针移动到第 18 帧，将小羊整体向上移动（见图 7-38），这个位置是小羊整套动作的最高点。

将播放指针移动到第 24 帧，将小羊整体向下移动，小羊整体将比第 0 帧的正常状态略低（见图 7-39）。单击【播放】按钮，查看小羊跳跃的高度是否合理，若不合理再进行微调。

调整完小羊高度后，让我们为小羊设置运动曲线。小羊的跳跃遵循抛物线运动规律。上跃时，由于重力的作用，小羊的速度逐渐变慢，在最高点时变为 0；之后开始下落；下落时会逐渐加速。因此我们要在第 12 帧到第 18 帧之间设置淡出，在第 18 帧到第 24 帧之间设置淡入。

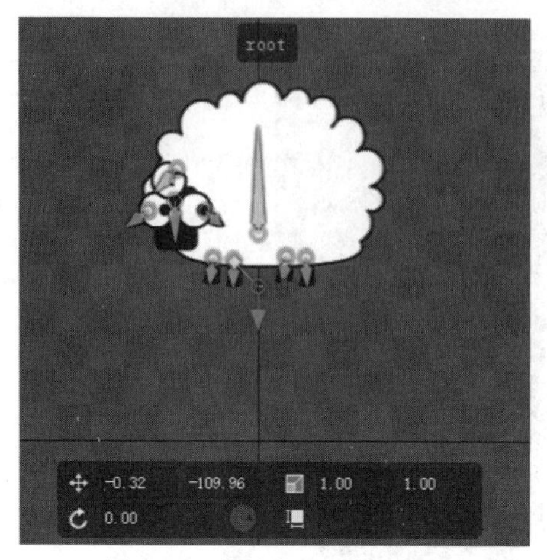

图 7-38　小羊第 18 帧的位置

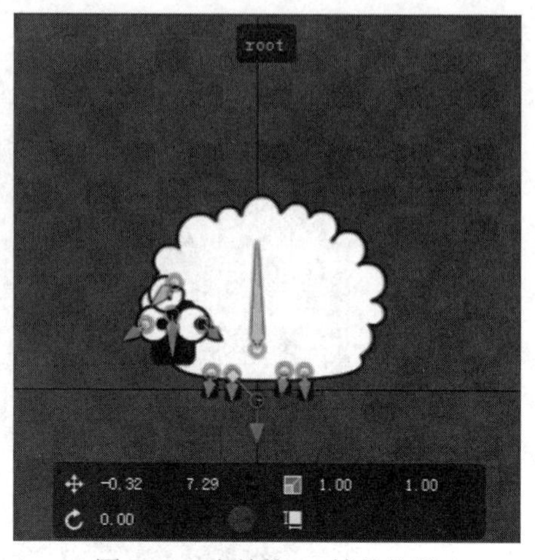

图 7-39　小羊第 24 帧的位置

选择图层 root 第 12 帧的关键帧，在曲线编辑器中单击【淡出】按钮（见图 7-40）。

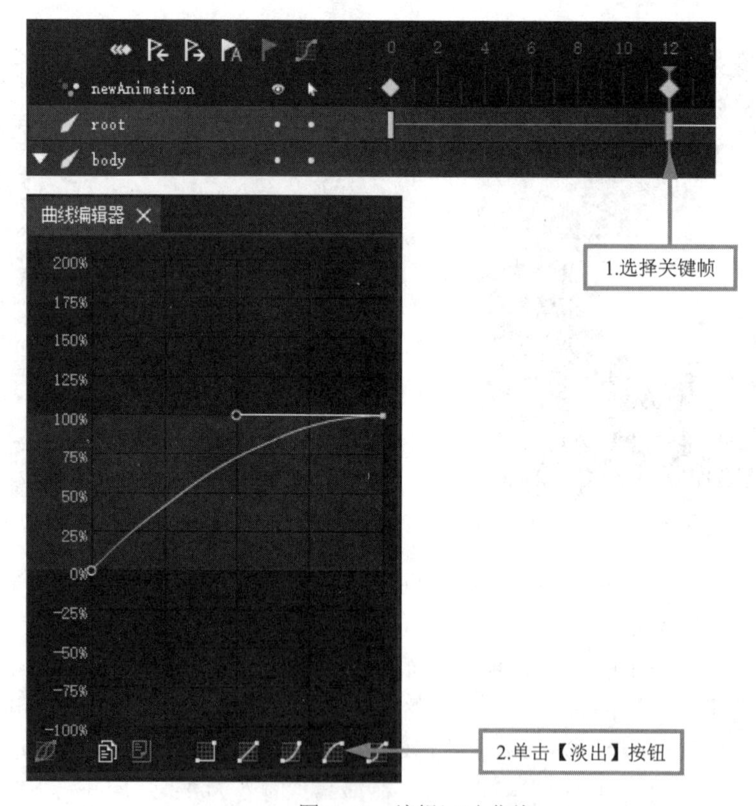

图 7-40　编辑运动曲线

重复上述步骤，选择图层 root 第 18 帧的关键帧，在曲线编辑器中单击【淡入】按钮。最后时间轴的状态如图 7-41 所示。

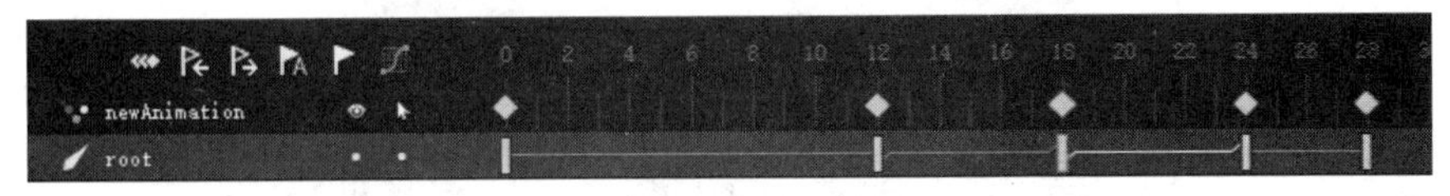

图 7-41 时间轴

7.5.3 设置腿部的动作

接下来开始设置腿部的动作。

将播放指针移动到第 12 帧。可以看到腿部的底部低于地面，这不符合自然规律。我们需要做的是压缩腿部，即对腿部骨骼进行缩放操作。选择骨骼 rightForeLeg，点亮“变换”面板中的【缩放】按钮。鼠标拖拽红色的 X 轴操作杆，让骨骼 rightForeLeg 的长度适应地面。重复上述步骤，改变骨骼 leftForeLeg、rightHindLeg 和 leftHindLeg 的长度。最终结果如图 7-42 所示。

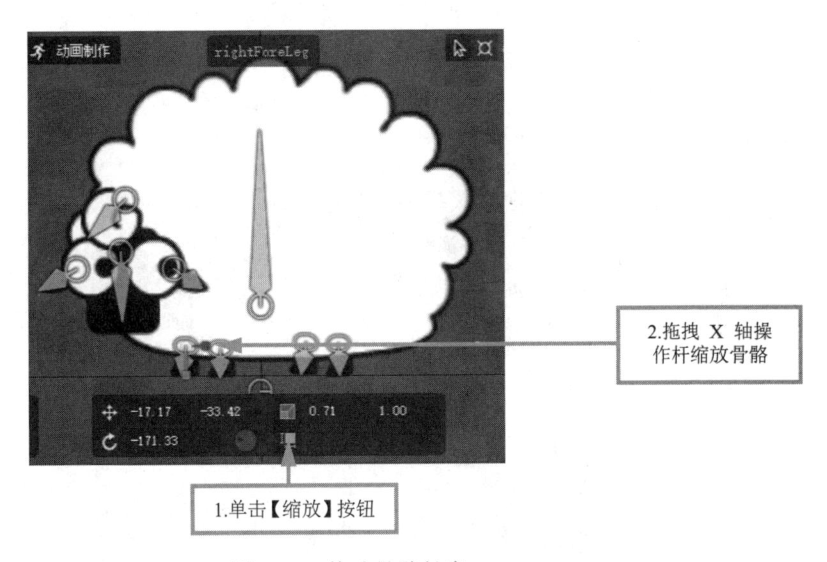

图 7-42 修改骨骼长度

将播放指针移动到第 13 帧。这是小羊离地的第一个帧，在这一帧中，我们通过拉伸小羊腿部来夸张跳跃的力度，同时增加动画的流畅感。用鼠标拖拽红色的 X 轴操作杆，改变骨骼 rightForeLeg、leftForeLeg、rightHindLeg 和 leftHindLeg 的长度。最终结果如图 7-43 所示。

图 7-43　修改骨骼长度

接着，我们在第 14 帧让小羊腿部恢复原样。虽说如此，但我们可以让小羊的腿部比站立时稍微长一点，小羊的腾空姿势会显得更加自然。因此我们将小羊四肢骨骼在 X 轴的缩放数值设置为 1.5 倍。效果如图 7-44 所示。

图 7-44　修改骨骼长度

将播放指针移动到第 20 帧。这一帧是小羊达到最高点（第 18 帧）后的第二个帧。我们按照图 7-45 所示旋转骨骼，旋转骨骼是为了用卡通化的方式展现小羊蹬腿跳跃的动作。而滞后于最高点两帧，是为了让身体不同部位的动作存在一个时间滞差，让整体动作显得更加流畅自然。这类运动规律被称之为交搭动作。

图 7-45　旋转骨骼

我们在第 24 帧（小羊跳跃后着地帧）按照第 12 帧的处理方式缩小骨骼长度，让小羊的四肢踏在地面上（见图 7-46）。至此，小羊的腿部动作设置便完成了。

图 7-46　修改骨骼长度

小羊腿部的关键帧分布情况如图 7-47 所示。

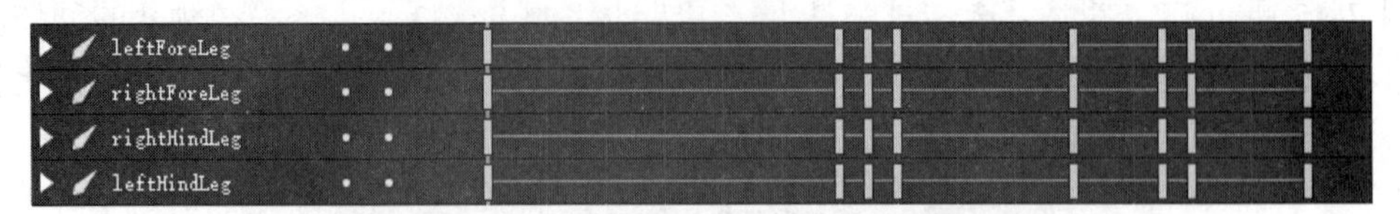

图 7-47　小羊腿部的关键帧分布情况

7.5.4　设置身体的网格变形动作

接下来，我们要为小羊的身体设置网格变形动作，以体现小羊羊毛柔软蓬松的质感，让角色显得更加可爱。

在“时间轴”面板中展开骨骼，可以看到，骨骼 body 下有两种图标。除了表示插槽的图标外，还有另外一种图标，这个图标代表的是网格变形层（见图 7-48）。我们将在这个层设置网格变形关键帧。

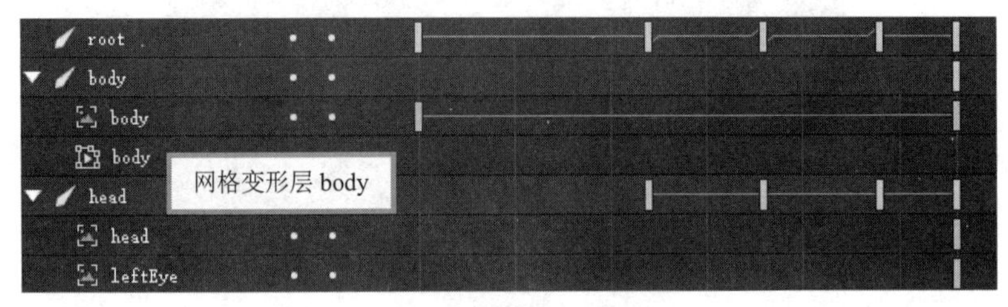

图 7-48　网格变形层

现在让我们为网格变形图层 body 设置关键帧。

将播放指针移动到第 0 帧。选择网格变形图层 body（不要忘记打开“显示继承”面板的【图片可选】开关，否则会无法选择网格变形图层）。单击时间轴工具栏中的【添加关键帧】按钮，为图层添加一个关键帧。

将播放指针移动到第 28 帧。单击【添加关键帧】按钮，添加一个与第 0 帧相同的关键帧，创建动作循环（见图 7-49）。

将播放指针移动到第 12 帧。微微向上拖拽小羊身体上半部分的点，为羊毛制造一点惯性形变（见图 7-50）。

小贴士

（1）我们可以选择网格的某段边线进行移动，边线两端的点会一起移动。

（2）按住 Ctrl 键，可以选择多个网格顶点。

将播放指针移动到第 14 帧。按照图 7-51 所示移动网格顶点。我们要做的是将小羊身体上方的网格顶点下移，形成一种羊毛被压缩的效果。同时，将小羊身体下方两边的网格点略微下移，形成一种羊毛追随身体运动但滞后于身体运动的效果。

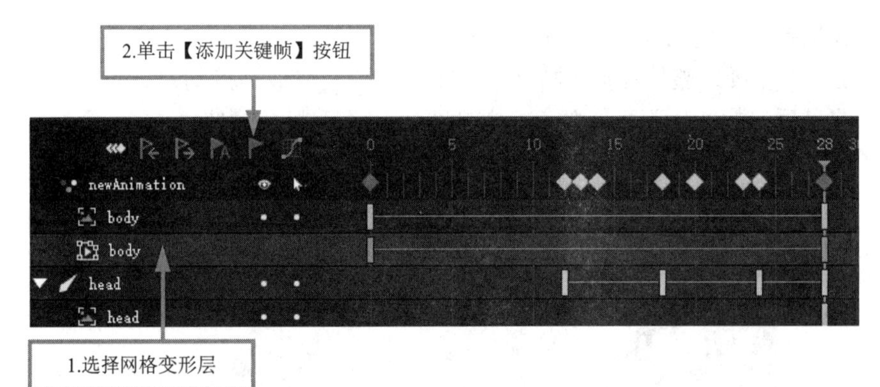

图 7-49　添加关键帧，创建动作循环

图 7-50　移动网格顶点

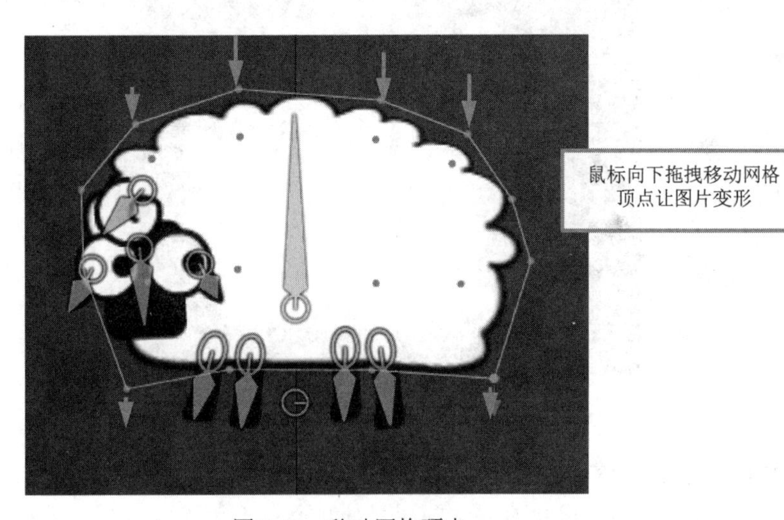

图 7-51　移动网格顶点

将播放指针移动到第 18 帧。稍微移动一下网格顶点（见图 7-52），为羊毛的运动制造一点弹性，而不是僵硬地整体移动。同时这也在小羊腾空在最高点创建了一个关键帧，代表羊毛压缩状态的最后一帧。接下来，随着小羊的下落，羊毛将被拉伸。

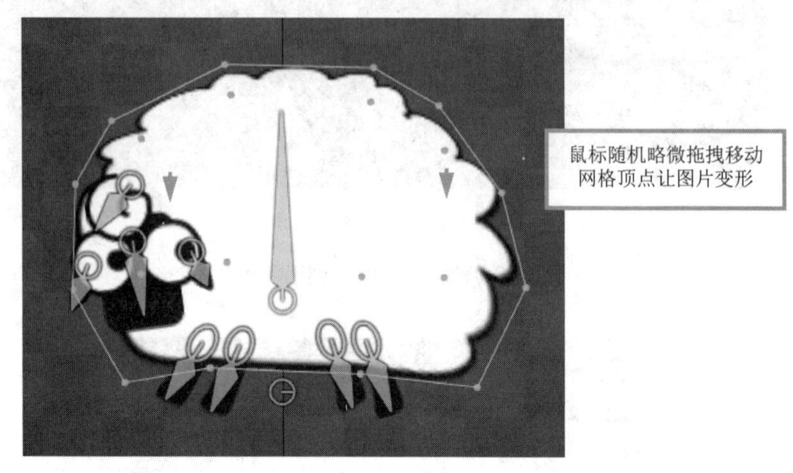

图 7-52　移动网格顶点

将播放指针移动到第 24 帧。按照图 7-53 所示移动网格顶点。我们要做的是将小羊身体上方的网格顶点上移，形成一种羊毛被拉伸的效果。在惯性的作用下，羊毛习惯于保持原有的运动状态，跟不上身体的动作，因此形成了一种拉伸的效果。

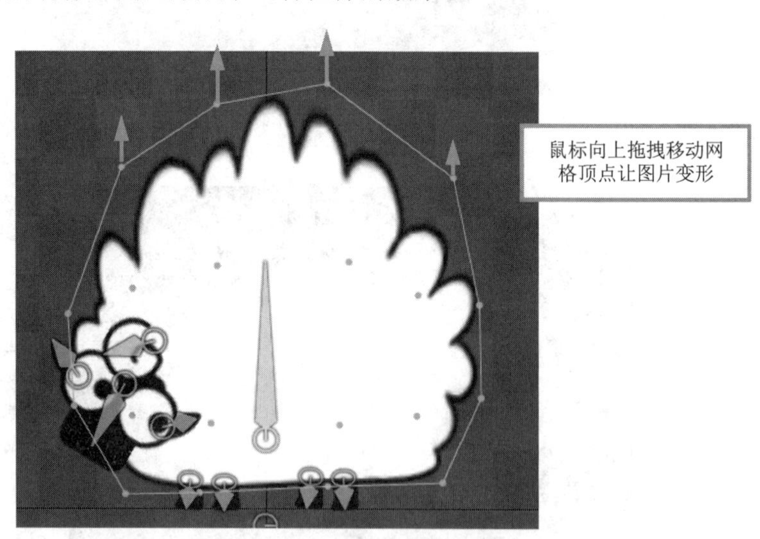

图 7-53　移动网格顶点

将播放指针移动到第 26 帧。按照图 7-54 所示移动网格顶点，让羊毛基本恢复原状，但是又要与第 0 帧和第 28 帧的形状有所区别。目的是避免羊毛在某几帧的僵化，让羊毛保持轻微的运动，形成一种蓬松感。

至此，小羊身体的网格变形运动设置就结束了。我们可以反复播放检查动画是否流畅，进行进一步的微调。

图 7-54　移动网格顶点

这时候跳跳羊的动画就基本完成了。

除了腿部和身体的运动外，我们还可以为小羊的其他次要部位，如头部、耳朵等设置运动。这些部位的运动都遵循我们之前所提到的挤压拉伸、预备动作、追随动作、交搭动作等运动规律。在这里就不一一展开了，具体的动画设置可以参考本书所附带的 DragonBones 源文件。

最终跳跳羊所有关键帧的分布情况如图 7-55 所示。

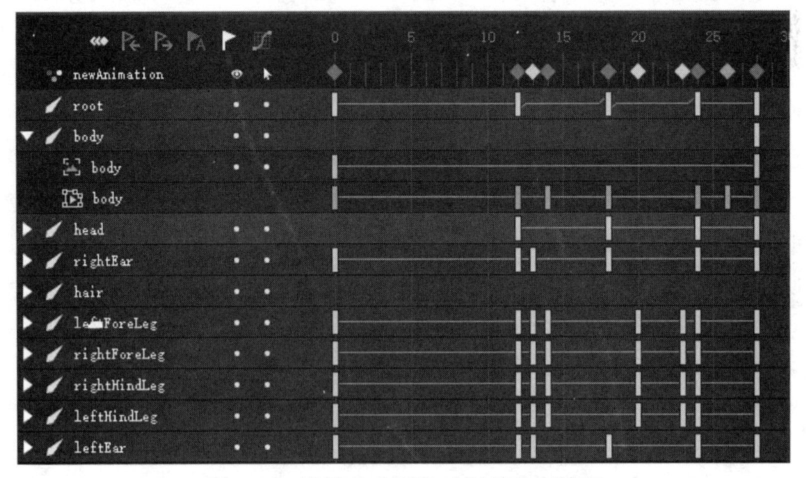

图 7-55　跳跳羊动画的关键帧分布情况

单击【播放】按钮，预览一下整个动画吧。

第 8 章　创建 IK 和蒙皮动画——悬挂着的小猴子

本章要点

- 在 DragonBones Pro 中创建 IK 和蒙皮动画
- 制作一段小猴子悬挂在藤蔓上招手的动画

8.1　项目概述

本章将为读者介绍在 DragonBones Pro 中创建 IK 和蒙皮动画的基本操作流程。

何为 IK？要理解 IK 概念，首先需要弄清楚 IK 和 FK 的区别。

FK 为 Forward Kinematics（正向动力学）的缩写。通常情况下，父骨骼带动子骨骼运动即为正向动力学，例如大臂带动小臂、大腿带动小腿。本书前面所采用的骨骼运动方式皆为 FK。但是当角色要拿起杯子时，如果采用 FK 的方式，我们要反复调整大臂和小臂的骨骼，才能让角色碰到杯子，这给我们调整动画带来了麻烦。那么，有没有一种更好的方式来达到这一目标呢？这时候就需要 IK 出马了。IK 与 FK 相反，是 Inverse Kinematics（反向动力学）的缩写，其实现方式是自下而上的。我们只需要调整一个 IK 约束目标，将约束目标移向杯子，DragonBones 就会自动计算出大臂和小臂骨骼的旋转幅度，让手部（即小臂末端）一直跟随约束目标移动。

那么，何为蒙皮？

在前面几章，我们已经学习了 DragonBones 的网格变形功能和骨骼动画功能。蒙皮便是这两者的结合。蒙皮能够将网格点绑定在指定的骨骼上，为每个网格点分配不同的骨骼权重，使得网格点随着骨骼的运动而移动。蒙皮让繁琐复杂的网格点被简洁的骨骼带动，让动画制作变得更加便捷。

在这一章中，我们会尝试制作一段小猴子悬挂在藤蔓向观众招手的动画。在这一制作过程中我们将学习 DragonBones 的 IK 和蒙皮功能。

8.2　导入数据到项目

在窗口顶部菜单依次单击【文件】→【导入数据】，选择本书提供的素材（“DB 素材/猴子素材.zip”），将素材导入到新建项目。DragonBones 将自动根据 JSON 数据创建新项目（见图

8-1）。新建完项目之后不要忘记保存项目。

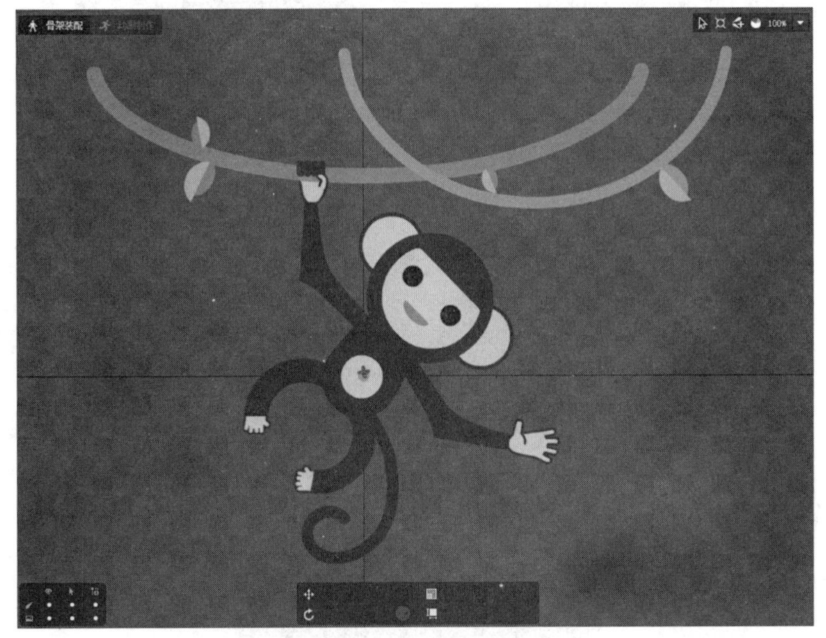

图 8-1　装配完成的骨骼

8.3　创建骨架

先创建骨架，再蒙皮，最后创建 IK。

骨架装配的操作要点请参考本书的第 5 章和第 6 章。最后装配完成的骨骼分布情况如图 8-2 所示，在“场景树”面板的分布情况如图 8-3 所示。

这里为猴子身体创建骨骼 body，为猴子头部创建骨骼 head，为猴子大臂创建骨骼 leftArm 和 rightArm，为猴子前臂创建骨骼 leftArm1 和 rightArm1，为猴子手掌创建骨骼 leftHand 和 rightHand，为猴子腿部创建骨骼 leftLeg 和 rightLeg，为猴子尾巴创建骨骼 tail。

骨骼 head、leftLeg、rightLeg、leftArm、rightArm 和 tail 从属于骨骼 body。也就是说猴子身体是其头部、四肢和尾巴对应骨骼的父骨骼。骨骼 leftArm1 和 rightArm1 分别从属于骨骼 leftArm 和 rightArm；骨骼 leftHand 和 rightHand 分别从属于骨骼 leftArm1 和 rightArm1。

在猴子之外的区域，两条藤蔓分别由骨骼 cirrus1 和 cirrus2 控制，这两根骨骼与骨骼 body 一样，从属于根骨骼 root。

图 8-2　装配完成的骨骼

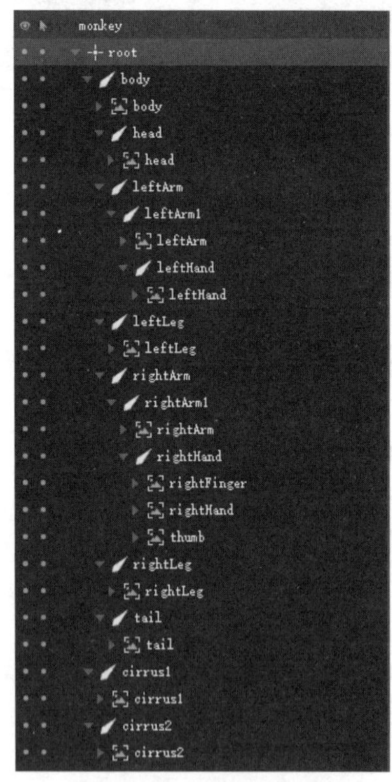

图 8-3　“场景树”面板

8.4　创建蒙皮

8.4.1　创建网格

我们要为之创建蒙皮的区域是猴子的手臂。

创建蒙皮需要先将图片转化为网格。

现在让我们将图片 rightArm 和 leftArm 转化为网格，并按图 8-4 所示设置网格。我们需要在手肘处设置较为密集的顶点，避免在蒙皮后因为形变控制点太少而造成蒙皮时手臂体积的改变。图 8-5 便是网格顶点过少造成的错误结果。

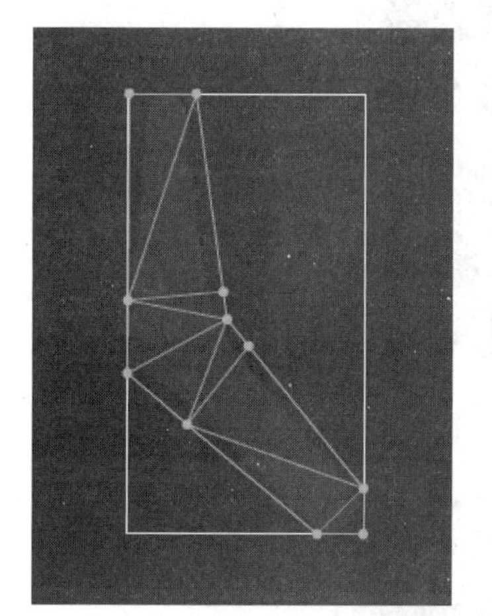

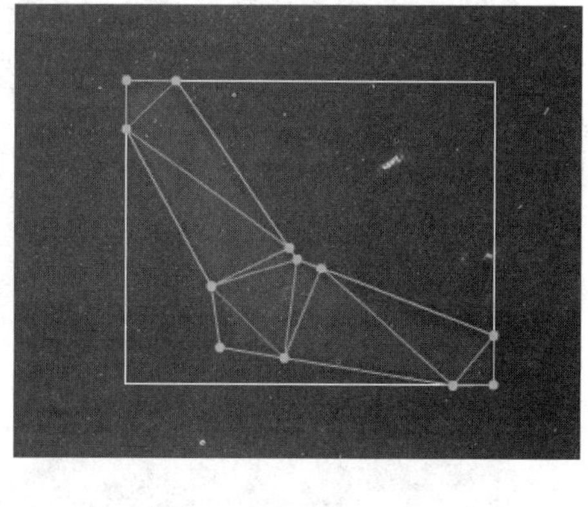

图 8-4　图片 rightArm 和 leftArm 的网格设置

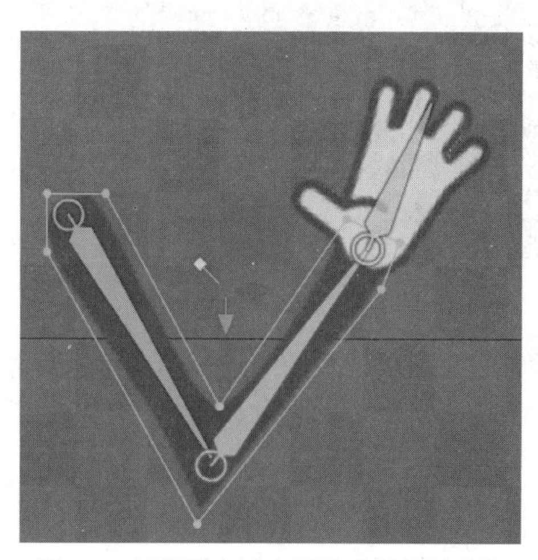

图 8-5　网格顶点过少导致手臂体积改变

8.4.2 将网格绑定到骨骼

现在让我们将网格绑定在骨骼上。

选择插槽或者图片 leftArm，在“属性”面板中勾选“开启编辑”复选框。单击右侧的【绑定骨骼】按钮，在场景或者“场景树”面板中选择骨骼 leftArm 和 leftArm1，完成后右击退出绑定骨骼状态（见图 8-6）。

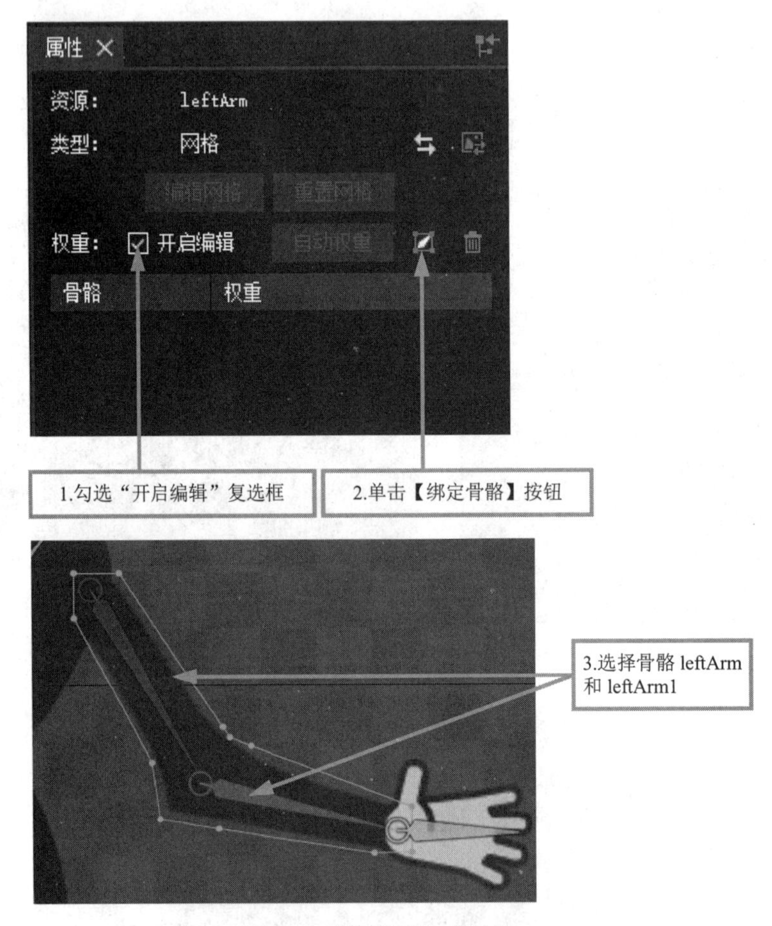

图 8-6　将网格绑定在骨骼

可以发现，该网格“属性”面板的“权重”一栏中新增了骨骼 leftArm 和 leftArm1，骨骼名称前面有颜色标识。这些颜色与场景中的骨骼颜色相对应（见图 8-7），在之后的骨骼权重编辑环节能够起到很好的标识作用。

图 8-7　骨骼颜色

小贴士

（1）骨骼绑定结束后，右击空白处，DragonBones 会基于骨骼和网格点的相对位置自动计算分配权重。

（2）如果添加了多余的骨骼，可以选中该骨骼后单击【删除绑定骨骼】按钮（该按钮在【绑定骨骼】按钮右侧）予以删除。

（3）如果少添加了骨骼，可以再次单击【绑定骨骼】按钮，选择要添加的骨骼。

（4）若在初次绑定后再添加新的绑定骨骼到列表中，DragonBones 便不会再自动计算权重，我们可以单击“属性”面板中的【自动权重】按钮再次自动计算权重。

8.4.3　编辑骨骼权重

每个网格顶点都会受到绑定骨骼的影响，这种影响我们称之为权重。每个网格顶点的所有骨骼权重值加起来等于 100。骨骼权重值越大，就代表这个顶点受该骨骼的影响越大。当骨骼变换时，网格顶点将跟随骨骼变换，而权重值的大小则决定了变换的幅度。我们可以在“属性”面板设置每根绑定骨骼的权重值（见图 8-8）。

现在让我们查看一下之前所绑定的骨骼的权重。

除了在“属性”面板调整骨骼权重之外，有一种更快捷的方式就是使用【权重】工具，一次性地查看各个网格顶点的骨骼权重占比。在“主场景工具栏”中选择【权重】工具之后，当前网格的权重将以饼状图展示。饼状图中的颜色与骨骼的颜色相对应，鼠标悬停在饼状图上能够放大查看饼状图（见图 8-9）。

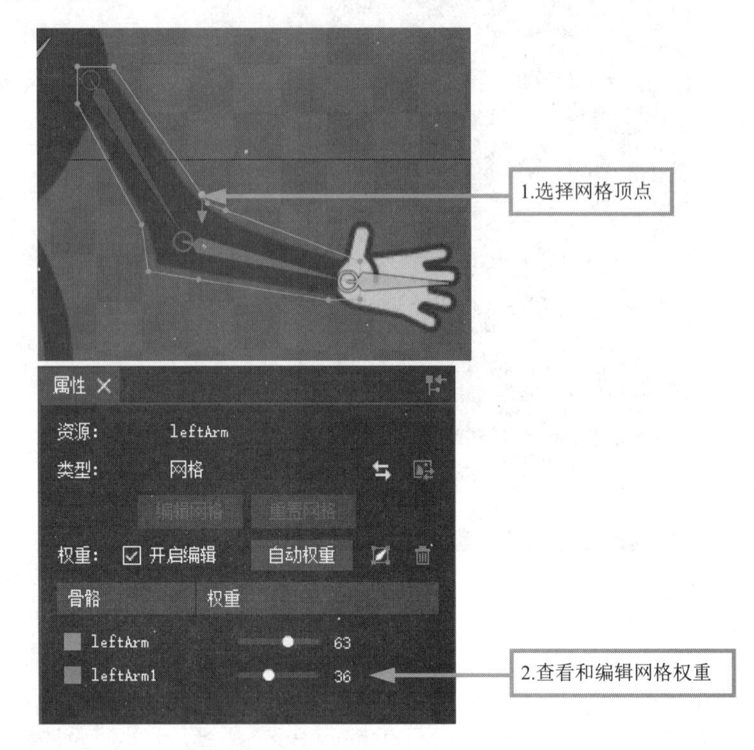

图 8-8　查看和编辑网格权重

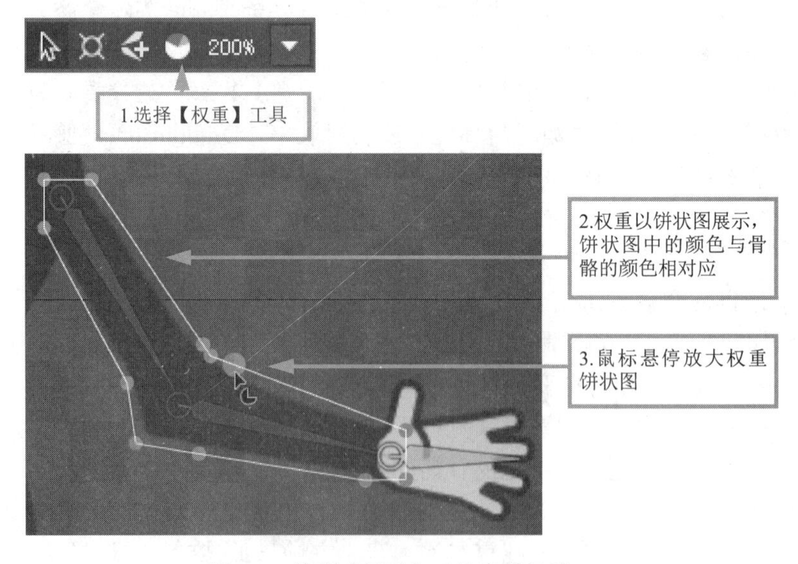

图 8-9　使用【权重】工具查看权重

我们可以发现，猴子肩膀处的权重基本为绿色，表明它们更多地受到骨骼 leftArm 的影响，但是依然存在一丝橙色，代表它们也受到骨骼 leftArm1（即小臂处骨骼）的影响。选择肩膀处的某个顶点，可以看到在“属性”面板中，leftArm 的数值为 99，leftArm1 的数值为 1。但是我们希望肩膀处的网格顶点完全受骨骼 leftArm 的影响，因此我们需要修改骨骼权重。

修改骨骼权重有以下两种方式：

（1）用鼠标拖拽“属性”面板中的权重滑块进行权重的修改（见图 8-10）。

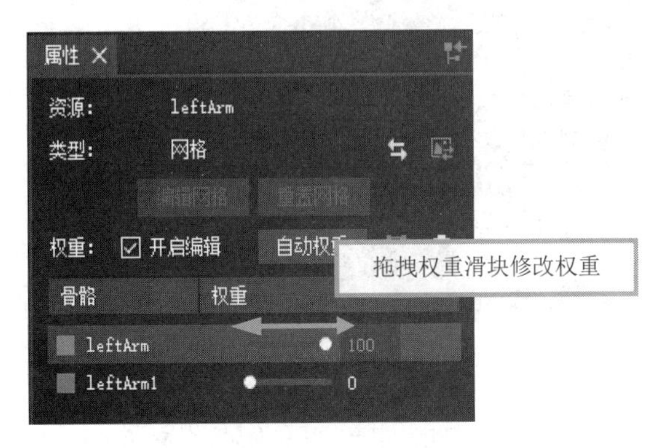

图 8-10　修改骨骼权重

（2）在“权重工具”模式下，选择某些顶点（一个或多个）和某根骨骼（只能选择一根），在主场景视图按住鼠标左键上下拖动来修改权重。鼠标向上拖拽增加该骨骼的权重占比，鼠标向下减少权重占比（见图 8-11）。

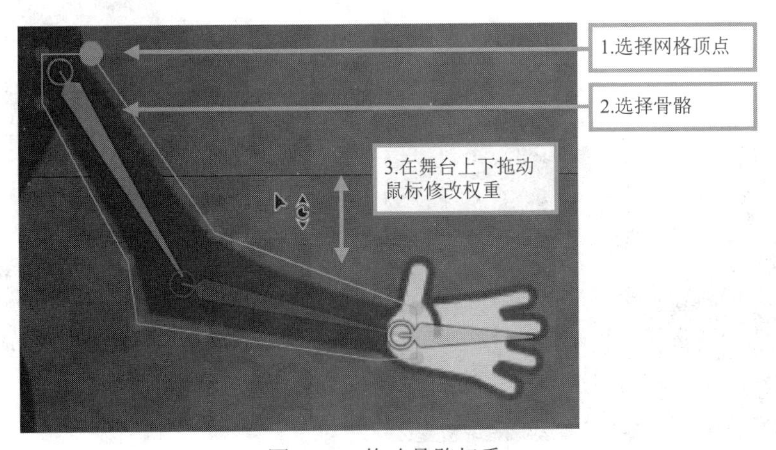

图 8-11　修改骨骼权重

而在这里，我们希望将肩膀处的三个网格顶点的权重都分配给骨骼 leftArm。DragonBones 提供了一个快捷的方式，便是在选中骨骼的情况下，按住 Alt 键，依次单击选中要完全分配权重的顶点，就可以将该点的权重 100%分配给选中的骨骼。

选择骨骼 leftArm，并按图 8-12 所示按住 Alt 键单击肩膀处的三个顶点。此后，选中骨骼 leftArm1，如图 8-13 所示按住 Alt 键并单击猴子手腕处的三个顶点。至此，猴子左手的骨骼权重设置就完成了。

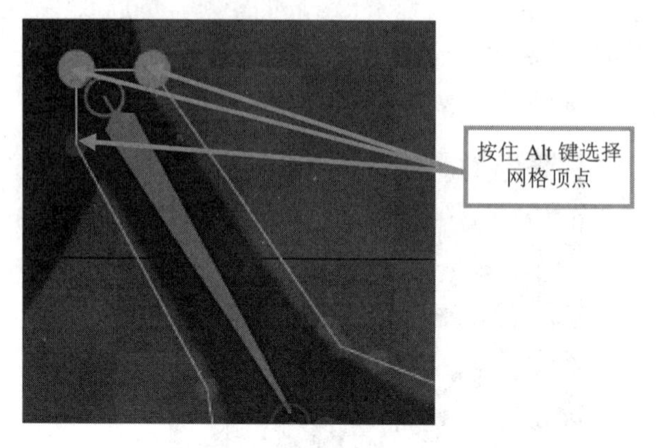

图 8-12 修改骨骼权重

我们按照上述步骤，为猴子的右手也创建蒙皮（见图 8-14）。

至此，本案例的蒙皮环节就完成了。

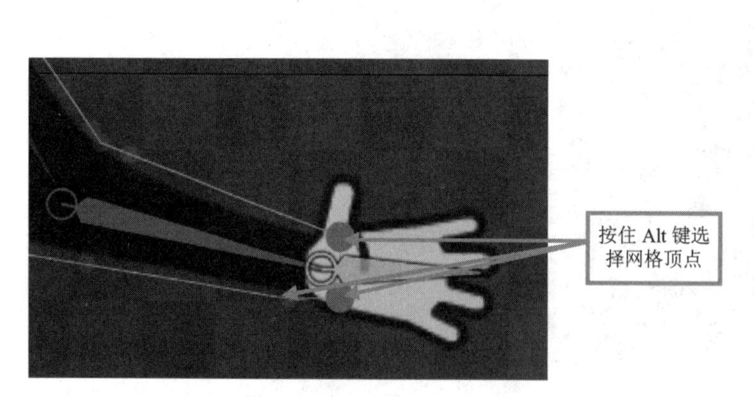

图 8-13 修改骨骼权重

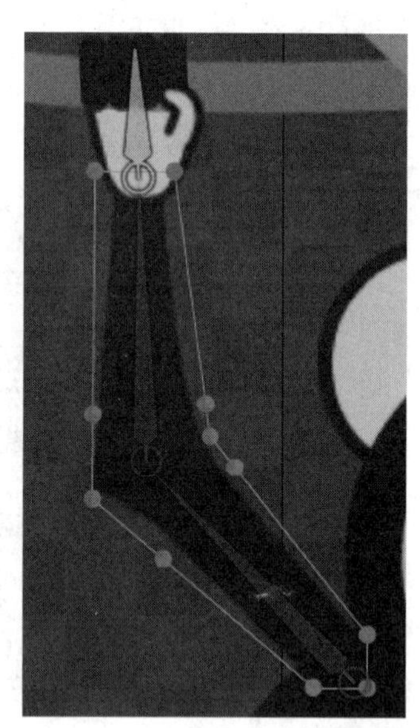

图 8-14 为猴子的右手创建蒙皮

8.5　创建 IK

现在让我们为猴子的手臂创建 IK。我们不需要为两只手臂都创建 IK。前面已经提到，当骨骼末端有明确目标时适宜创建 IK，在当前场景中，我们只需要为猴子抓着藤蔓的手臂创建 IK。打招呼的手臂则依然采用 FK。

选择骨骼 rightArm 和 rightArm1，在“属性”面板单击【在骨骼末端生成约束目标】按钮，就可以为这两根骨骼创建 IK 约束目标（见图 8-15）。

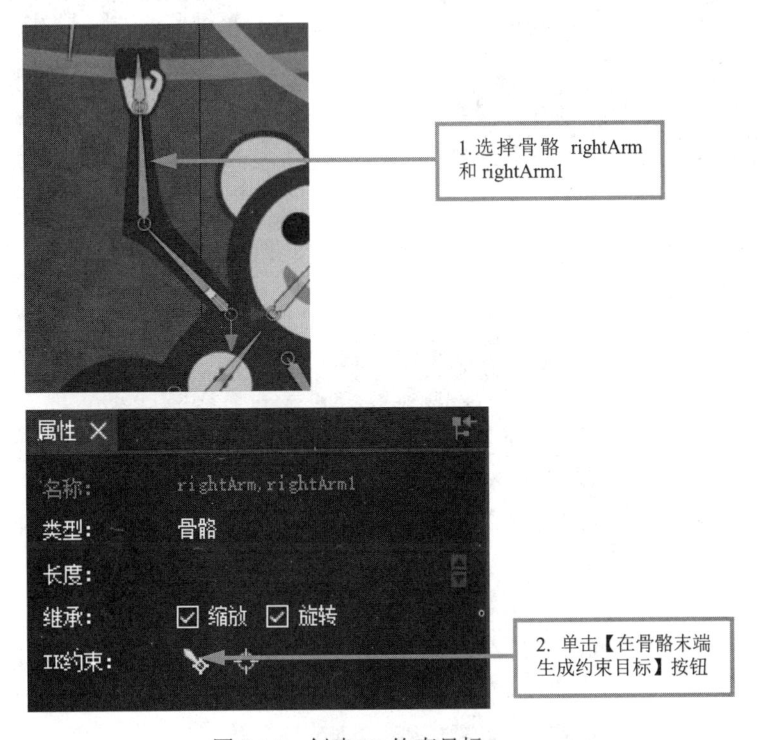

图 8-15　创建 IK 约束目标

选择绑定了 IK 的骨骼，如 rightArm 和 rightArm1，就可以看到其“属性”面板会多出一栏“IK 约束”（见图 8-16）。选择 IK 约束目标 bone_ikTarget，其“属性”面板会出现一栏“IK 约束目标”（见图 8-17）。这其中各项属性含义如下：

- 名称：IK 约束的名称，默认为自动命名，也可以重命名。
- 骨骼：IK 约束所绑定的骨骼。
- 目标：作为约束目标的骨骼的名称。
- 弯曲：IK 的弯曲方向。
- IK 权重：IK 约束影响骨骼的权重，默认为 100%。

当我们单击骨骼或目标名称时（鼠标悬浮于其上会变蓝），对应的骨骼或 IK 约束目标会处于选中状态。

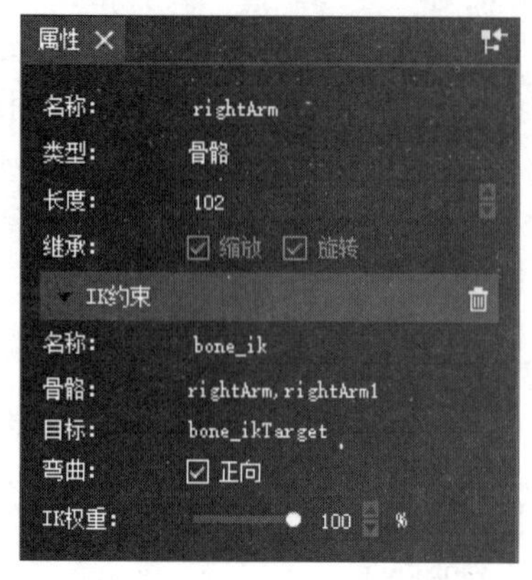

图 8-16　绑定了 IK 的骨骼的“属性”面板

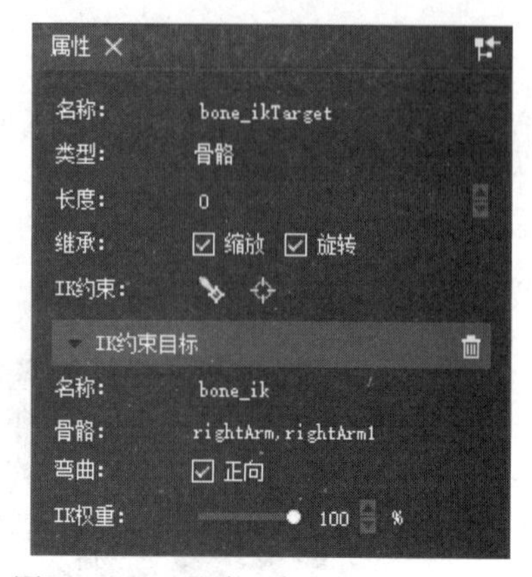

图 8-17　IK 约束目标的“属性”面板

绑定了 IK 约束的骨骼外框将显示为红色。“场景树”面板会多出一个与骨骼 rightArm 同级的 IK 约束目标 bone_ikTarget（见图 8-18）。

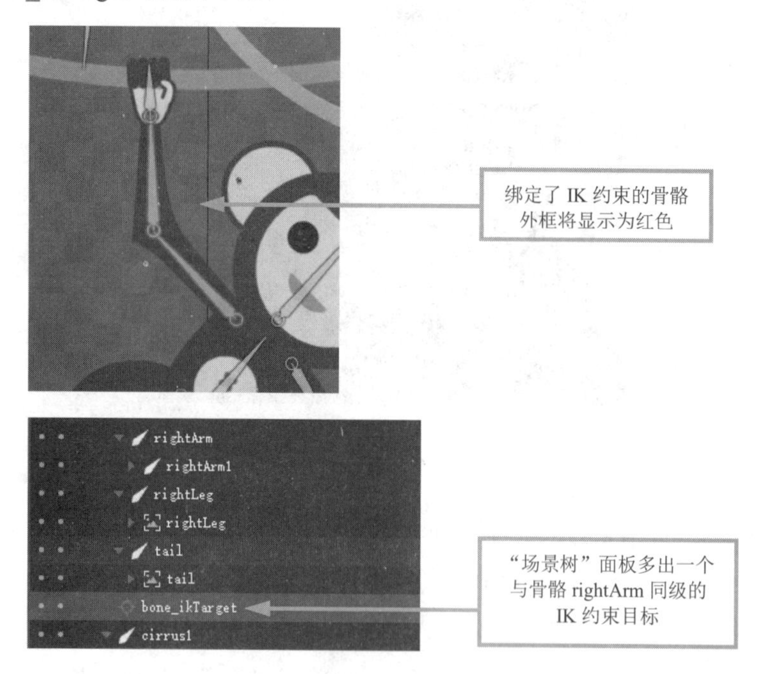

图 8-18　创建 IK 约束目标

双击 bone_ikTarget，将其命名为 arm_ikTarget。这里再次强调要养成命名的习惯，否则元素一多就容易引起混乱；此外，在团队作业时，混乱的命名也不利于团队其他成员的配合。

小贴士

IK 约束特性:

- 绑定了 IK 约束的骨骼外框显示为红色。
- 作为 IK 约束目标的骨骼整体显示为红色。
- 单根骨骼可以绑定 IK 约束。
- 两根连续父子骨骼可以绑定 IK 约束。
- 两个以上骨骼无法绑定 IK 约束。
- 非连续父子骨骼无法绑定 IK 约束。
- 非父子骨骼无法绑定 IK 约束。
- 所选骨骼的直接或间接子骨骼不能手动指定为 IK 约束目标骨骼。
- 关闭“旋转”继承的骨骼无法绑定 IK 约束。
- 绑定了 IK 约束的骨骼不能关闭“旋转”继承。

现在让我们测试一下 IK 绑定的结果。

左右移动骨骼 body，结果如图 8-19 所示。我们可以发现 IK 起作用了。我们没有移动或旋转猴子的手臂，但它依然发生了改变，以便让手腕能处在 IK 约束目标上。但是我们还会发现，猴子手部的角度也随着小臂角度的变化而变化，不像是抓在藤蔓上。这是因为手部骨骼是小臂骨骼的子骨骼，其移动、缩放和旋转都继承自小臂骨骼。

图 8-19　IK 约束测试

遇到这种情况我们应该怎么办？这时候我们只需要在骨骼 rightHand 末端创建 IK 约束目标即可（见图 8-20）。

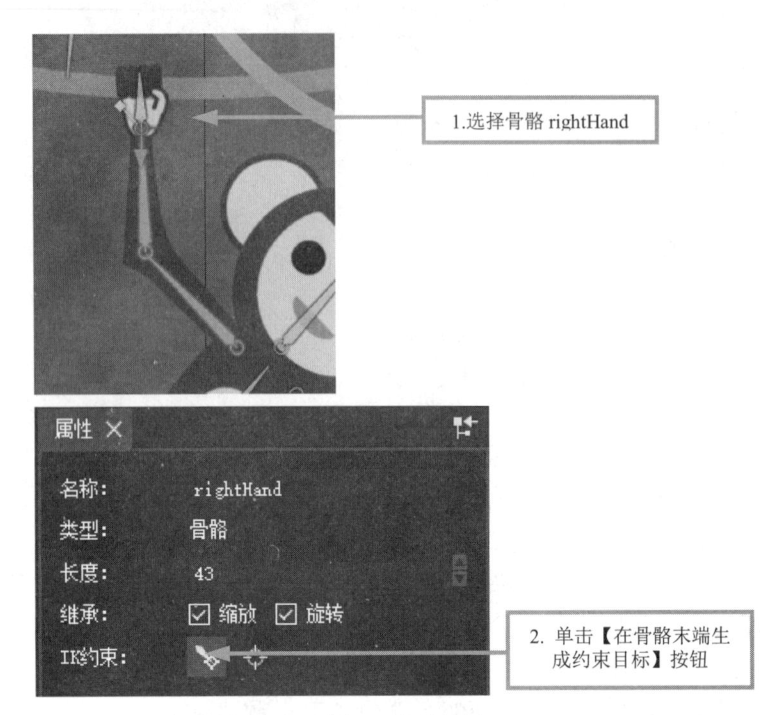

图 8-20　创建 IK 约束目标

这样，无论骨骼 rightHand 如何运动，其末端都会一直朝向约束目标，这便实现了让猴子手部抓紧藤蔓的效果（见图 8-21）。

图 8-21　效果对比

8.6　动画制作

8.6.1　小猴子招手动画介绍

在本案例中，我们要制作的是一个小猴子悬挂在藤蔓上打招呼的循环动画。这个动画非常简单，只有两个关键姿势：第一个姿势是猴子的放松姿势，右手抓着藤蔓，身体和四肢自然下垂；第二个姿势是猴子拉起身体，向观众打招呼的姿势。每个姿势持续 12 帧，构成了一个循环动画。

8.6.2　关键姿势的摆放

让我们开始摆放第一个关键姿势。

首先移动的是骨骼 body。因为猴子的右手已经设置了 IK，所以当我们移动骨骼 body 时，猴子右手所对应的骨骼 rightArm、rightArm1 和 rightHand 便会自动变换，让猴子的手部始终位于 IK 约束目标 arm _ikTarget 上，亦即藤蔓上。

接着，调整猴子左手、腿部、头部和尾巴的对应骨骼，让猴子的身体呈现放松状态。最后的姿势如图 8-22 所示。

图 8-22　整体的第一个关键姿势

将播放指针移动到第 12 帧，按照上述顺序，按照图 8-23 所示摆放第二个关键姿势。

图 8-23　猴子的第二个关键姿势

需要注意，为了表现猴子的重量感，我们要将 IK 约束目标 arm_ikTarget 略微下移，它能带动猴子整个手臂的关节，最终让猴子的手部略微下移。这时候，猴子的手部便不在藤蔓上了，我们需要修改藤蔓对应骨骼 cirrus1 的位置和 X 轴比例，让藤蔓和手部能够再一次匹配上。此外，我们还可以稍微调整一下右侧藤蔓的骨骼，作出扰动的效果，让画面细节更加丰富（见图 8-24）。

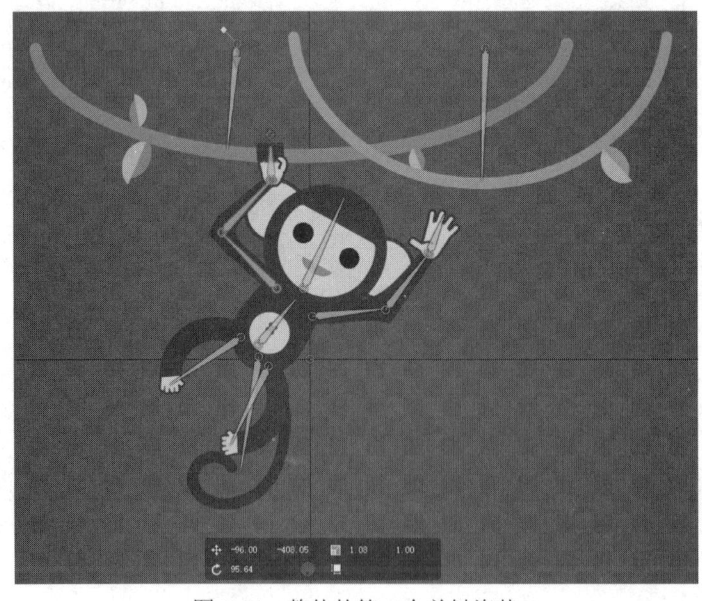

图 8-24　整体的第二个关键姿势

完成第二个关键姿势后，我们全选第 0 帧的所有关键帧，将其复制到第 24 帧，形成一个循环。

最后的关键帧分布情况如图 8-25 所示。

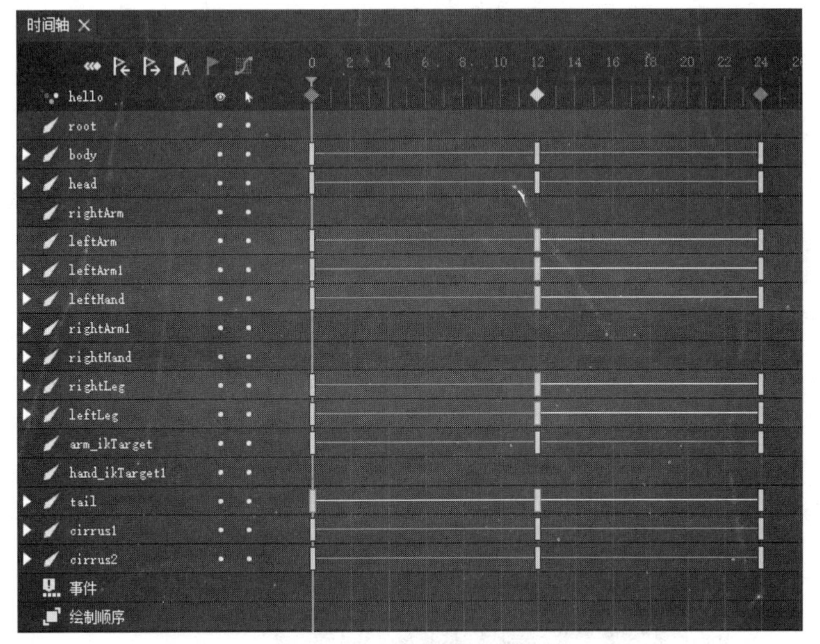

图 8-25　关键帧分布情况

8.6.3　延迟手部和腿部的动作

完成上述步骤后，我们会发现正在播放的动画显得有些机械。还记得第 7 章提过的交搭动作吗？采用这种方式可以让身体各个部位存在一定的时间滞差，使动作更加自然。在这里，我们要修改的是骨骼 leftLeg 和 leftHand 的动作，让其稍微迟滞一些。

将骨骼 leftLeg 在第 12 帧的关键帧拖拽到第 16 帧，让猴子的左腿动得缓慢一些。因为猴子这个动作主要是靠右腿和左手来保持平衡，左腿处于一个比较放松的状态，所以动作没有那么迅速。骨骼 leftLeg 的关键帧分布情况如图 8-26 所示。

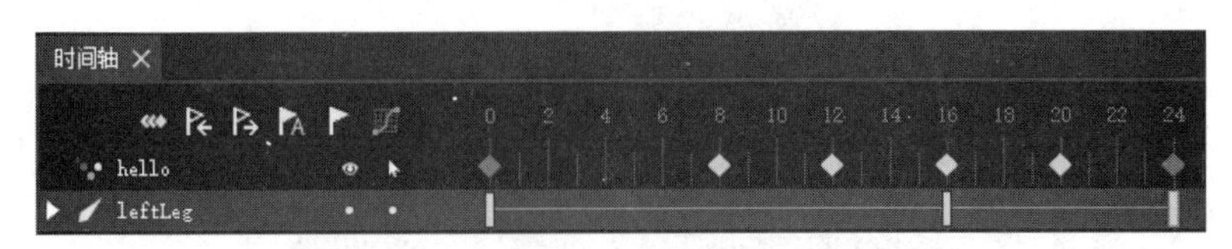

图 8-26　骨骼 leftLeg 的关键帧分布情况

将播放指针移动到第 8 帧，顺时针旋转骨骼 leftHand，让猴子的左手比左小臂动得速度慢一点，形成小臂带动手部的力的传递的效果（见图 8-27）。遵循同样的原则，将播放指针移动到第 20 帧，逆时针旋转骨骼 leftHand，让猴子的左手略微滞后于左小臂动作（见图 8-28）。通过这些调整可以让猴子的招手更加自然。

骨骼 leftHand 的关键帧分布情况如图 8-29 所示。

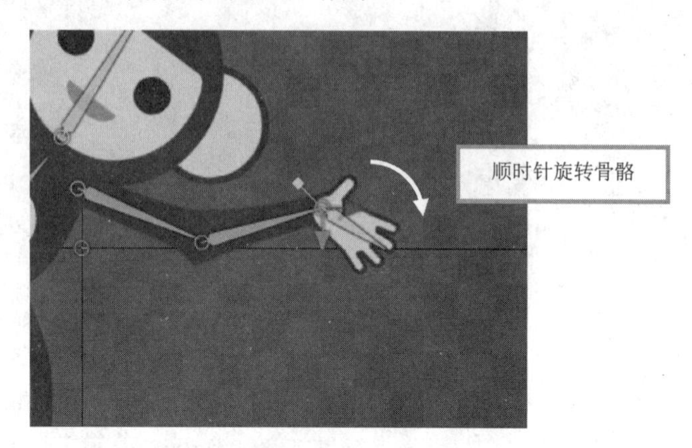

图 8-27　在第 8 帧顺时针旋转骨骼

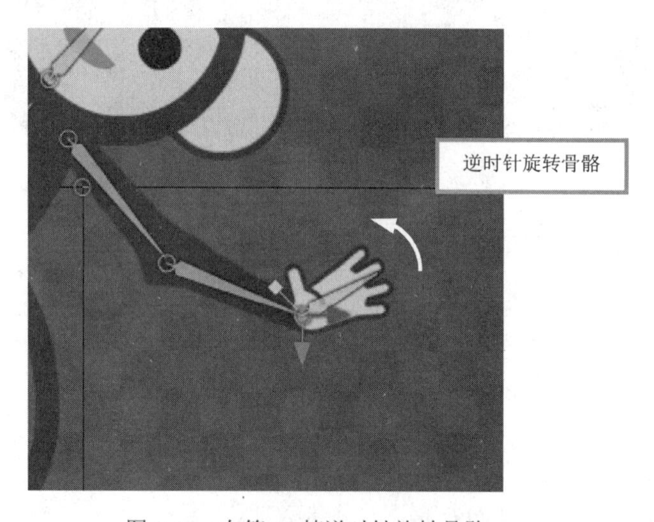

图 8-28　在第 20 帧逆时针旋转骨骼

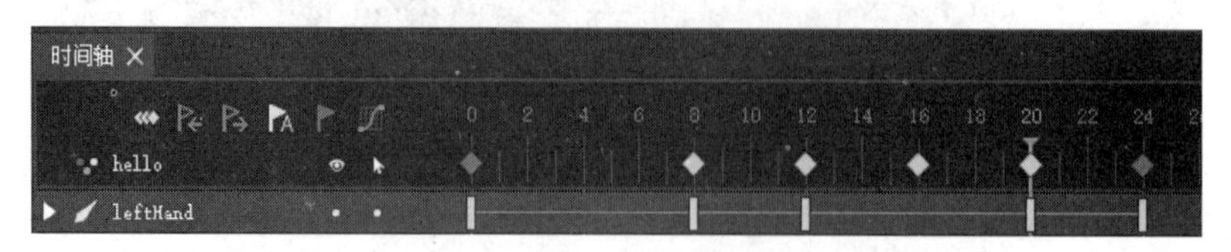

图 8-29　骨骼 leftHand 的关键帧分布情况

8.6.4　编辑运动曲线

现在为猴子的各个骨骼编辑运动曲线。

猴子的招手遵循淡入淡出的原则。在第 0 帧，猴子的运动曲线是淡入；到第 12 帧，猴子的运动曲线是淡出；在第 12 帧，猴子的运动曲线是淡入；到第 24 帧，猴子的运动曲线是淡出。

框选所有骨骼的关键帧，在“曲线编辑器”中单击【淡入淡出】按钮，将曲线设置为“淡入淡出”（见图 8-30）。

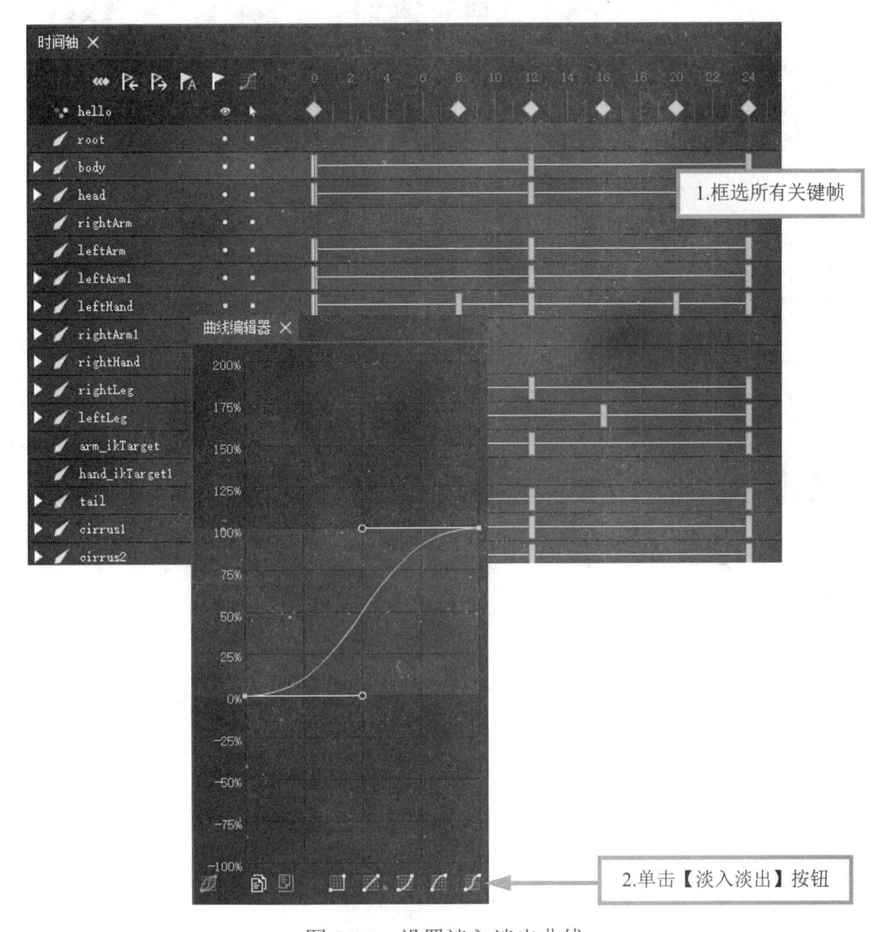

图 8-30　设置淡入淡出曲线

此外，因为我们之前在骨骼 leftHand 的第 0 帧和第 12 帧、第 12 帧和第 24 帧中间插入了关键帧，所以需要重新为骨骼 leftHand 设置运动曲线，避免骨骼在第 8 帧和第 12 帧、第 20 帧和第 24 帧之间淡入淡出。

选择骨骼 leftHand 的第 0 帧，将曲线设置为淡入；选择第 8 帧，将曲线设置为淡出；选择第 12 帧，将曲线设置为淡入；选择第 20 帧，将曲线设置为淡出。

至此，猴子招手动画便完成了。

最终的关键帧分布情况如图 8-31 所示。

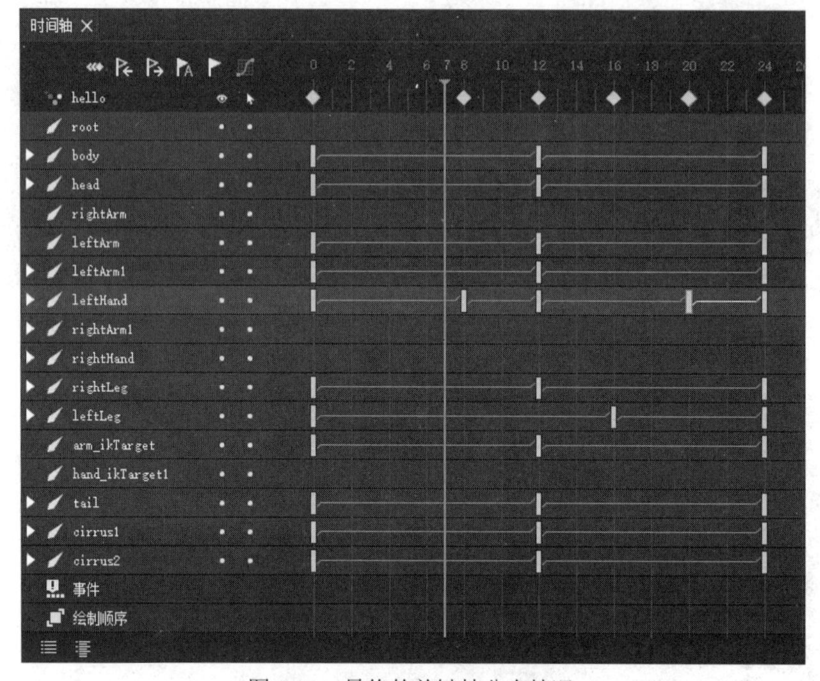

图 8-31　最终的关键帧分布情况

第 9 章　元件的嵌套——草莓唇膏营销广告

本章要点

- 在 DragonBones Pro 中创建 HTML5 广告营销动画
- 在 DragonBones Pro 中进行多元件的嵌套
- 主舞台元件的特点
- 制作一段 HTML5 草莓唇膏营销广告

9.1　项目概述

本章将为读者介绍如何在 DragonBones Pro 中创建基于营销动画模板的龙骨动画项目（以下简称营销动画），以及制作营销动画的基本流程。

DragonBones 中的营销动画模板适合制作 HTML5 广告营销动画，在各种平台上，尤其是手机平台上能够获得良好的支持，产生广泛的传播效应。

在本章，我们学习的重点还包括元件的嵌套。元件的嵌套特别适用于较为复杂的动画场景。同一个动画项目可以包含骨架、基本动画和主舞台等多种元件。我们可以充分利用这些元件各自的特性来制作动画，最后再把它们组合起来，构成一段更为复杂的动画。元件的嵌套有助于我们更有条理地管理和制作动画。元件的复用则有助于减少文件体积、节省带宽流量。

在这一章中，我们会尝试制作一段草莓唇膏营销广告。现在让我们开始吧！

9.2　新建项目

首先新建营销动画模板项目。

在窗口顶部菜单依次单击【文件】→【新建项目】，打开“新建项目”对话框。单击【创建龙骨动画】后勾选“营销动画模板”复选框，可以看到对话框中“创建”一栏自动勾选了“主舞台”，这代表 DragonBones 届时将为我们自动创建主舞台元件。单击【完成】按钮，项目便新建完毕（见图 9-1）。

我们看到，“资源”面板中出现了一个名为 Stage 的元件，图标是一个电影场记板，这个元件便是主舞台元件（见图 9-2）。同时，主场景中出现了一个白色方框（见图 9-3）。白色方框代表主舞台元件的边界，超出方框的内容将会被裁剪。

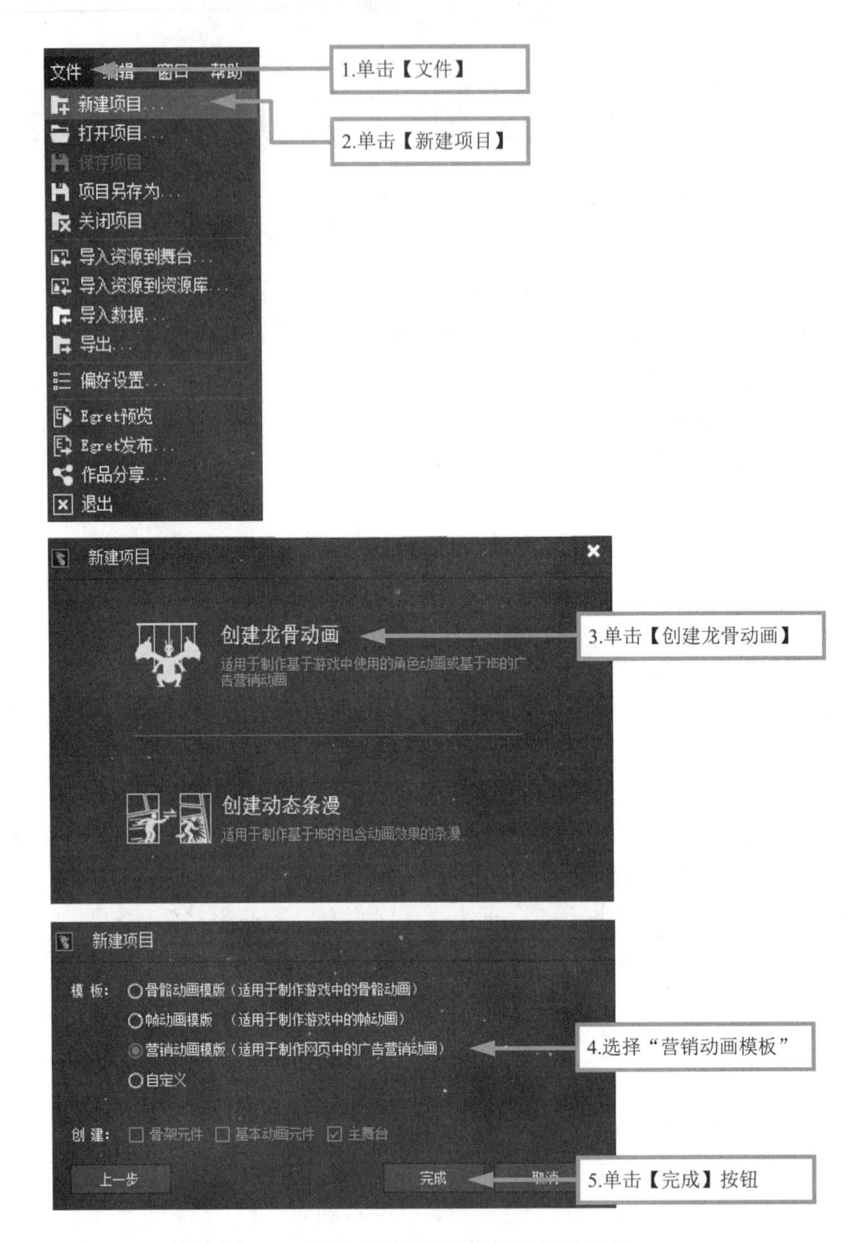

图 9-1　采用“营销动画模板”新建项目

图 9-2　主舞台元件

图 9-3　主舞台元件的边界框

实际上，主舞台元件就是增加了宽高和背景颜色设置的基本动画元件，是整个动画的入口，设计师可以直接在舞台上制作动画，也可以将制作的骨架元件或者基本动画元件放置到舞台上播放动画。每个项目只能拥有一个舞台，使用发布功能发布的动画就是舞台上的动画。

9.3　草莓唇膏营销广告介绍

在本案例中，我们要制作一个草莓唇膏营销广告。

广告分为以下 4 个部分：

- 近距离展示唇膏细节，远距离展示唇膏整体。具体动画展现为草莓唇膏从舞台底部进入画面，唇膏盖子向上打开，展示唇膏的质感。之后唇膏缩小，放置在镜面平台上（唇膏有倒影），展示整体设计。
- 一只拿着草莓的小兔子从舞台右下角弹出，歪头轻嗅感受草莓的芬芳。
- 采用气泡框的方式弹出“第二支半价”的广告宣传语。
- 背景的唇膏闪现流光，再一次提示客户注意唇膏。

在整个制作过程中，我们需要创建 3 个元件：

- 模板自动创建的主舞台元件 Stage：这是我们广告展现的主场所。
- 基本动画元件 Lipstick：这个元件包含了两个动画剪辑，第一个剪辑是唇膏主体（即不包含盖子的唇膏）的正常静止状态，第二个剪辑是表现唇膏流光闪烁的序列帧。主舞台元件 Stage 同时存在两个 Lipstick 元件，一个是唇膏主体，一个是唇膏倒影。这是元件复用的典型场景。
- 骨架元件 Rabbit：小兔子闻草莓的动画。

本案例的主要步骤如下：

（1）采用基本动画元件 Lipstick 制作唇膏主体动画。

（2）采用骨架元件 Rabbit 制作小兔子闻草莓的动画。

（3）把之前制作的两个元件嵌套入主舞台元件 Stage，补完剩下的动画，完成这个草莓营销广告。

9.4 制作唇膏主体动画

9.4.1 新建基本动画元件

在“资源”面板中单击【新建元件】按钮，或者右击“资源”面板空白处，在弹出的右键菜单中选择【新建元件】，弹出“新建元件”对话框。在对话框中选择“基本动画”类型，在“元件名”一栏填入 Lipstick。单击【完成】按钮，创建基本动画元件。

“资源”面板中将出现带播放箭头图标的基本动画元件 Lipstick（见图 9-4）。

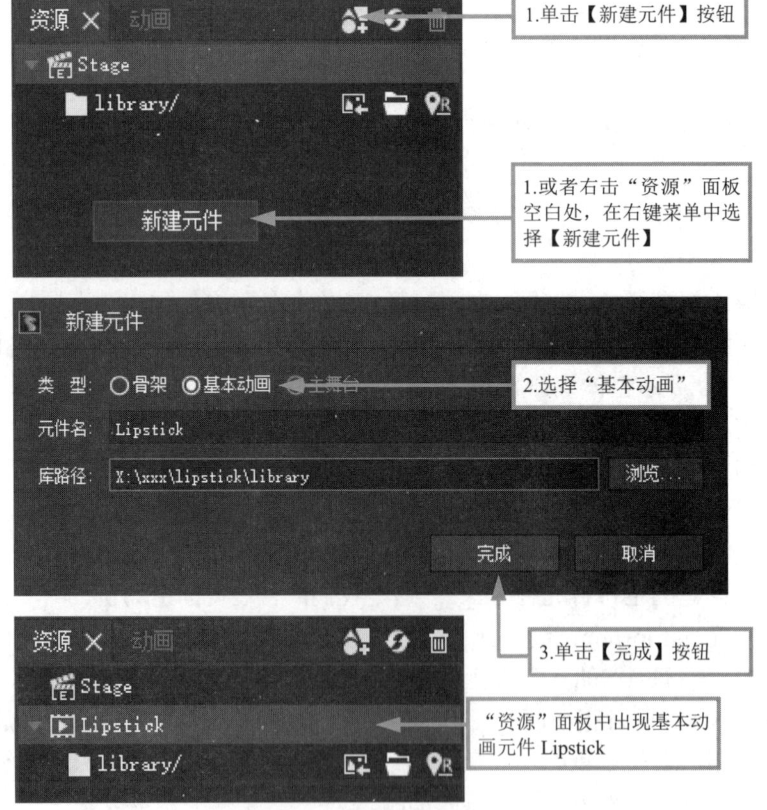

图 9-4　新建基本动画元件

9.4.2 制作唇膏静止状态的动画剪辑

在“动画”面板中双击动画剪辑 newAnimation，将其名称修改为 hold。

在顶部菜单中依次单击【文件】→【导入资源到舞台】，或者在主场景中右击，在弹出的右键菜单中选择【导入资源到舞台】，弹出“选择导入的图片”对话框。选择本书“DB 素材/草莓唇膏营销广告素材/lipstick”文件夹中的 lipstick.0001.png 文件，单击【打开】按钮，导入唇膏静止状态的图片（见图 9-5）。

图 9-5　“选择导入的图片”对话框

lipstick.0001.png 导入后呈原尺寸居中状态（见图 9-6），我们需要将其缩小至 0.6 大小。为什么要这么做呢？原因就是我们此前在处理素材的时候输出了较大尺寸的 lipstick.0001.png，以便保留足够的细节让这张唇膏图片可以以特写的方式出现在屏幕中。为了节省带宽，其他唇膏序列帧只有它的 0.6 倍大小。

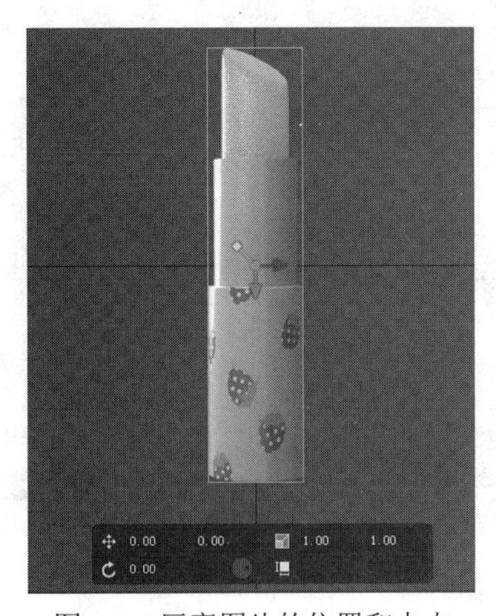

图 9-6　唇膏图片的位置和大小

9.4.3 制作唇膏闪光状态的动画剪辑

唇膏闪光状态是通过一组一拍二的序列帧来表现的。所谓一拍二，就是一张图片停留两帧，对于 HTML5 动画而言是一种节省带宽的方式。

我们要做的是先新建动画剪辑 shine，作为我们放置序列帧的动画剪辑（见图 9-7）。

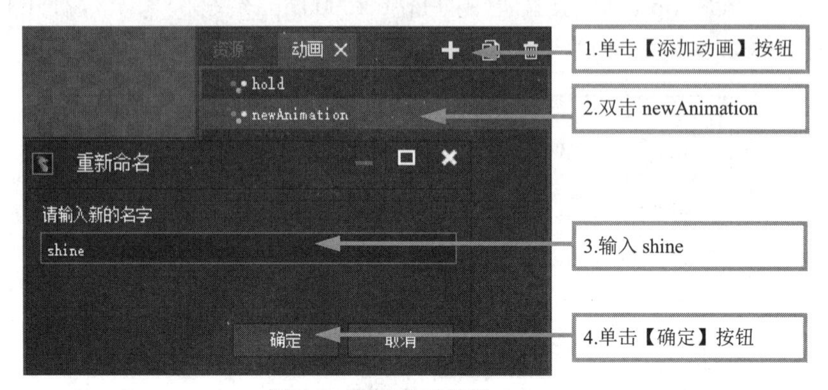

图 9-7　新建动画剪辑 shine

在第 0 帧按照此前导入资源的方法同时导入 lipstick.0001.png 到 lipstick.0014.png 这些图片。将所有图片的 X 轴和 Y 轴坐标修改为 0，使图片完全重叠。因为图片 lipstick.0001.png 比其他图片大，因此还要将其缩小至 0.6。完成后，选中所有图片并右击，在弹出的右键菜单中选择【分布到关键帧】（见图 9-8），就可以很方便地制作一拍一的序列帧动画了。

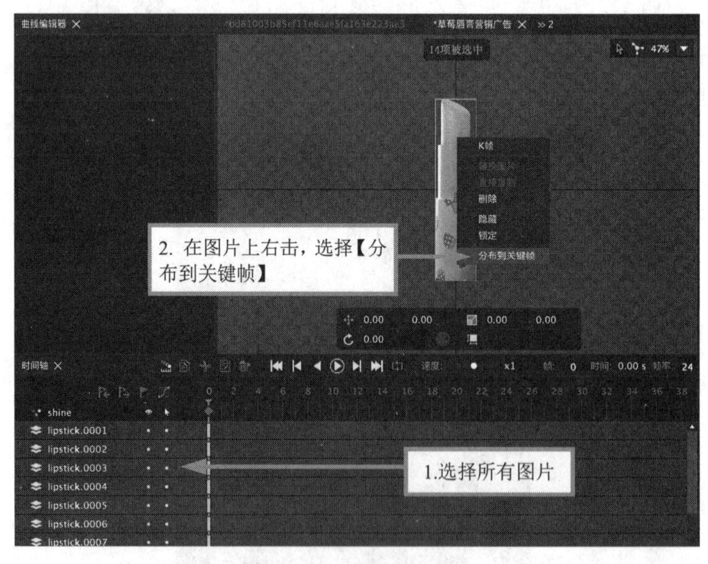

图 9-8　分布到关键帧

删除多余图层，将关键帧缩放为一拍二。

最后关键帧在时间轴的分布情况如图 9-9 所示。

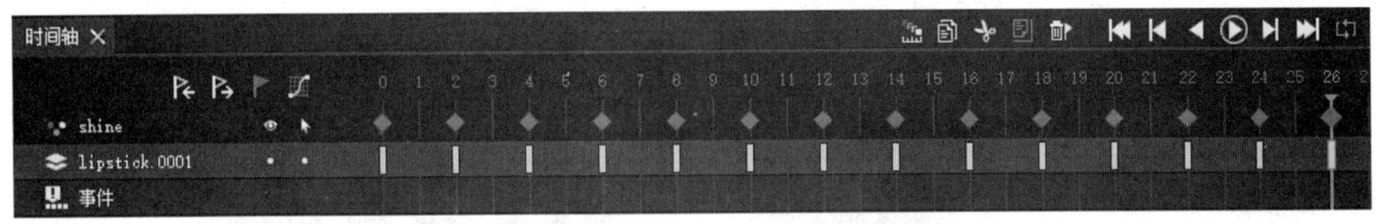

图 9-9　动画剪辑 shine 的关键帧分布情况

9.5　制作小兔子闻草莓动画

9.5.1　骨架装配

创建一个骨架元件 rabbit（见图 9-10）。

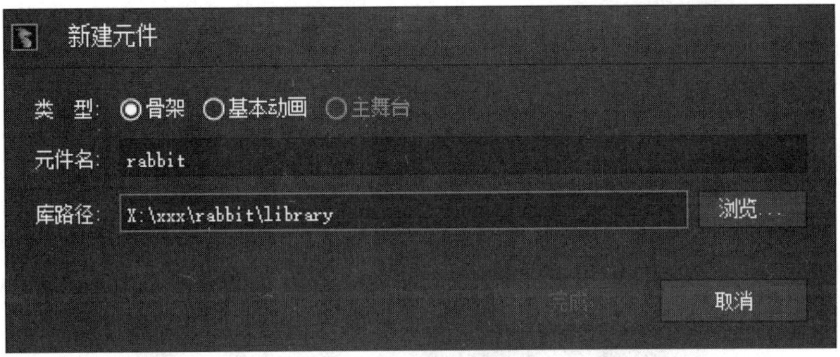

图 9-10　新建骨架元件

在顶部菜单中依次单击【文件】→【导入资源到舞台】，或者在主场景中右击并在弹出的右键菜单中选择【导入资源到舞台】，弹出“选择导入的图片”对话框。选择本书“DB 素材/草莓唇膏营销广告素材/rabbit”文件夹的所有图片，单击【打开】按钮，导入组成小兔子的所有图片。

按照图 9-11 所示放置图片及装配骨架。其中，兔子鼻子图片 nose 需要转换成如图 9-12 所示的网格。最终骨架在“场景树”面板和“层级”面板中的分布情况如图 9-13 所示。

9.5.2　动画制作

首先制作小兔子从画面右下角弹出的动画。

图 9-11　装配完成的骨骼

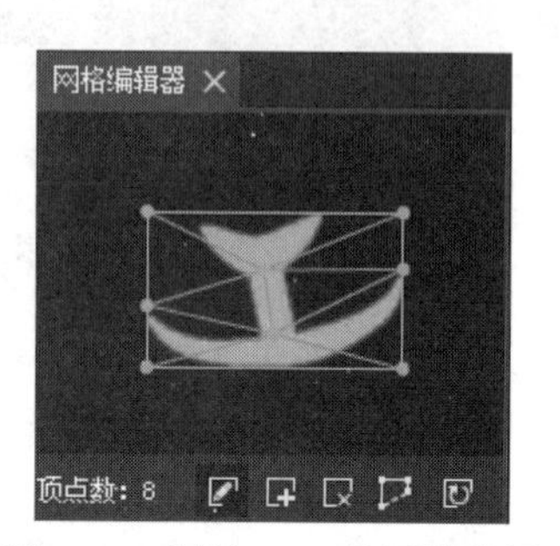

图 9-12　图片 nose 的网格设置

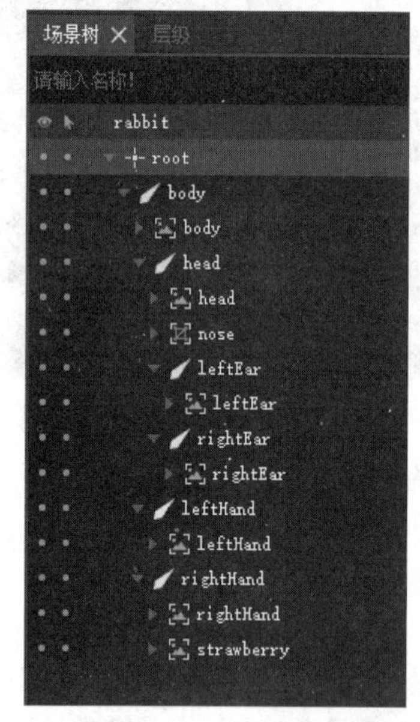

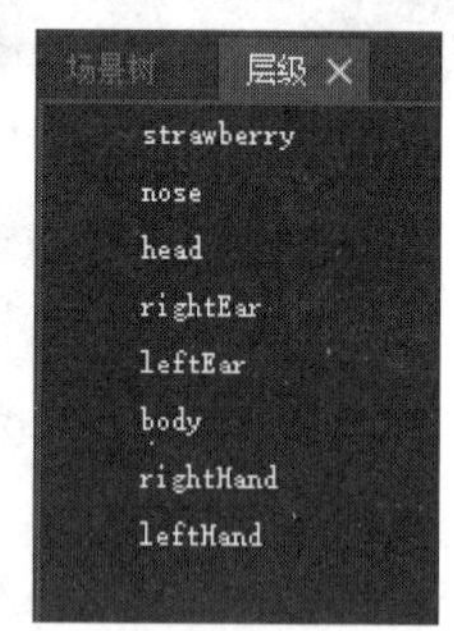

图 9-13　“场景树”面板和“层级”面板

我们希望一开始的时候小兔子不要在元件 Stage 的边框内出现。有一个标记位置的方法就是将元件 rabbit 的中心放在元件 Stage 的右下角处，让元件 rabbit 只有左上角在元件 Stage 的舞台边界框内。这样，当我们把小兔子移出元件 rabbit 的左上角时，它在元件 Stage 中就会超出边界框的范围。

理清这一逻辑之后，我们可以移动骨骼 root，在第 0 帧、第 6 帧、第 10 帧按照图 9-14 所示放置兔子。留意场景中心，兔子在第 0 帧是处于场景的右下角，在第 6 帧弹到最高点，在第 10 帧稍微回落并定格。

第 0 帧　　第 6 帧　　第 10 帧

图 9-14　小兔子弹出的动作

接着制作小兔子闻草莓的主体动作。

小兔子在第 10 帧完成弹出之后，它的脸便开始向手中的草莓贴近，同时手也在向脸部微微靠拢；第 10 帧是兔子的头部向草莓靠拢的起始帧，第 20 帧是这一动作的结束帧；第 12 帧是兔子的手开始向头部靠拢的起始帧，第 22 帧是这一动作的结束帧（见图 9-15）。目的是为了让手部的动作稍微与头部动作错开一些。

第 10 帧　头部开始贴近草莓　　第 12 帧　手部开始贴近头部　　第 20 帧　头部停止贴近草莓　　第 22 帧　手部停止贴近头部

图 9-15　小兔子脸部贴近草莓的动作

此外，还要为小兔子头部的转动设置淡入淡出的运动曲线。选择骨骼 head 在第 10 帧的关键帧，在曲线编辑器中单击【淡入淡出】按钮（见图 9-16）。

接下来，我们开始制作兔子耳朵的动作。耳朵作为兔子主体的附属物，在完成主体运动后再对其进行调整会更加简单。

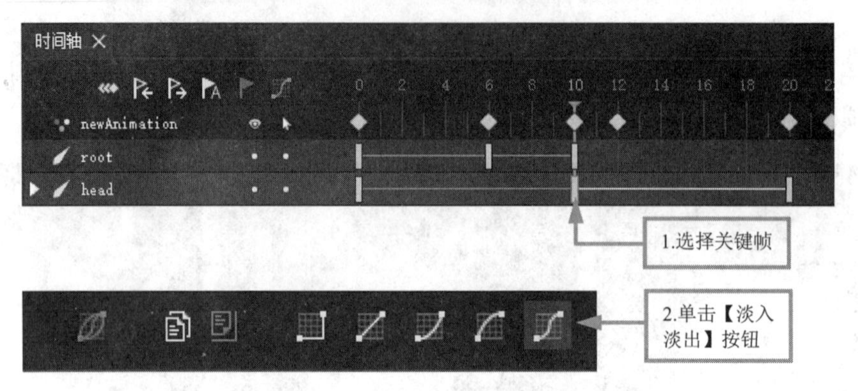

图 9-16　编辑运动曲线

从第 0 帧到第 6 帧，兔子弹起，它的耳朵滞后于主体运动；从第 6 帧到第 12 帧，其耳朵逐渐恢复竖立；从第 12 帧到第 24 帧，因为兔子歪头的动作，它的耳朵在惯性作用下向左偏移，后逐渐停止（见图 9-17）。

图 9-17　小兔子耳朵的动作

接下来，我们还要添加一段小兔子抽动鼻子闻草莓的动画。将播放指针移动到第 32 帧，选择网格 nose，单击时间轴工具栏上的【添加关键帧】按钮，添加一个关键帧。将播放指针移动到第 36 帧，向上调整鼻子处的网格，让鼻子向上动一下。第 32 帧和第 36 帧的区别如图 9-18 所示。

复制第 32 帧的关键帧，将其粘贴到第 40 帧和第 48 帧；复制第 36 帧的关键帧，将其粘贴到第 44 帧。制造出一种鼻子反复抽动的效果（见图 9-19）。

至此，小兔子闻草莓动画就制作完成了。最终的关键帧分布情况如图 9-20 所示。

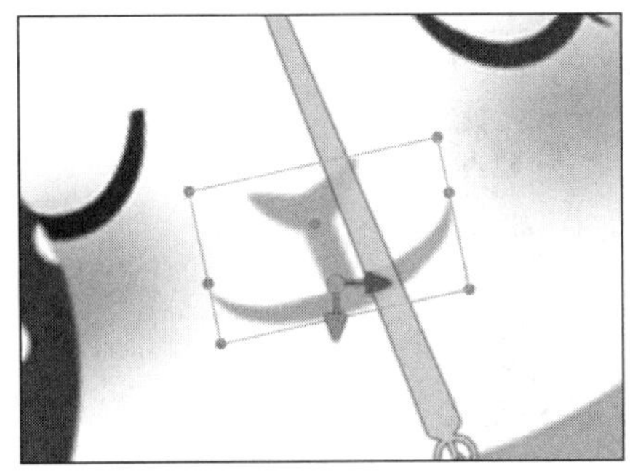

第 32 帧

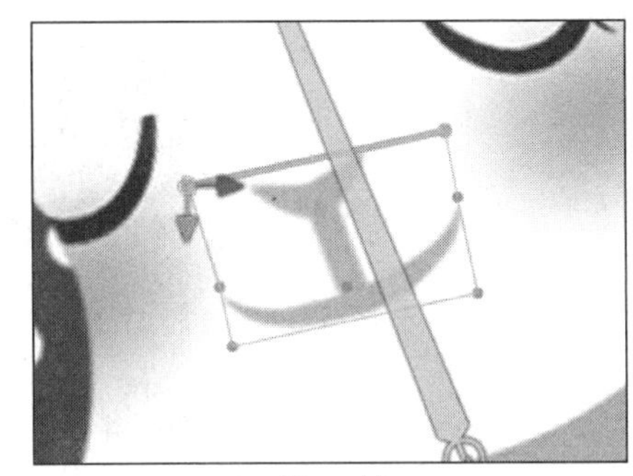

第 36 帧

图 9-18　小兔子鼻子的动作

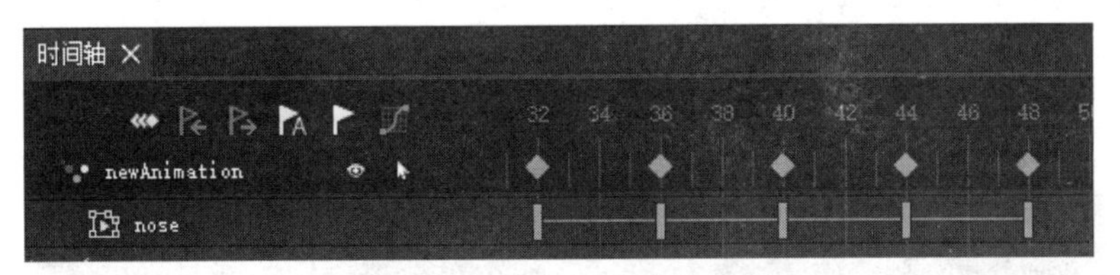

图 9-19　网格 nose 的关键帧分布情况

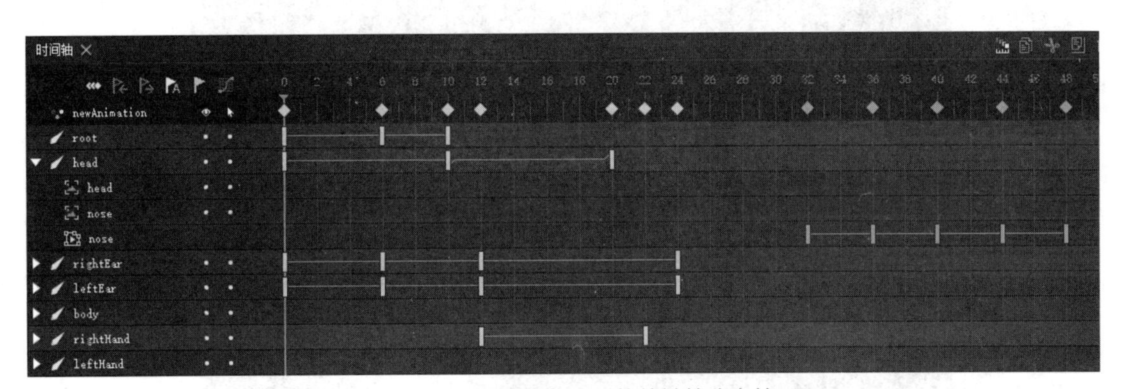

图 9-20　小兔子闻草莓动画的关键帧分布情况

9.6　制作主舞台动画

9.6.1　资源导入及放置

在“资源”面板中双击元件 Stage 进入元件。在“属性”面板中将主舞台元件 Stage 的尺寸设置为 640×1008（见图 9-21）。

将播放指针移动到第 0 帧。拖拽元件 rabbit 到场景中，便可以将这个元件嵌套入元件 Stage 中。

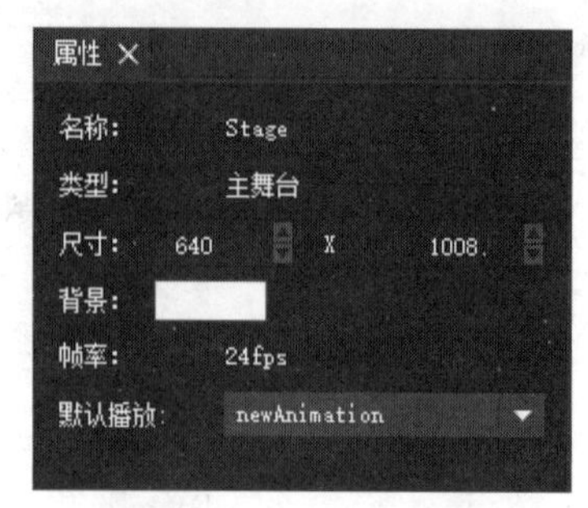

图 9-21 “属性”面板

用同样的方法将元件 lipstick 拖拽到场景中。在这里，我们需要拖拽两次，一次作为唇膏的主体，一次作为唇膏的倒影（见图 9-22）。拖拽完成之后，在“时间轴”面板中双击图层 lipstick1，将其名称修改为 reflection。这样，元件 lipstick 在元件 Stage 中就能够被复用，对项目管理和带宽节省非常有利。

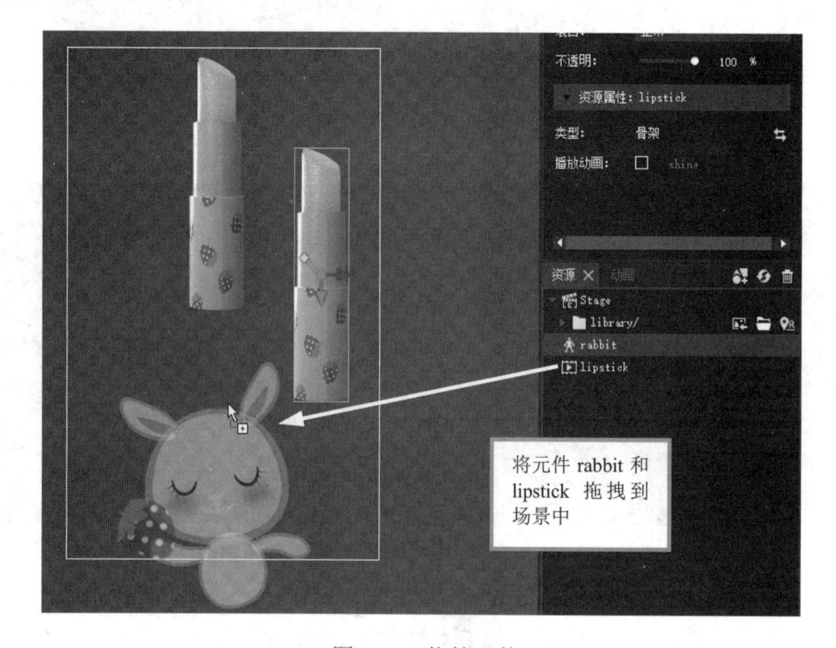

图 9-22 拖拽元件

接下来，在顶部菜单中依次单击【文件】→【导入资源到舞台】，弹出“选择导入的图片”对话框。选择本书“DB 素材/草莓唇膏营销广告素材/Stage”文件夹的所有图片，单击【打开】按钮，导入所有图片。

然后按照图 9-23 所示的位置和层次放置图片和元件。

需要注意的是，其中 bg 和 mask 的坐标要设置为（320,504）。这个数字是元件 Stage 尺寸（640×1008）的 1/2。这让图片 bg 和 mask 能够在主舞台居中并与主舞台边界相匹配。

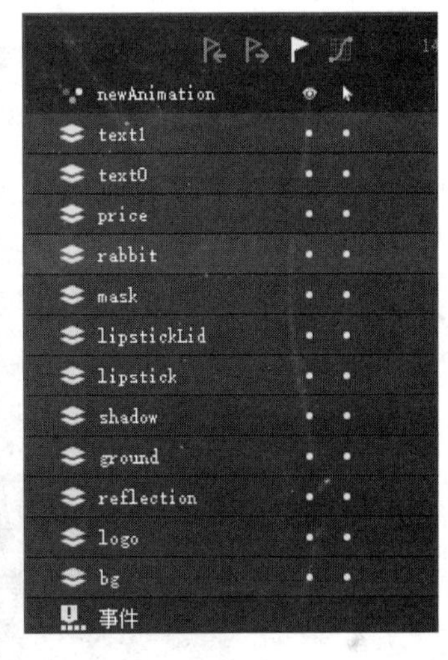

图 9-23　导入资源

reflection、ground、shadow、lipstick 和 lipstickLid 的 X 轴坐标为 320，这让它们能够在舞台居中。

rabbit 的坐标为（640,1008），也就是说，它的元件中心位于舞台边界的右下角。这让小兔子不会马上在舞台内出现，起到先隐藏再弹出的效果。

ground 层是一张半透明渐变图片，其下边缘与边界框下边缘重合。reflection 层被 ground 层覆盖之后，唇膏便产生了一个渐隐的倒影效果。shadow 层是唇膏的阴影，它位于唇膏与平台接触的地方。lipstickLid 层为唇膏盖子，我们要将它“盖”在唇膏上。

9.6.2　制作唇膏细节及整体设计的展示动画

我们将要制作的动画为：放大的草莓唇膏从舞台底部进入画面，唇膏盖子向上打开，展示唇膏的质感。之后唇膏缩小，放置在镜面平台上，展示整体设计。整个动画从第 0 帧开始，到第 68 帧结束。

将播放指针移到第 68 帧，为 lipstick、shadow、reflection 这几个与唇膏相关的图层添加关键帧（lipstickLid 无需设置大小，因为在第 68 帧时，lipstickLid 已超出舞台元件边界框）。这么做是因为第 0 帧唇膏将以放大的状态出现，所以在这里要先用关键帧记录唇膏的正常大小。

现在开始制作唇膏放大展示细节的动画，这个动画从第 0 帧持续到第 55 帧。

将播放指针移到第 0 帧。将图层 lipstickLid 的大小设置为 2，将图层 lipstick 的大小设置为 3.33。这是因为此前 lipstick.0001.png 在元件 lipstick 中已经被我们缩小 0.6 倍，而图片 lipstickLid.png 原大小与 lipstick.0001.png 相匹配。因此为了再次与 lipstickLid.png 相匹配，图层 lipstick 的大小应设置为 2 / 0.6 = 3.33。

将 text1、text2、price、rabbit、mask、shadow、reflection 和 logo 等无关图层隐藏，并按照图 9-24 所示放置图片及元件。

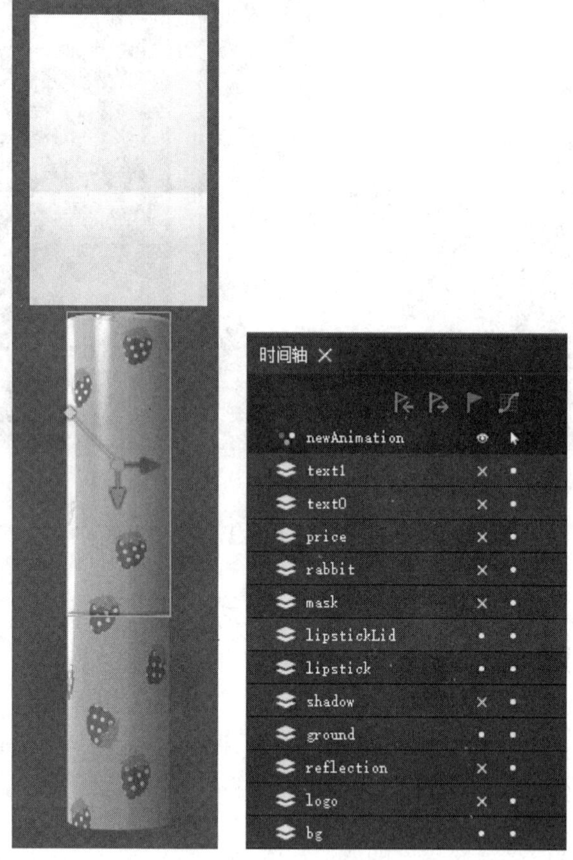

图 9-24　第 0 帧

将播放指针移到第 16 帧。按照图 9-25 所示向上移动图层 lipstickLid 和 lipstick。我们可以按住 Ctrl 键同时选中多个图层再进行移动，确保 lipstickLid 和 lipstick 能够一起移动。然后，我们要为这一移动设置缓动。选择图层 lipstickLid 和 lipstick 的第 0 帧，在“曲线编辑器”中单击【淡出】按钮。将 lipstickLid 和 lipstick 从第 0 帧到第 16 帧之间的运动曲线设置为“淡出”。

将播放指针移到第 28 帧。将 lipstickLid 向上移出舞台元件边界框（见图 9-26）。选择图层 lipstickLid 的第 16 帧，在“曲线编辑器”中单击【淡入】按钮。将 lipstickLid 从第 16 帧到第 28 帧的运动曲线设置为“淡入”。

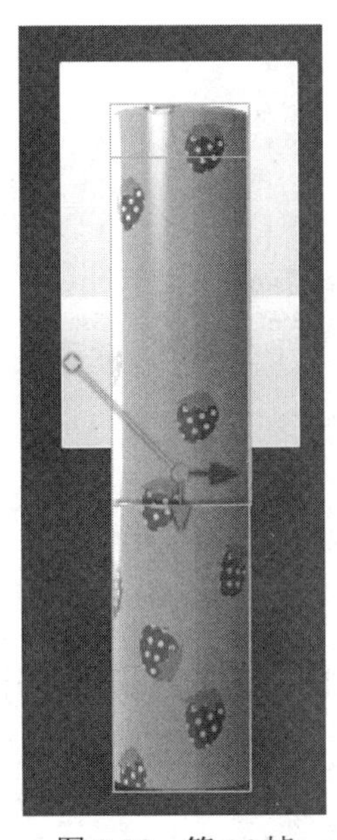

图 9-25　第 16 帧

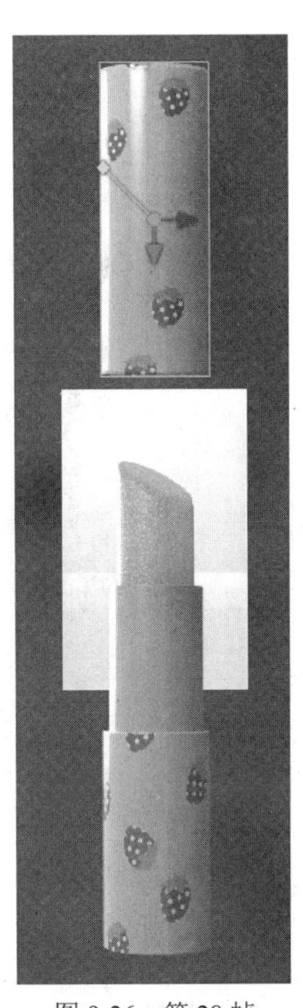

图 9-26　第 28 帧

将播放指针移到第 50 帧。略微上移 lipstick，让唇膏主体一直缓缓向上微动，让客户能够看清唇膏细节的同时保持画面的动态张力。选择图层 lipstick 的第 16 帧，在“曲线编辑器”中单击【淡入淡出】按钮。将第 16 帧到 50 帧之间的运动曲线设置为“淡入淡出”。

将播放指针移到第 55 帧。略微放大 lipstick，将其大小设置为 3.5，为唇膏之后的缩小做一个反向的预备动作。取消图层 reflection 的隐藏状态，将其大小也设置为 3.5，并按照图 9-27 所示摆放。此外，因为唇膏倒影无需在第 55 帧之前出现，所以我们可以删除图层 reflection 在第 55 帧之前的所有关键帧。

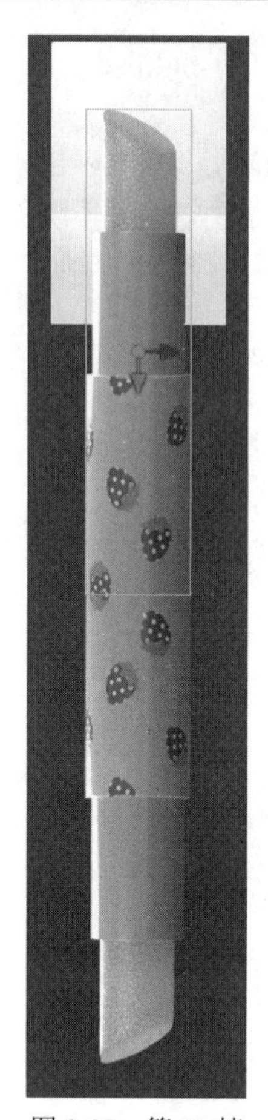

图 9-27　第 55 帧

图层 logo 和 mask 在第 55 帧到第 64 帧之间有一个渐显的过程，现在开始制作这一动画，具体步骤如下：

（1）取消这两个图层的隐藏状态。

（2）确定播放指针在第 55 帧。选择图层 mask，在“属性”面板中将其不透明度设置为 0%（见图 9-28）。DragonBones 将自动在此处创建关键帧。重复上述步骤，将图层 logo 的不透明度也设置为 0%。

（3）将播放指针移到第 64 帧，将图层 mask 和 logo 的不透明度设置为 100%。同理，因为图层 logo 和 mask 无需在第 55 帧之前出现，所以我们可以删除它们在第 55 帧之前的所有关键帧。

接下来我们要继续制作唇膏缩小的动画。唇膏在第 55 帧和第 68 帧之间会有一个缩小的动作。同时它在缩小时也会有一个强调动作，即它在第 64 帧会比预定尺寸缩得更小，然后在第 68 帧才恢复预定大小。

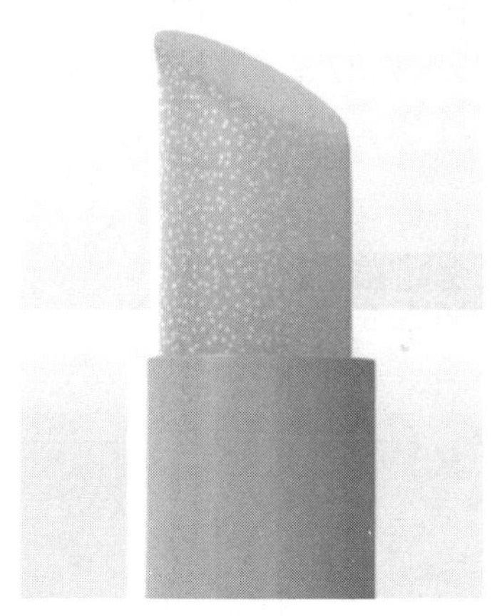
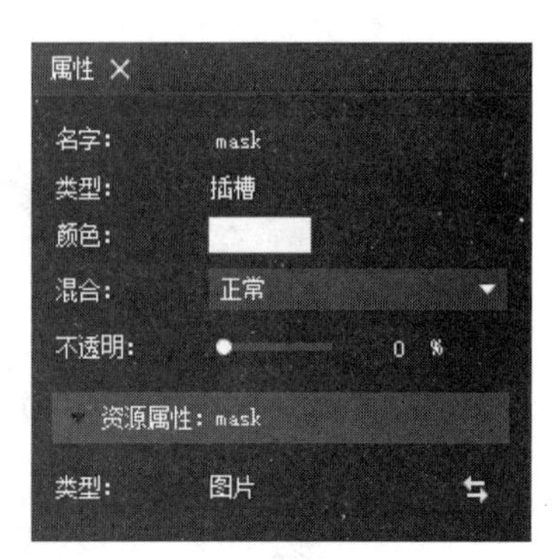

图 9-28 第 55 帧

复制图层 lipstick 和 reflection 在第 68 帧的关键帧（此前导入资源时在第 68 帧已经放置好了资源的位置），将其粘贴到第 64 帧。稍微缩小图层 lipstick 和 reflection，将 lipstick 的大小设置为 0.95,0.95；reflection 的大小设置为 0.95,-0.95（见图 9-29）。

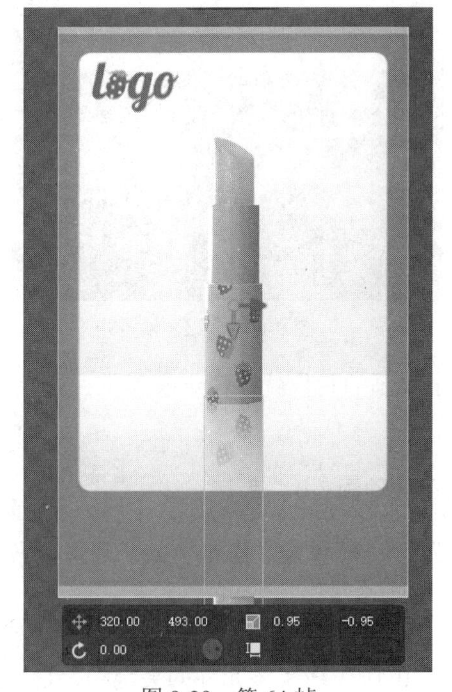

图 9-29 第 64 帧

同时我们希望唇膏在缩小的过程中（从第 55 帧到第 64 帧）存在缓动。选择图层 lipstick 和 reflection 的第 55 帧，在“曲线编辑器”中单击【淡入淡出】按钮来实现这一目标。

从第 64 帧到第 68 帧，随着唇膏恢复到正常大小，其阴影开始显露。取消图层 shadow 的隐藏状态，将其在第 64 帧的透明度设置为 0%，在第 68 帧的透明度设置为 100%。将图层 shadow 在第 64 帧之前的关键帧全部删除。

第 68 帧的效果如图 9-30 所示。

图 9-30　第 68 帧

唇膏细节及整体设计展示动画的制作就暂告一段落了。第 0 帧到第 68 帧的关键帧分布情况如图 9-31 所示。

9.6.3　添加小兔子闻草莓的动画

接下来将要添加的动画为：一只拿着草莓的小兔子从舞台右下角弹出，歪头轻嗅感受草莓的芬芳。

在本案例中，这个骨骼动画在第 80 帧才开始播放。此前我们添加元件 rabbit 时，DragonBones 就已经自动在第 0 帧生成了该元件的关键帧，这导致小兔子闻草莓动画从第 0 帧便开始播放了。现在我们需要做的是将图层 rabbit 的隐藏状态取消，并将其第 0 帧的关键帧移动到第 80 帧，让小兔子从第 80 帧才开始播放。

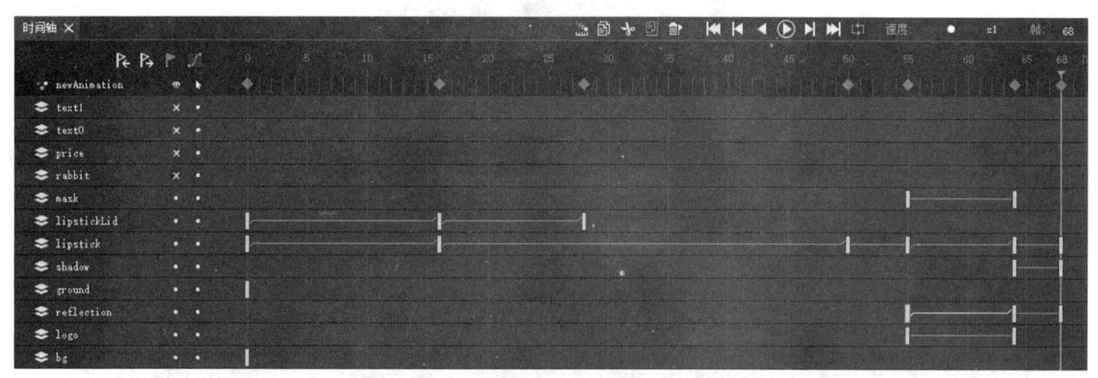

图 9-31 唇膏细节及整体设计展示动画的关键帧分布情况

当我们选中图层 rabbit 的第 80 帧时，“属性”面板的参数如图 9-32 所示。在“播放动画”一栏中，newAnimation 前的复选框并没有被勾选，这代表第 80 帧将播放元件 rabbit 的默认动画 newAnimation。为了保险起见，我们还是勾选上 newAnimation 前的复选框。

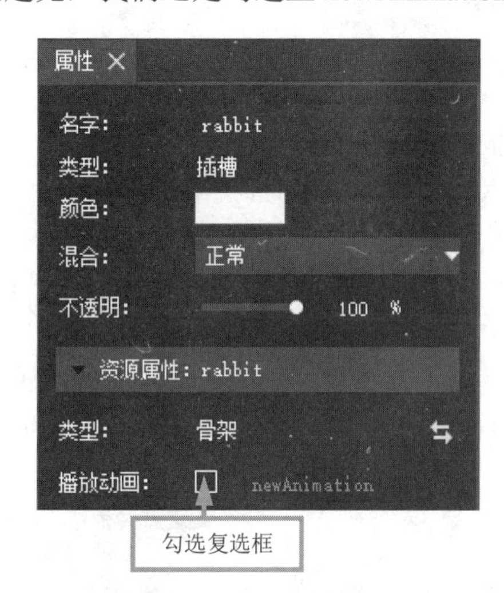

图 9-32 勾选“播放动画”复选框

小贴士

当一个元件包含多个动画剪辑时，在元件“属性”面板可以选择默认播放的动画。子元件的某个关键帧如果没有设置播放的动画，就会播放默认动画。双击进入元件后，在“属性”面板可以更改默认播放的动画剪辑（见图 9-33）。

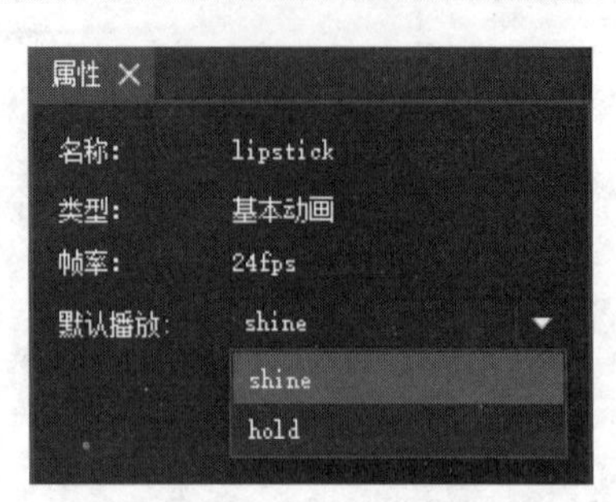

图 9-33 更改默认播放的动画剪辑

至此，小兔子闻草莓动画便添加完了。图层 rabbit 的关键帧分布情况如图 9-34 所示。

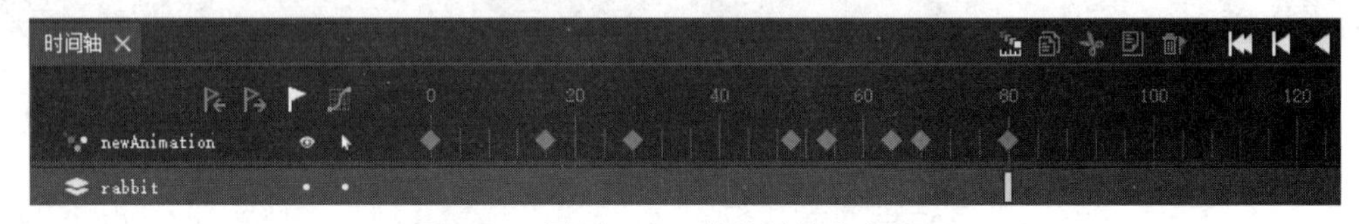

图 9-34 图层 rabbit 的关键帧分布情况

9.6.4 制作广告宣传语气泡框动画

接下来我们将采用气泡框的方式弹出“第二支半价”的广告宣传语。气泡框放大弹出后，“第二支”这三个字开始淡入，淡入到一半时，“半价”这两个字也开始淡入。整个动画从第 130 帧开始，到第 144 帧结束。

取消图层 price、text0 和 text1 的隐藏状态。将这三个图层在第 0 帧的关键帧移动到第 130 帧。

选择图层 price，在其第 135 帧和第 138 帧打上关键帧。

选择图层 price 的第 130 帧，选择“主场景工具栏”的“轴点工具”，将轴点移动到对话框的尾巴处（见图 9-35）。切换回“选择工具”，将图层 price 的大小更改为 0,0。

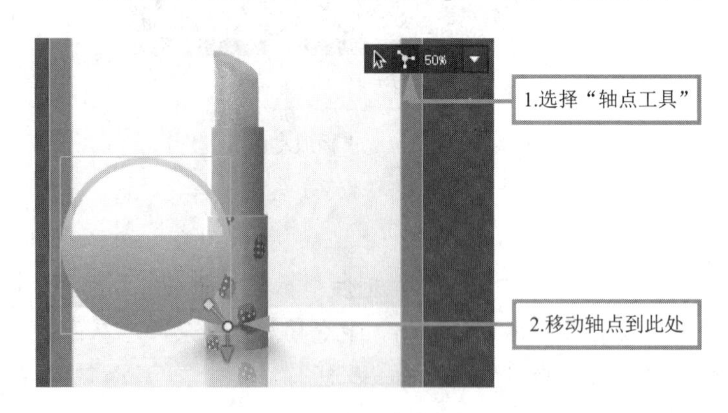

图 9-35 移动轴点

选择图层 price 的第 135 帧，将图层略微放大（见图 9-36）。

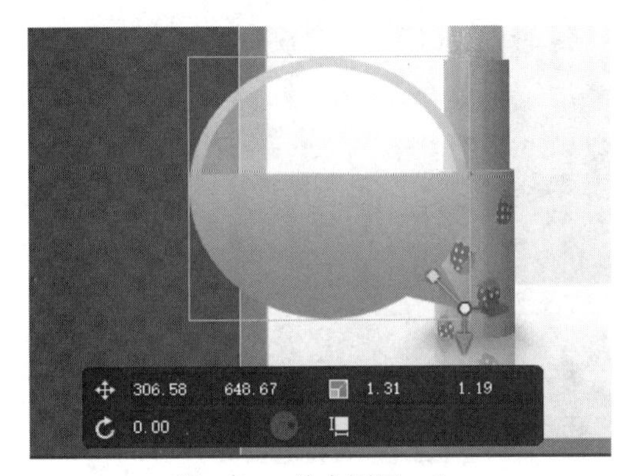

图 9-36　放大图层 price

播放动画，我们可以看到对话框从右下角朝左上角放大弹出并恢复正常大小的动画。这一运动带有指示性和引导性，与对话框的使用逻辑相符合。这便是改变轴点位置的妙用之一。

对话框弹出之后，我们要添加的是广告文字。

将 text0 在第 130 帧的关键帧移动到第 138 帧。将其不透明度设置为 0%。将播放指针移动到第 142 帧，将其不透明度设置为 100%。同理，将 text1 在第 130 帧的关键帧移动到第 140 帧。将其不透明度设置为 0%。将播放指针移动到第 144 帧，将其不透明度设置为 100%。

此时，广告宣传语气泡框动画便制作完成了。图层 price、text0 和 text1 的关键帧分布情况如图 9-37 所示。

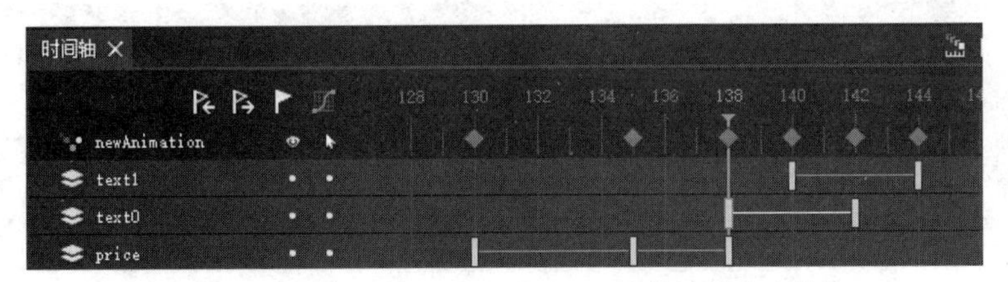

图 9-37　图层 price、text0 和 text1 的关键帧分布情况

9.6.5　制作唇膏流光闪烁动画

接下来我们要让背景的唇膏闪现流光，再一次提示客户注意唇膏。唇膏在第 160 帧开始闪烁，在第 186 帧结束。

将播放指针移动到第 160 帧。为图层 lipstick 和 reflection 创建关键帧。选择图层 lipstick 在第 160 帧的关键帧，在“属性”面板中勾选播放动画，然后在下拉菜单中选择 shine（见图 9-38）。不要忘记倒影也要跟随唇膏主体变化。选择图层 reflection 在第 160 帧的关键帧，重复上述步骤。这样，DragonBones 便会在第 160 帧开始播放元件 lipstick 的动画剪辑 shine。动画剪辑 shine 包含了唇膏闪光序列帧。因此，唇膏就可以在第 160 帧开始闪烁。

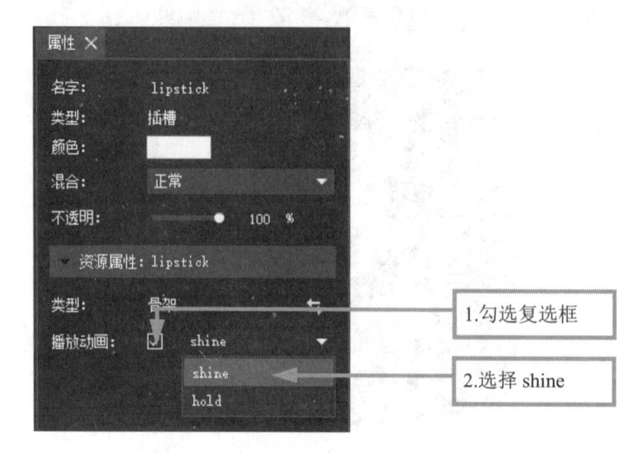

图 9-38 设置播放的动画剪辑

单击【Egret 预览】按钮，在浏览器中我们可以看到此前的动画。但是唇膏闪光动画却没有出现，因为第 160 帧后面没有关键帧，动画预览播放到第 160 帧就停止了。查看动画剪辑 shine，可以发现其长度为 26 帧。因此我们需要在第 186 帧再添加关键帧，预览时才能完整播放动画剪辑 shine。

此时，唇膏流光闪烁动画便添加完成了，整个草莓唇膏营销广告也制作完成了。

图层 lipstick 和 reflection 的关键帧分布情况如图 9-39 所示。整个草莓唇膏营销广告的关键帧分布情况如图 9-40 所示。单击【播放】按钮，预览一下整个动画吧。

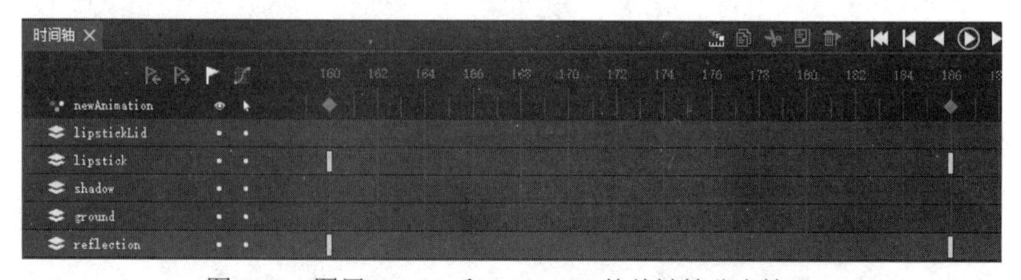

图 9-39 图层 lipstick 和 reflection 的关键帧分布情况

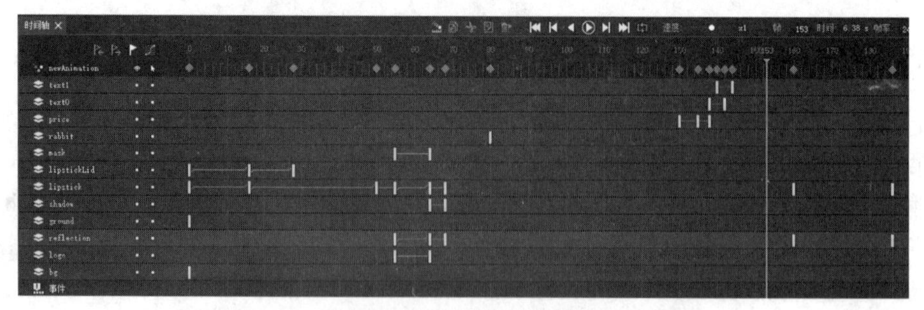

图 9-40 草莓唇膏营销广告的关键帧分布情况

第 10 章　创建动态漫画

本章要点

- 创建基于 HTML5 的包含动画效果的动态漫画
- 根据已有的条漫创建 HTML5 动态漫画的操作和流程

10.1　项目概述

本章将为读者介绍如何在 DragonBones Pro 中创建 HTML5 动态漫画。

动态漫画是一种介于漫画和动画之间的艺术形式。HTML5 动态漫画在漫画的基础上，通过 HTML5 技术，让漫画中的角色、镜头、台词等元素运动起来，并与读者形成交互，进而获得更好的观赏体验。动态漫画打破了过去静态漫画只能阅读不能观看的局限。同时，它还保留了漫画创作成本低、效率高的优势。HTML5 技术的加入，还让动态漫画在移动传播和广告营销上具备一定的优势。动态漫画的表现力和传播力，以及多平台营销整合的便捷性，让它成为互联网时代极具潜力的新媒体形式。

DragonBones Pro 提供了简单快捷的动态漫画制作功能。只需轻点几下鼠标，无需任何编程，便能够制作出流畅优美的、具备一定互动效果的动态漫画。为动态漫画的发布提供了一条简单快捷的途径。

在这一章中，我们会尝试制作一段动态漫画。在制作过程中我们将学习在 DragonBones 中创建动态漫画项目、添加互动效果的流程和方法。

10.2　导入数据

在 DragonBones 顶部菜单中单击【文件】→【导入数据】（见图 10-1），弹出“导入数据到项目”对话框（见图 10-2）。单击【浏览】按钮，选择本书附带的素材（文件为“DB 素材/动态漫画.zip”）。“项目类型”选择“导入到新建项目”，最后单击【完成】按钮，在接下来弹出的对话框中选择“动态漫画”类型（见图 10-3）。DragonBones 将为导入的数据创建一个新的项目（见图 10-4），新建完项目后不要忘记保存项目。

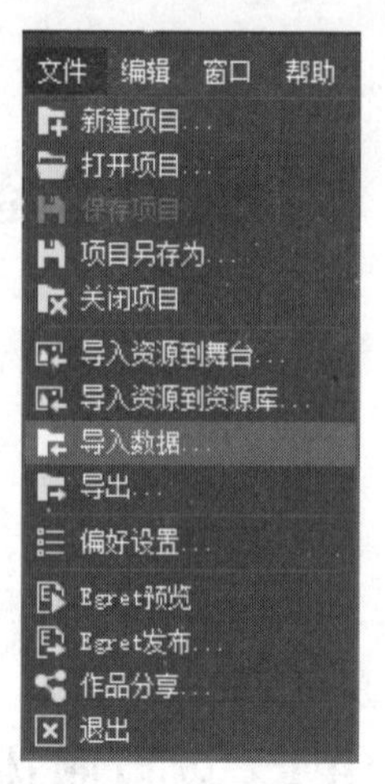

图 10-1　导入数据

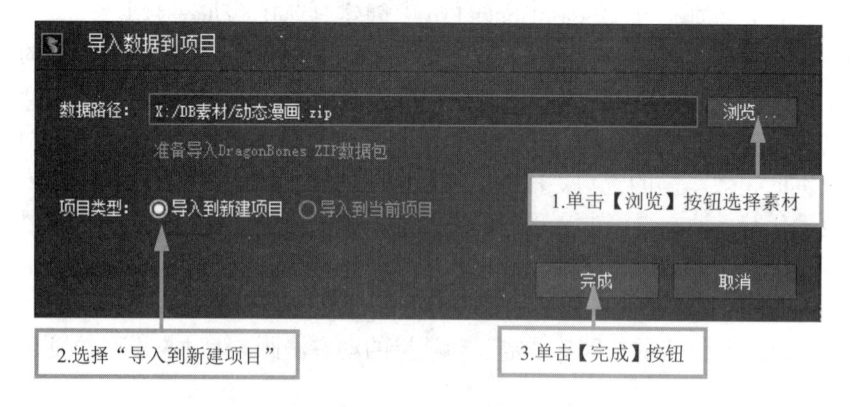

图 10-2　导入数据到项目

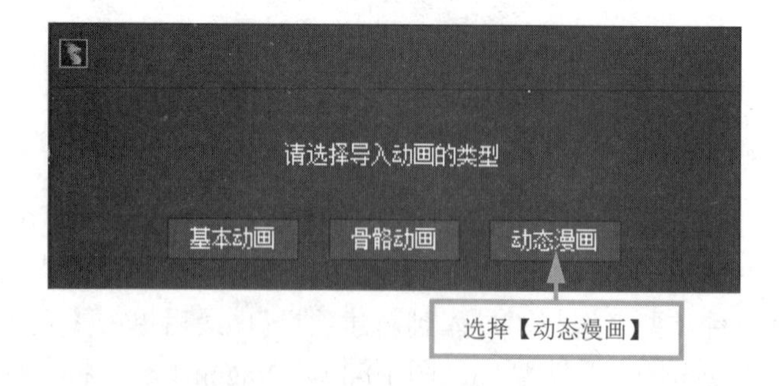

图 10-3　选择导入的动画类型

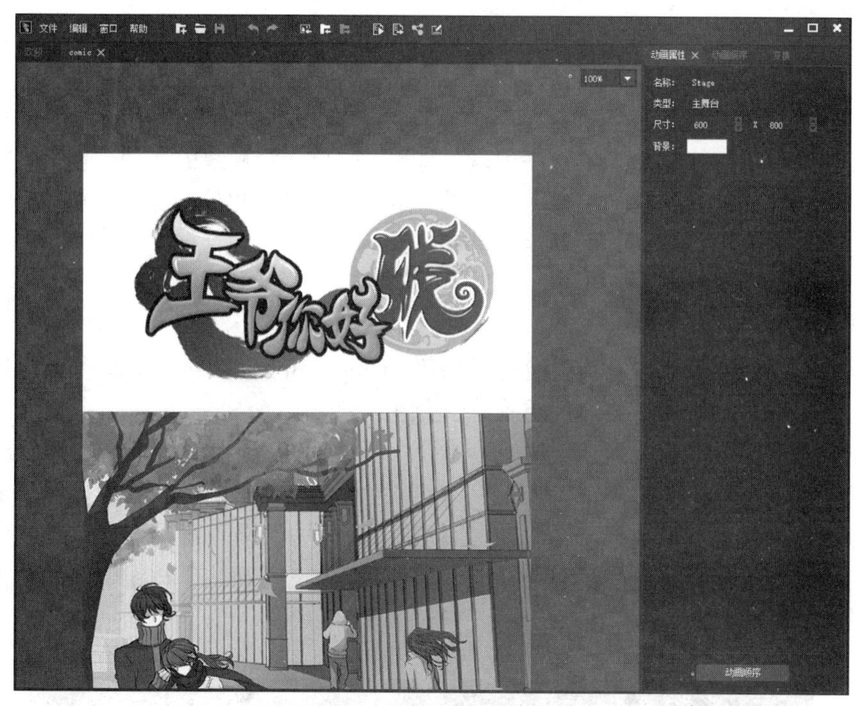

图 10-4　新建完成的项目

10.3　动态漫画制作界面介绍

在添加动画之前，先简单介绍一下 DragonBones 的动态漫画制作界面（见图 10-4）。

DragonBones 在动态漫画编辑模式下只有 4 个面板："主场景"面板、"动画属性"面板、"动画顺序"面板和"变换"面板。这里只介绍两个新的面板："动画属性"面板和"动画顺序"面板。

- "动画属性"面板：在该面板中可以为选中的图片添加出现动画、动作动画和消失动画。DragonBones 预置了一些动画特效，可以让我们摆脱繁琐的时间轴，通过简单设置就能够创建交互动画。
- "动画顺序"面板：在该面板中可以调整动画的播放顺序，以及灵活组合多个动画。

10.4　动态漫画制作

10.4.1　动态漫画交互介绍

接下来要制作的动态漫画表现为：当阅读者滚动屏幕，漫画中的元素进入屏幕时，就开始按照一定顺序播放相关动画。让漫画的每个分镜及画面更有动感，进而推动剧情的发展，给阅读者带来超脱阅读的“观看”体验。

漫画的分镜将以渐现、移入和缩放等方式出现，并根据剧情需求播放动作。漫画的对话框将以渐现和缩放等方式按照一定次序出现，起到了引导观众视线的作用，避免了以往阅读漫画时按照错误顺序阅读对话框文字时所产生的体验中断缺陷。此外，漫画的另外一些元素将被添加上一些动态的效果，增加画面的整体动感。

10.4.2 更改背景颜色

首先，我们要为这一动态漫画更换背景颜色。DragonBones 默认的动态漫画背景颜色为纯白色，我们可以在“动画属性”面板更换这一颜色。

在场景空白处右击，确保没有选中任何图片。我们可以看到“动画属性”面板显示出的是主舞台元件 Stage 的参数。单击“背景”右侧的色块，在弹出的“颜色选择器”窗口选择颜色。我们可以发现每当我们选择一个颜色，“场景”视图中的漫画背景也会跟着改变，这个功能方便我们预览修改结果。现在我们选择一个米黄色，单击【确定】按钮确认颜色的更改（见图 10-5）。

图 10-5 选择背景颜色

小贴士

（1）如果对修改的颜色不满意，可以在“颜色选择器”中单击【还原】按钮，恢复原有的颜色。

（2）当“颜色选择器”打开时，将鼠标移到“颜色选择器”外，可以拾取软件界面及场景的颜色。

10.4.3　为标题添加动画特效

现在让我们先为漫画标题添加动画，营造动感的出场效果。

首先出现的是图片“标题背景”（毛笔云纹），它以渐现的方式出现；第二个出现的是文字标题“王爷你好”，它放大出现之后还会摆动几下才停止；第三个出现的是图片“贱背景”（金色圆盘），它放大出现之后会在画面中一直旋转；第四个出现的是文字标题“贱”，它放大出现之后将跳动几下再停止。

现在让我们为图片“标题背景”添加出现动画特效，出现动画决定了图片是以何种动画方式出现的。

选择图片“标题背景”，在“动画属性”面板的“出现”选项卡中单击【添加动画】按钮，在弹出的下拉菜单中选择【渐现】（见图 10-6）。

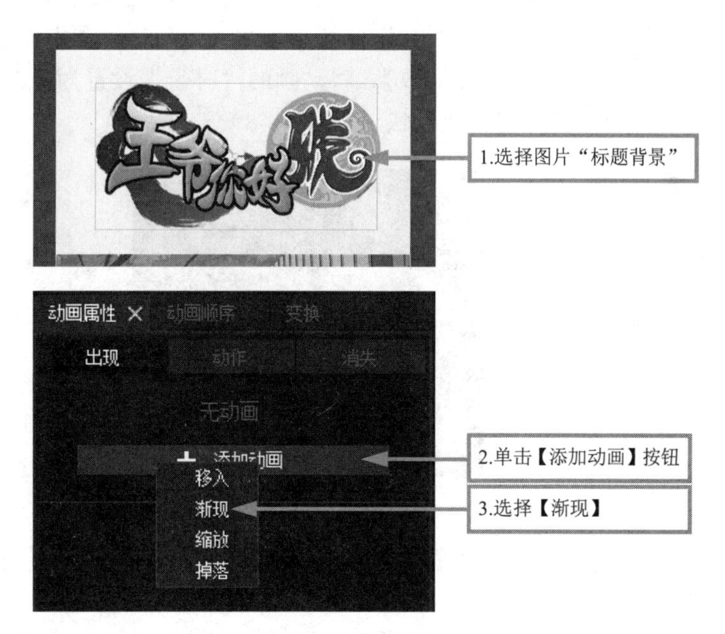

图 10-6　添加出现动画

此后，“动画属性”面板将发生变化，会出现新的按钮和参数设置项（见图 10-7）。其中，【更改】按钮可以更改当前现有的动画特效，如将渐现修改为缩放。【预览】按钮可以预览当前动画。“时长”参数代表的是动画运动的长度，单位为秒。“加速”指的是动画特效的运动曲线，目前有 4 种模式：无、淡入、淡出和淡入淡出。

单击【预览】按钮，预览图片“标题背景”的动画特效。可以发现，默认的 1 秒时长太长。我们需要一个紧凑一点的节奏，因此现在要将时长修改为 0.3 秒（见图 10-7）。

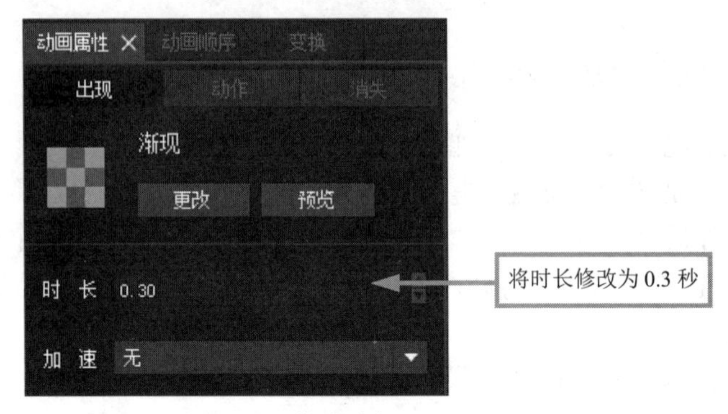

图 10-7　修改时长

现在让我们为图片“王爷你好”添加动画特效。相比起“标题背景”，“王爷你好”除了出现动画之外，还有动作动画。所谓动作动画，就是图片在出现之后和消失之前的动画。

首先添加出现动画。在“动画属性”面板中单击“出现”选项卡，然后单击【添加动画】按钮，在弹出的下拉菜单中选择【缩放】。将动画的“时长”设置为 0.3 秒，将“加速”设置为“淡入”，图片弹出的速度将由慢到快（见图 10-8）。

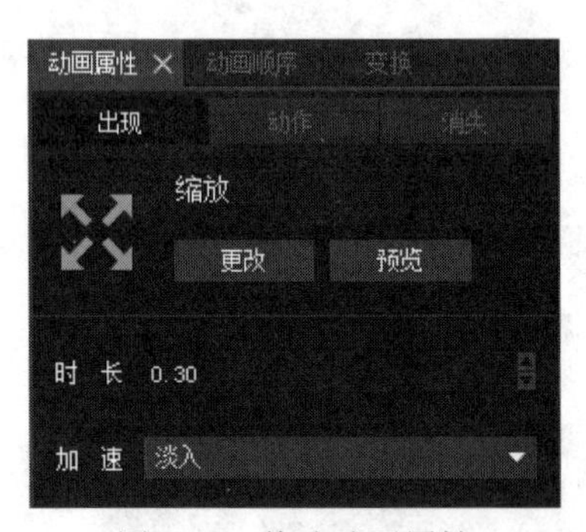

图 10-8　修改动画属性

接着添加动作动画。在“动画属性”面板中单击“动作”选项卡，然后单击【添加动画】按钮。

可以看到，此时会弹出一个下拉菜单，分为两栏：上面一栏为“透明”“移到”“旋转”“缩放”，下面一栏为“抖动”“摆动”“心跳”“闪烁”“翻转”。上面一栏是一些较为基础的动作，这些动作可以组合，同时播放。下面一栏是一些较为复杂的动作，这些动作不可以组合，只能按次序播放（见图 10-9）。

在弹出的下拉菜单中选择【摆动】。

在“动画属性”面板中将摆动的“时长”设置为 0.5 秒，将“速率”设置为“快速”，将“幅度”设置为“中等幅度”（见图 10-10）。

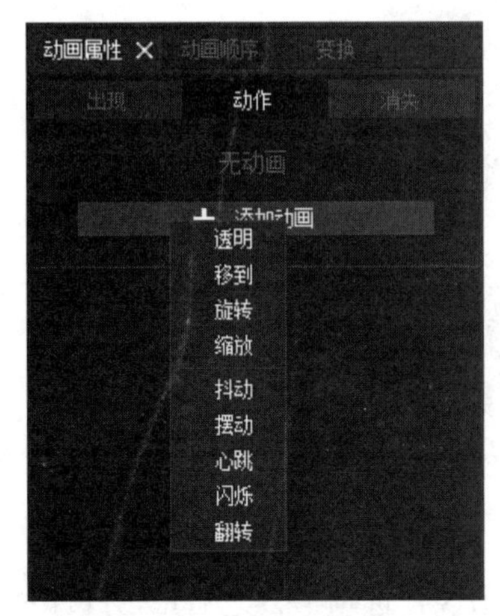

图 10-9　添加动作动画

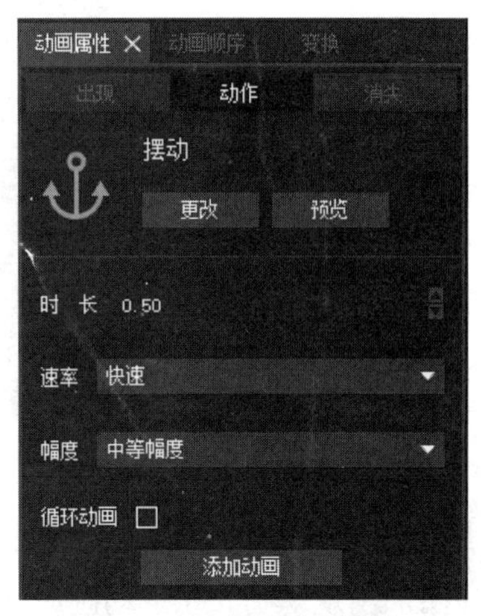

图 10-10　修改动画属性

现在让我们为图片“贱背景”添加动画特效。

首先添加出现动画。在“动画属性”面板单击“出现”选项卡，然后单击【添加动画】按钮，在弹出的下拉菜单中选择【缩放】。将动画的“时长”设置为 0.3 秒，将“加速”设置为“淡入”（见图 10-11）。

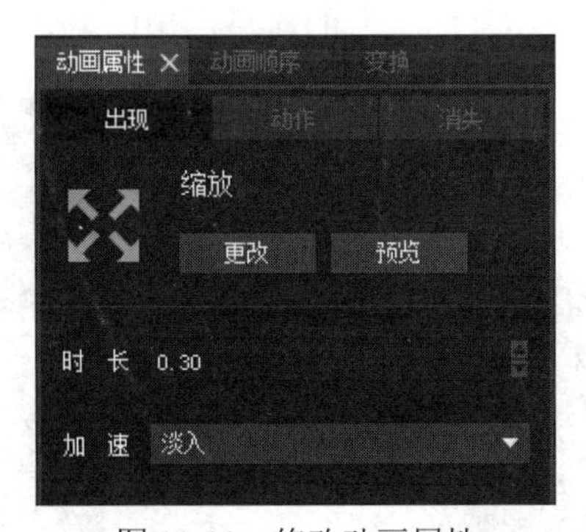

图 10-11　修改动画属性

接着添加动作动画。在“动画属性”面板单击“动作”选项卡，然后单击【添加动画】按钮，在弹出的下拉菜单中选择【旋转】。在这里，我们将“时长”设置为 1 秒，“加速”设置为“无”，“旋转”设置为 360 度（见图 10-12）。

需要注意的是，我们还要勾选“循环动画”复选框。这意味着图片“贱背景”的旋转动画将以每秒一圈的速度一直持续下去，其与该图片的圆盘形状刚好相适应。

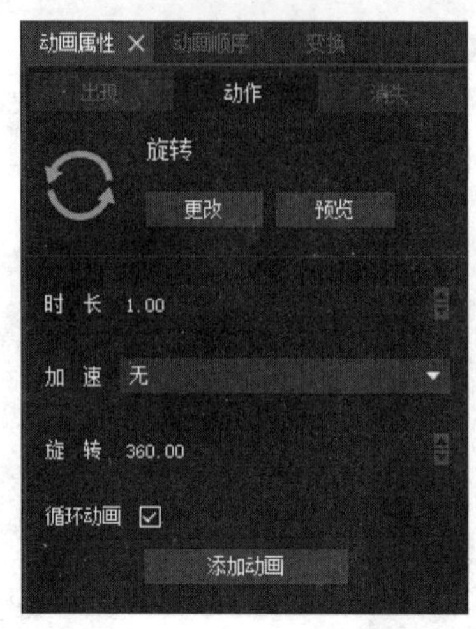

图 10-12 修改动画属性

最后，让我们为图片“贱”添加动画特效。

首先添加出现动画。在“动画属性”面板单击“出现”选项卡，之后单击【添加动画】按钮，在弹出的下拉菜单中选择【缩放】。将动画的“时长”设置为 0.3 秒，将“加速”设置为“淡入”（见图 10-13）。

接着添加动作动画。在“动画属性”面板单击“动作”选项卡，之后单击【添加动画】按钮，在弹出的下拉菜单中选择【心跳】。在这里，我们将“时长”设置为 0.7 秒，将“速率”设置为“中速”，将“幅度”设置为“中等幅度”，将“方向”设置为“收缩”。这意味着图片“贱”的心跳动作是收缩型的而不是扩张型的（见图 10-14）。

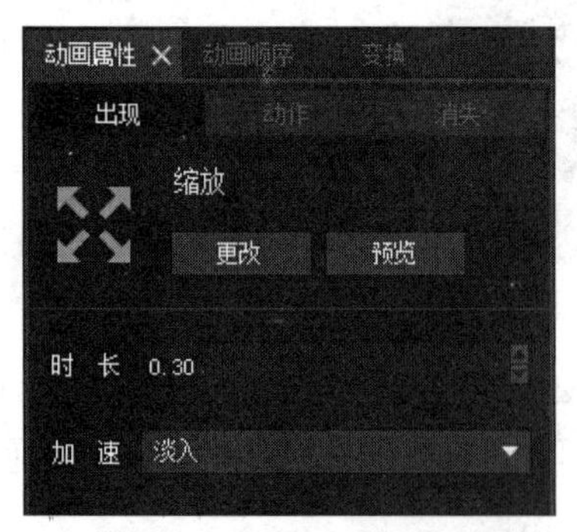

图 10-13 修改动画属性

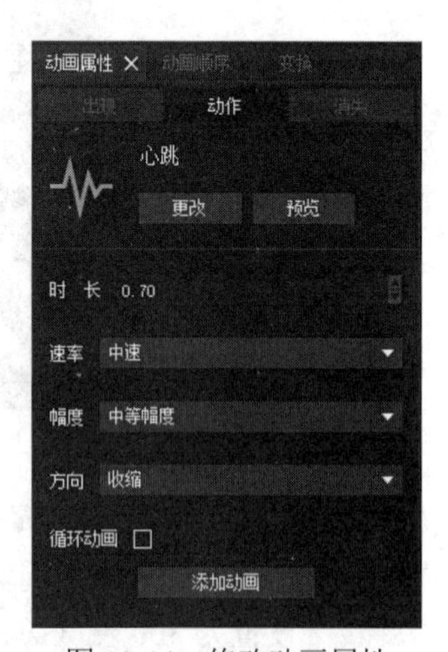

图 10-14 修改动画属性

10.4.4　修改标题动画顺序及动画组合

添加完动画特效之后，我们需要在“动画顺序”面板中调整播放顺序及组合动画。

首先简单介绍一下“动画顺序”面板的构成及相关操作。“动画顺序”面板分为两栏，上面一栏显示动画顺序，下面一栏设置播放时机。

动画顺序一栏分为三列，从左到右分别是动画序号、图片名称和图片动画特效。在“动画顺序”面板中，我们可以通过拖拽的方式调整动画的播放顺序。

此外，DragonBones 还提供了三种动画播放时机，其 UI 展现形式也有所区别（见图 10-15）。

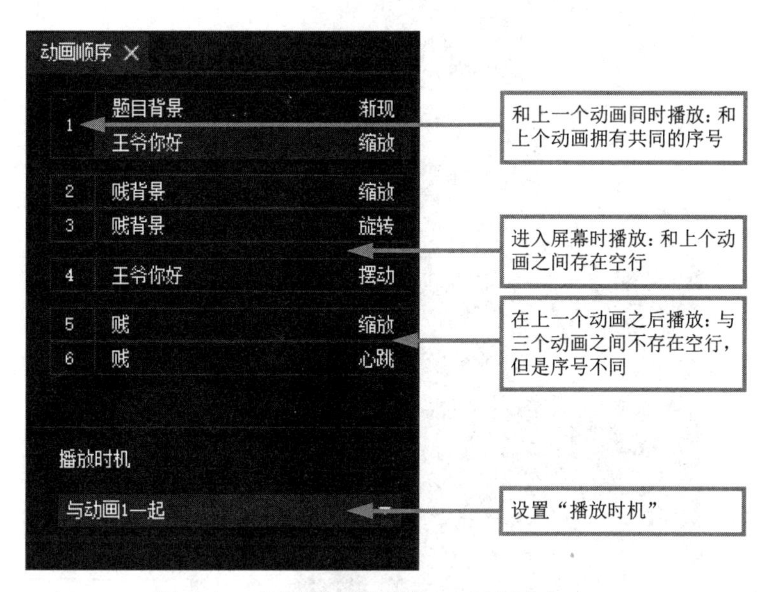

图 10-15　不同播放时机的 UI 展现形式

进入屏幕时播放：当读者观看漫画，滑动屏幕滚屏，使图片进入屏幕时，图片的动画开始播放。

在上一个动画之后播放：当上一个动画播放完时接着按顺序播放。

和上一个动画同时播放：和上一个动画同时播放，同时播放的一组动画时间长度可以不同。当所有动画都播放完成时，这组动画才算播放完，才会继续播放下一组动画。

接下来我们开始进行具体的调整。

选择“4-王爷你好-缩放”，按住鼠标左键将其拖拽到“1-题目背景-渐现”上（“1-题目背景-渐现”周围出现蓝色方框）并松开鼠标，我们可以看到它的“播放时机”变成“与动画 1 一起”（见图 10-16）。这意味着图片“王爷你好”的缩放动画特效将与“题目背景”的渐现动画特效同时播放。

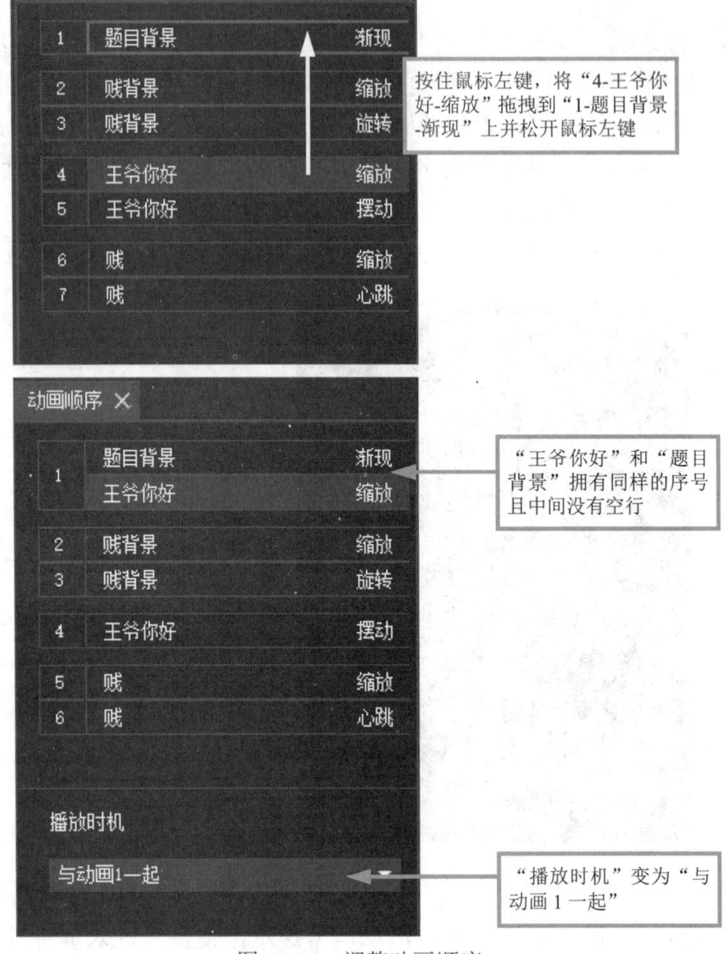

图 10-16　调整动画顺序

现在我们要让“王爷你好”的摆动动画特效在缩放特效之后播放。选择“4-王爷你好-摆动”，按住鼠标左键将其拖拽到“1-题目背景/王爷你好”下方（“1-王爷你好”下方出现蓝色横线）并松开鼠标，可以看到它的“播放时机”变成“在动画 1 之后”（见图 10-17）。这意味着图片“王爷你好”的摆动动画特效将在“1-题目背景/王爷你好”的渐现和缩放动画特效之后播放。

现在我们要让图片“贱背景”的缩放特效在“王爷你好”的摆动特效播完之后才开始播放。

除了拖拽之外，还有另外一种方式可以调整播放顺序，就是直接修改“播放时机”。接下来，将为大家具体介绍这种方式。

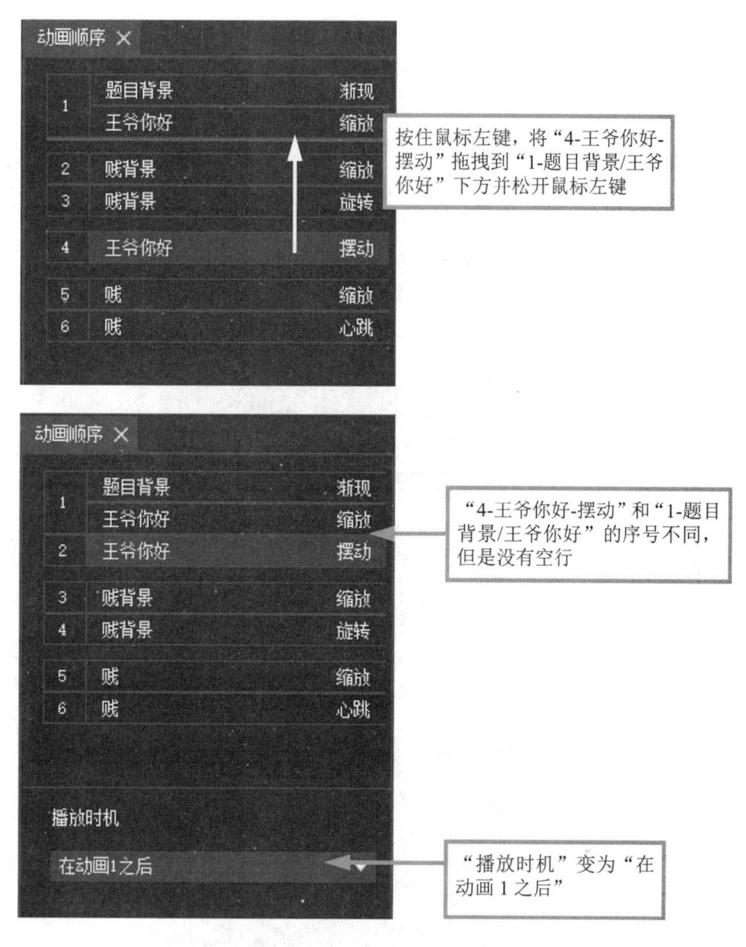

图 10-17　调整动画顺序

选择“3-贱背景-缩放”，单击“播放时机”下方的下拉菜单，将其修改为“在动画 2 之后”。我们就可以发现，“3-贱背景-缩放”与“2-王爷你好-摆动”中间的空行消失了（见图 10-18）。

接下来，按照图 10-19 所示完成剩下的动画顺序调整。

单击【Egret 发布】按钮，预览一下标题动画。

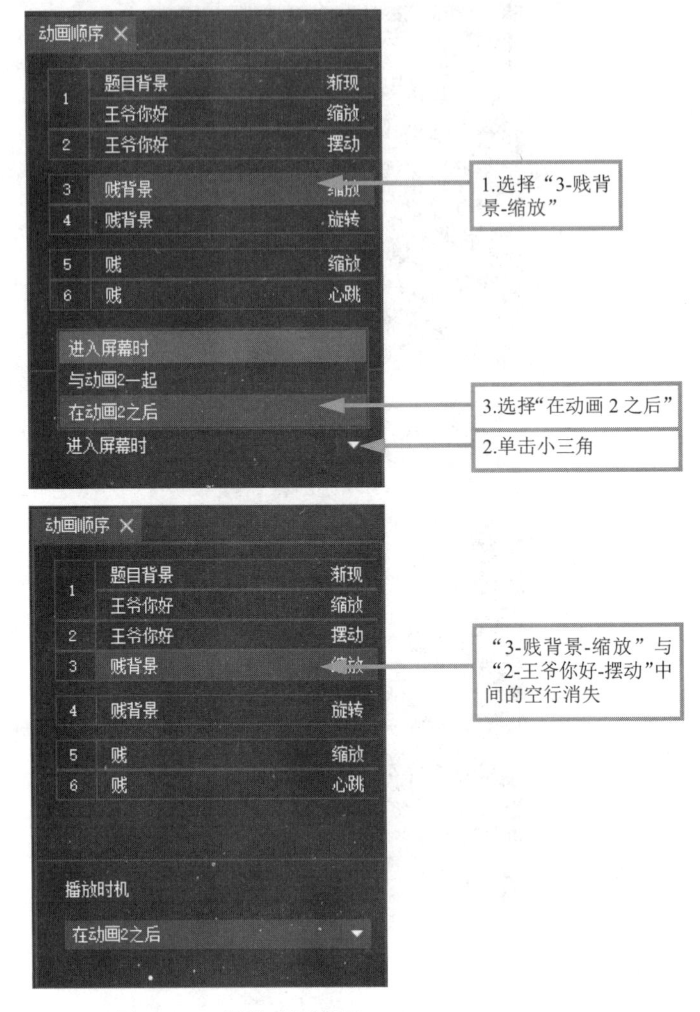

图 10-18　调整动画顺序

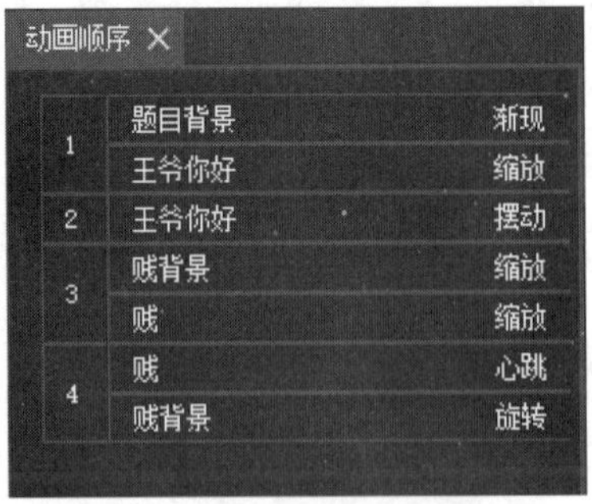

图 10-19　调整动画顺序

小贴士

（1）如果添加了不想要的动画特效，可以在“动画属性”面板中单击【更改】按钮更改。

（2）如果想要删除某个动画特效，可以在“动画顺序”面板中选择该特效，按键盘上的 Delete 键删除。

10.4.5　为漫画内容添加动画特效

下面，我们将为漫画内容添加动画特效。因为条漫的内容较多，本书无法一一阐述，所以只能节选几个较有代表性的部分详细讲解，起到以点带面介绍动态漫画制作要点的作用。没有讲到的部分，请参看教程附带的 DragonBones 源文件（工程文件夹为“DB 源文件/comic”）。

1. 分镜

对于分镜而言，一般只添加移入、渐现和缩放特效，这是因为分镜显示的区域较大，添加太过花哨的动画特效，容易让阅读者把注意力从画面转到动态上，扰乱观众视线，打断阅读节奏。分镜播放的时机往往选择“进入屏幕时”，这是因为条漫长度很长，如果采用其他播放时机，阅读者在手指滑动滚屏时很可能会错过分镜动画，或者迟迟等不到分镜出现。

例如，图片“图层_14”所构成的分镜（见图 10-20），其出现动画就应当采用较为柔缓的渐现特效，才能与分镜内容相匹配（见图 10-21）；其“播放时机”应当设置为“进入屏幕时”，才能在阅读者滚屏到分镜区域时适时播放动画（见图 10-22）。

图 10-20　图片“图层_14”

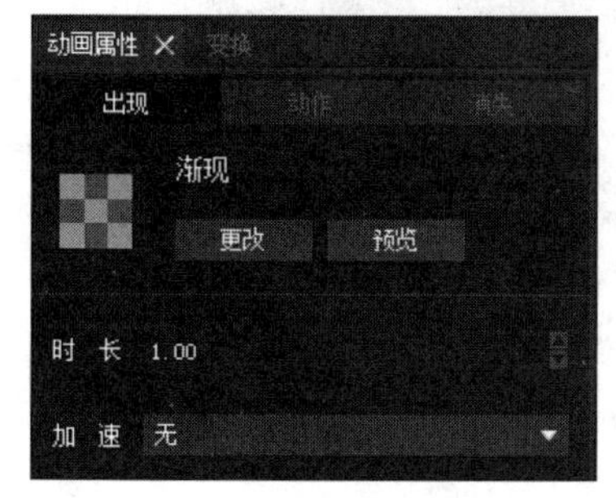

图 10-21　修改动画属性

图 10-22　播放时机

对于图片“图层_21”和“图层_18”而言，这两张图片组成了同一个分镜（见图 10-23）。因为其长度较长，同时以同种方式来运动可能视觉效果没有那么好。所以我们可以分别为其设置两个移入特效，一个从右到左移入，一个从左到右移入（见图 10-24）。然后再调整动画顺序，让图片“图层_21”和“图层_18”一起播放（见图 10-25）。

图 10-23　图片“图层_21”和“图层_18”

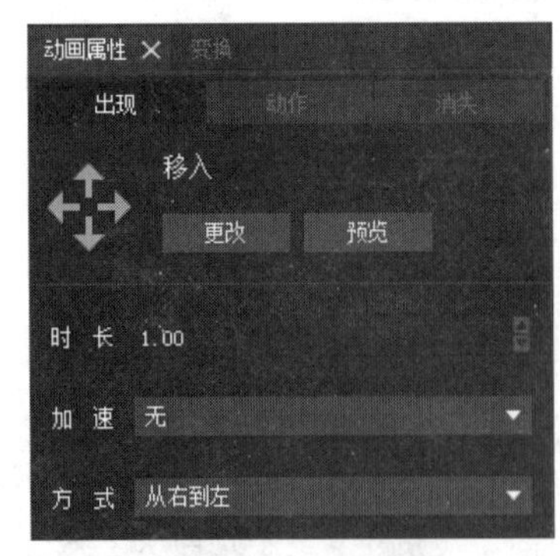

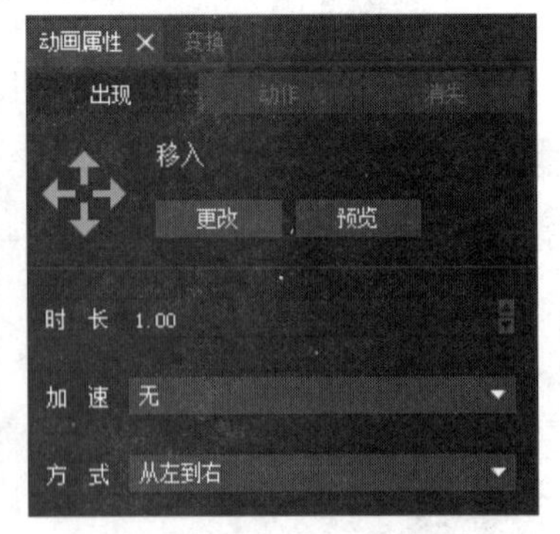

图 10-24　修改动画属性

图 10-25 播放顺序

2. 对话框

对于对话框而言，通常添加的出现动画是渐现和缩放，这种出现方式让对话框比较有叙述感。对于一些强烈的语气，我们可以为其添加抖动等动作动画。

在排列动画顺序的时候，通常来说第一个对话框要在分镜之后出现。此后再按照对话的次序让剩下的对话框逐个出现，尤其要注意不能颠倒对话的次序。

以图片“第一幅图”所构成的分镜为例（见图 10-26），这个分镜有两个对话框。按照说话顺序，在分镜出现之后，左上角的对话框要第一个出现，接着才是右下角的对话框。因此，它们在“动画顺序”面板的排列应当如图 10-27 所示。“第一幅图”的播放时机为“进入屏幕时”，出现动画为“渐现”；“因为小_姐您是_庶出”的播放时机为“在动画 25 之后”，出现动画为“缩放”；“在朱府_又不受_老爷待_见”的播放时机为“在动画 26 之后”，出现动画为“缩放”。

图 10-26 图片“第一幅图”

25	第一幅图	渐现
26	因为小_姐您是_庶出，	缩放
27	在朱府_又不受_老爷待_见。	缩放

图 10-27 播放顺序

3. 旁白

旁白可以添加较为丰富的动画特效。有时候由于旁白的面积较小，为了提醒观众注意，还可以故意添加较为复杂的动画特效以吸引观众的视线。

图 10-28 所示的旁白，因为其出现的位置非常明显，所以可采用较为简朴的特效。在这里我们只采用渐现特效作为出现动画（见图 10-29），播放时机设置为“进入屏幕时”（见图 10-30）。

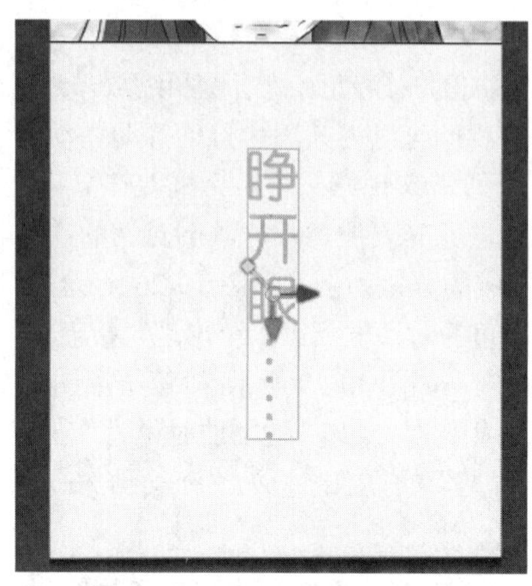

图 10-28　旁白“睁开眼……”

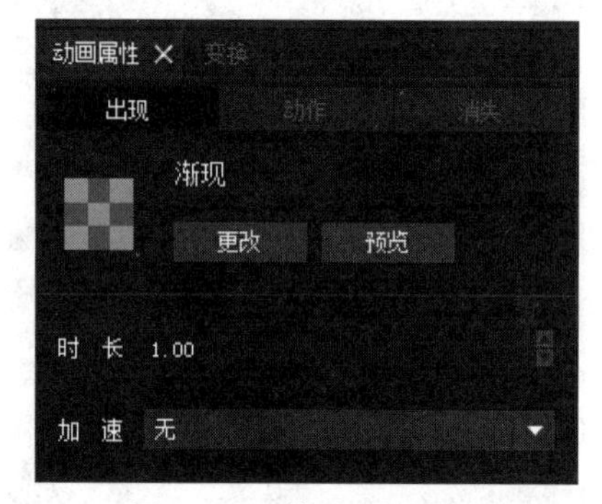

图 10-29　修改动画属性

图 10-30　播放时机

有的旁白的动画则比较复杂。这是因为旁白在分镜里边，而不是在单独一块空白区域中，比较容易受分镜图片的干扰，容易被观众忽略。添加更多动画特效有助于吸引观众视线，让观众不会漏掉旁白。还一种情况则是分镜图片较长，旁白位于分镜的上方部分，阅读者滚屏时为了看清完整图片，容易漏掉旁白。这时候需要给旁白添加一个向下的动画，让观众还有机会看到旁白。

图 10-31 所示分镜便是典型的案例。蓝色虚线代表手机屏幕上下边缘，我们可以看到分镜的长度已经超出了屏幕的最大可视范围。而“面前的景致前所未见”这一旁白处于分镜上部，阅读者向下滚屏时很容易忽略这段文字。因此，我们要为这段文字添加 4 个动画，让这段文字从画面左上角移动到画面中间并略微放大摆动。

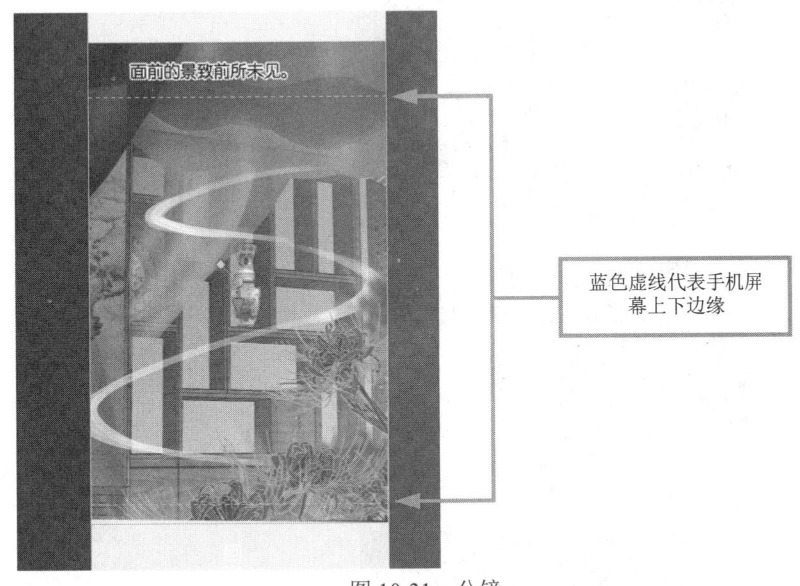

图 10-31　分镜

第一个是出现动画，以“移入”的形式出现。其“动画属性”设置如图 10-32 所示。

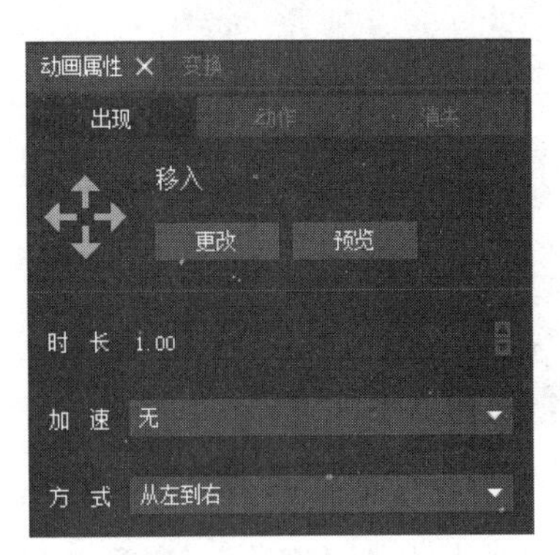

图 10-32　修改动画属性

第二个和第三个是动作动画，添加的是“移到”+“缩放”的组合动作。首先在动作选项卡中单击【添加动画】按钮，在弹出的下拉菜单中选择【移到】。接着，主场景图片“面前的景致前所未见”旁就会出现另一张重复的图片，显示的是“移到”特效播放完成之后的结果。我们拖动红色和绿色的变换手柄，将其向下移动并居中，然后拖动黄色的缩放手柄，将其略微放大。这时候，就会发现“动画属性”面板显示的是组合动作（见图 10-33），意味着移到和缩放将同时进行。

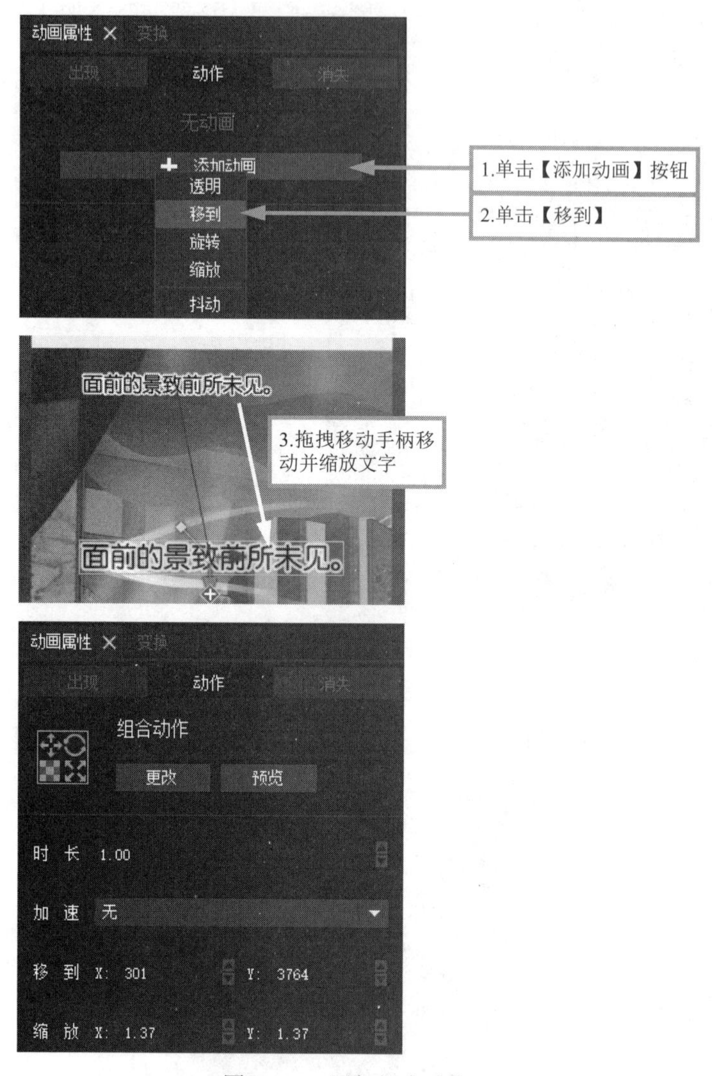

图 10-33　添加组合动作

第四个是动作动画，它的动画形式是“摆动”，在第二个和第三个动作之后开始播放。其“动画属性”设置如图 10-34 所示。

这四个动画在“动画顺序”面板中的状态如图 10-35 所示。这段旁白的动画到这里就添加完毕了。

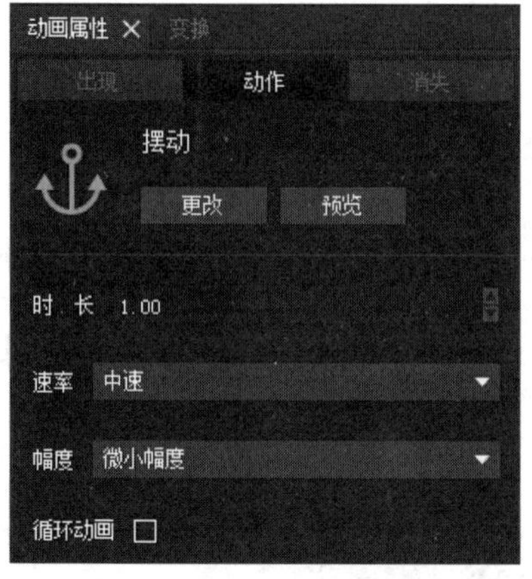

图 10-34　修改动画属性

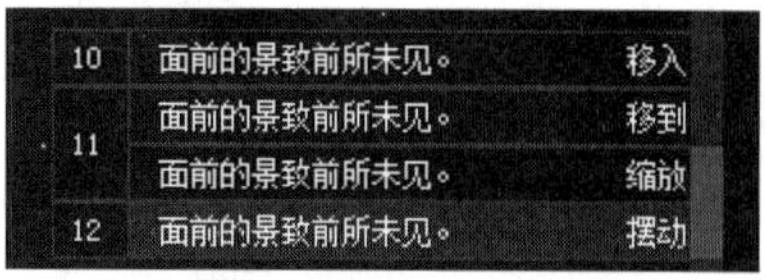

10	面前的景致前所未见。	移入
11	面前的景致前所未见。	移到
	面前的景致前所未见。	缩放
12	面前的景致前所未见。	摆动

图 10-35　播放顺序

接下来我们可以参照上述要点完成剩下的动态漫画。在本章就不一一阐述了。

单击【Egret 发布】按钮，就可以在浏览器中预览到完整的动态漫画。除此之外，还可以用手机扫描网页左上角的二维码，在手机上预览动态漫画的效果（见图 10-36）。

图 10-36　预览动态漫画

第 11 章　播放一个 DragonBones 动作

本章要点

- 在 Egret Wing 中读取 DragonBones 资源
- 播放一个 DragonBones 动作

11.1　项目概述

本章将为读者介绍如何使用我们在 DragonBones Pro 中制作的动画资源。

DragonBones 现已提供多种格式的数据和平台支持，涵盖视频、网页、动画等，可用于几乎目前所有的主流游戏引擎和编程语言，如 Egret、Unity、HTML5、Cocos2d-x、Flash 等。DragonBones 提供的 API 可以支持在以上游戏开发工具中直接访问骨骼、附件、皮肤、动画，操作骨骼组合动画以及创造淡入淡出等效果。支持的运行库详情可查看：https://github.com/DragonBones。

在前几章中，我们已经学会了如何使用 DragonBones Pro 生成我们需要的动画资源，从本章起，我们将进入程序使用阶段，即对动画资源进行各种调用及组合，产生丰富而生动的动画画面。

这里我们使用在第 6 章中制作的精灵动画资源。

11.2　读取 DragonBones 资源并解析到工厂

11.2.1　读取资源

DragonBones 资源，主要包含显示数据和各种骨骼动画的控制数据。在这里我们使用最方便的 PNG 和 JSON 格式。与其他游戏开发常用的纹理格式一样，显示数据是一对文件：纹理图集+纹理单元（下文称为图元），具体就是 PNG+JSON，通常为了便于表明其关系，主文件名是一样的。

我们使用的 DragonBones 资源按照角色分目录存放。在某一种角色目录中，纹理显示数据命名为：texture.json 和 texture.png。骨骼动画控制数据，包含两大部分：角色各部位的骨骼链接关系；角色每个动作的定义，由每一个部位的运动轨迹组成。我们可以看到，精灵的骨骼动画控制数据文件前缀是我们的项目名 theElf，文件名为 theElf.json。为了更直观地记录，这里按照如图 11-1 所示进行命名，纹理图集 texture.png 示意如图 11-2 所示。

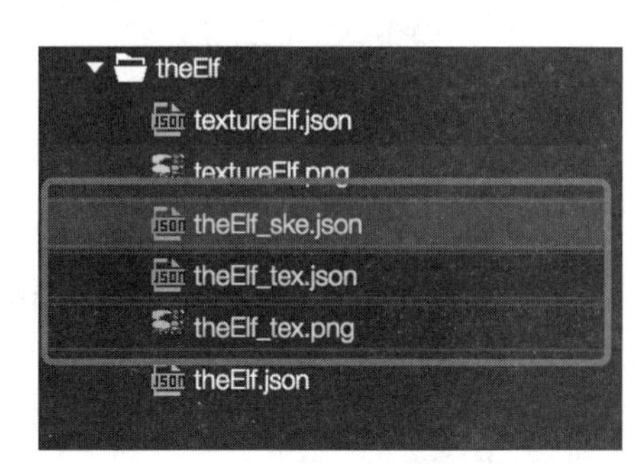

图 11-1　导入的资源名称

图 11-2　纹理图集 texture.png 示意

下面要将这些资源加载到 Egret 项目的资源组中。

（1）在 default.res.json 文件中，加入相关的资源配置，如图 11-3 所示。

图 11-3　Resource 资源组

Egret Wing 集成了拖拽识别资源管理器资源的功能，我们可以将需要的文件加入资源组，也可以对它们分组和命名。

此时，Egret Wing 已经载入了 theElf 资源组，可以开始解析其中的 DragonBones 资源了。

（2）获得资源数据。

在 Main.ts 的 createScene()方法中我们加入：

```
var dragonbonesData = RES.getRes("theElf_ske_json");
var textureData = RES.getRes("theElf_tex_json");
var texture = RES.getRes("theElf_tex_png");
```

资源准备就绪，然后让我们通过动画工厂来播放动画。

11.2.2 创建并将资源添加到骨骼动画工厂

DragonBones 对资源的管理，基本概念可以理解为骨骼动画工厂。在一个游戏中，我们可能有很多种角色要显示，但一般只需要一个工厂。每一种角色，其实就是一套骨骼皮肤的组合，在 DragonBones 中，称为一套骨架（armature）。只要我们将一套骨架的纹理显示数据和骨骼控制数据添加到工厂里，就可以用工厂来取出这套骨架。

我们可以创建一个 EgretFactory 对象来处理所有的动画数据及贴图：

- 创建 EgretFactory 类型对象。
- 解析外部数据，并添加至 EgretFactory 中。
- 设置动画中绑定的贴图。

```
var dragonbonesFactory: dragonBones.EgretFactory = new dragonBones.EgretFactory();

dragonbonesFactory.parseDragonBonesData(dragonbonesData);
        dragonbonesFactory.parseTextureAtlasData(textureData, texture);
```

其中 dragonbonesData（骨骼控制数据）和 textureData（纹理分解数据）都包含骨架名信息。当 DragonBones 工厂加入多个骨架的数据时，它们之间将通过这个骨架名来区分。而一套骨架的骨骼控制数据和纹理数据也是通过相同的骨架名来合成该套骨架的综合数据。

本例中，我们的精灵骨架名为 elf，这是在资源创作阶段就设定好的。

11.3 提取骨架并添加到舞台

数据准备好了，我们需要从中提取出需要的骨架系统。一种角色对应一套骨架。当我们需要显示某种角色时，首先将其 DragonBones 资源解析到工厂，然后便可以轻易地用工厂建立一套骨架，用以显示其对应的角色。

工厂是根据骨架名来建立骨架的，骨架可以理解为是某种角色的控制中心，但其不是直接的显示对象。通过 buildArmatureDisplay 方法，我们提取名称为 elf 的骨架。而要想在舞台中看到，需要如下操作：

```
var ar:dragonBones.EgretArmatureDisplay = dragonbonesFactory.buildArmatureDisplay("elf");
ar.x = 200;
ar.y = 300;
```

```
ar.scaleX = 0.5;
ar.scaleY = 0.5;
this.addChild(ar);
```

小贴士

注意骨架显示对象的定位基准是该骨架创作时的注册点。这也是创作时需要规范好的。

ar 是名称为 elf 的骨架对象，将它添加到显示列表中，我们就可以在舞台中看到提取的精灵了，如图 11-4 所示。

图 11-4 添加到舞台的 theElf

11.4 播放一个 DragonBones 动作

每个骨架中都包含一个 Animation 对象，负责操作当前骨架的所有动画数据。执行 animation.play()时，我们需要指定即将播放的动画名称。

我们首先播放一个设定好的动作：

```
ar.animation.play("run2_slow",0);
```

需要注意，该动作 run2_slow 也是在资源创作阶段约定好的动作名。播放动作时，必须确保该动作名在资源中有定义。在 DragonBones Pro 的动画面板可以查看动作名称，如图 11-5 所示。

DragonBones 对动作推进使用了一个时钟管理器 WorldClock，但新的 dragonBones. EgretArmatureDisplay 对象会自动绑定 WorkClock，已经无需再手动添加。

编译项目，打开页面，我们可以看到精灵已经跑起来了（见图 11-6）。

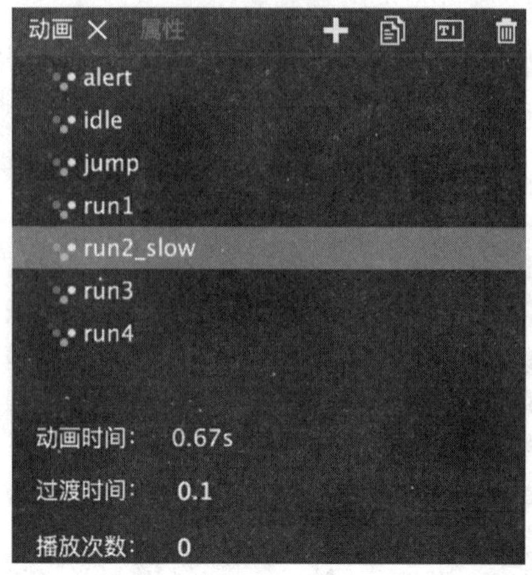

图 11-5　在 DragonBones Pro 的动画面板可以查看动作名称

图 11-6　跑起来的 theElf

完整代码如下：

```
class Main extends egret.DisplayObjectContainer {

    public constructor() {
        super();
        this.once(egret.Event.ADDED_TO_STAGE,this.init,this);

    }
```

```
    private init(){
        RES.addEventListener(RES.ResourceEvent.CONFIG_COMPLETE, this.onConfigComplete, this);
        RES.loadConfig("resource/default.res.json", "resource/");
    }
    private onConfigComplete(event:RES.ResourceEvent):void {
        RES.removeEventListener(RES.ResourceEvent.CONFIG_COMPLETE, this.onConfigComplete, this);
        RES.addEventListener(RES.ResourceEvent.GROUP_COMPLETE, this.onResourceLoadComplete, this);

        RES.loadGroup("preload");
    }

    private onResourceLoadComplete(event:RES.ResourceEvent):void {
        this.createScene();
    }

    private createScene():void{
        var dragonbonesData = RES.getRes("theElf_ske_json");
        var textureData = RES.getRes("theElf_tex_json");
        var texture = RES.getRes("theElf_tex_png");

        //定义 dragonBones.EgretFactory 对象
        var dragonbonesFactory: dragonBones.EgretFactory = new dragonBones.EgretFactory();

        dragonbonesFactory.parseDragonBonesData(dragonbonesData);
        dragonbonesFactory.parseTextureAtlasData(textureData, texture);

        //直接生成骨骼动画显示对象，该对象实现 IArmatureDisplay 接口
        var ar:dragonBones.EgretArmatureDisplay = dragonbonesFactory.buildArmatureDisplay("elf");
        ar.x = 200;
        ar.y = 300;
        ar.scaleX = 0.5;
        ar.scaleY = 0.5;
        this.addChild(ar);

        ar.animation.play("run2_slow",0);

    }
}
```

第 12 章　多人物动画

本章要点

- 使用单一动画工厂创建动画
- 使用不同动画工厂创建动画

12.1　项目概述

本章将为读者介绍如何在项目中创建并播放多个动画。

在前几章中，我们已经学会了如何在程序中播放我们创建出的动画动作，并引入了动画工厂的概念。在实际应用中，很多时候我们都需要不止一个角色动画，这时我们便可以灵活应用动画工厂，来对多个角色进行动画控制。

DragonBones 系统中允许创建多个骨骼动画，我们可以创建多个 EgretFactory 来管理不同的骨骼动画，也可以使用同一个 EgretFactory 来管理多个骨骼动画。

使用多个 EgretFactory 时，可以单独操作 EgretFactory，以及读取出的骨架和数据。使用同一个 EgretFactory 时，需要对数据进行命名操作，以区分骨架系统与动画数据。

这里我们使用在第 6 章中制作的精灵动画资源，以及准备好的战士动画资源（详见/theWarrior）

12.2　使用同一动画工厂

12.2.1　将骨架加入动画工厂

我们首先还是在 default.res.json 文件中，加入相关的资源配置，如图 12-1 所示。

由于不同的骨架加入工厂的代码都是一样的，因此我们将这部分代码整合到一个函数 addArmatureToFactory()，传入工厂、骨架资源名称：

```
private addArmatureToFactory(factory: dragonBones.EgretFactory,s_data: string,t_data: string,t_name:string)
    {
        var skeletonData = RES.getRes(s_data);
        var textureData = RES.getRes(t_data);
        var texture = RES.getRes(t_name);
        factory.parseDragonBonesData(skeletonData);
        factory.parseTextureAtlasData(textureData, texture);
    }
```

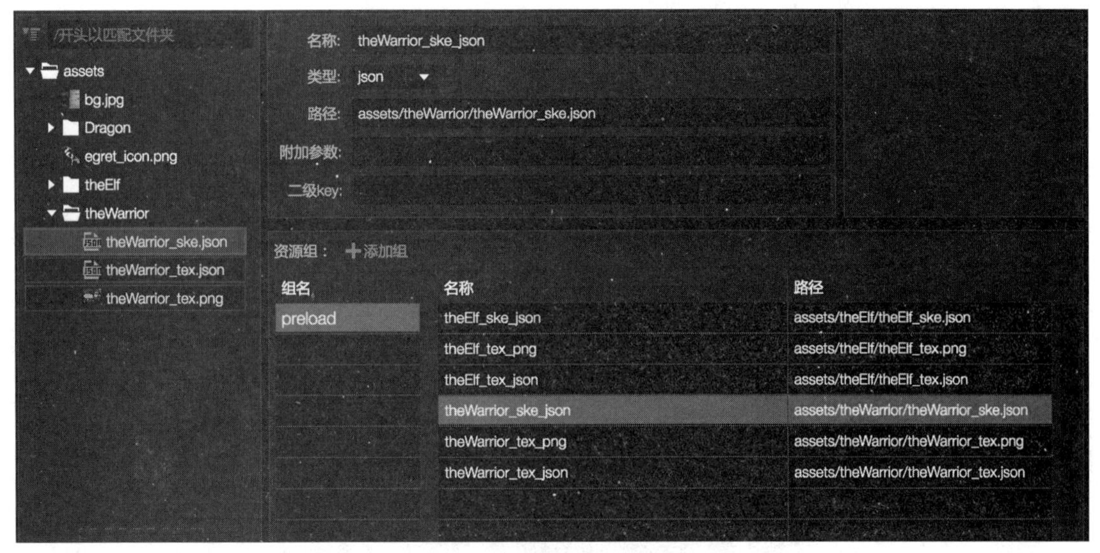

图 12-1　Resource 资源组

12.2.2　使用同一动画工厂播放不同角色动作

建立工厂后，我们先把精灵和战士的两套资源加入工厂：

```
var dragonbonesFactory: dragonBones.EgretFactory = new dragonBones.EgretFactory();

    this.addArmatureToFactory(dragonbonesFactory,"theElf_ske_json","theElf_tex_json","theElf_tex_png");
    this.addArmatureToFactory(dragonbonesFactory,"theWarrior_ske_json","theWarrior_tex_json","theWarrior_tex_png");
```

这样，我们创建精灵并显示的代码变为：

```
var armElf:dragonBones.EgretArmatureDisplay = dragonbonesFactory.buildArmatureDisplay("elf");
armElf.x = 330;
armElf.y = 300;
armElf.scaleX = 0.5;
armElf.scaleY = 0.5;
this.addChild(armElf );
armElf.animation.play("run2_slow",0);
```

这里为了同时显示两个角色，我们对骨架显示对象的位置进行了调整。

编译运行，除了位置变化，动作效果应该跟前一章相同。

类似地，我们创建一个战士角色，并播放它的 run4 跑步动作：

```
var armWarrior:dragonBones.EgretArmatureDisplay = dragonbonesFactory.buildArmatureDisplay("warrior");
        armWarrior.x = 160;
        armWarrior.y = 300;
        armWarrior.scaleX = 0.5;
        armWarrior.scaleY = 0.5;
        this.addChild(armWarrior );
        armWarrior.animation.play("run4",0);
```

编译运行，我们就可以看到两个不同角色各自的动作同时显示出来了，如图 12-2 所示。

图 12-2　用同一动画工厂同时显示两个角色动画

完整代码如下：

```
private addArmatureToFactory(factory: dragonBones.EgretFactory,s_data: string,t_data: string,t_name:string)
    {
        var skeletonData = RES.getRes(s_data);
        var textureData = RES.getRes(t_data);
        var texture = RES.getRes(t_name);
        factory.parseDragonBonesData(skeletonData);
        factory.parseTextureAtlasData(textureData, texture);
    }

    private createScene():void{
        var dragonbonesFactory: dragonBones.EgretFactory = new dragonBones.EgretFactory();

        this.addArmatureToFactory(dragonbonesFactory,"theElf_ske_json","theElf_tex_json","theElf_tex_png");
        this.addArmatureToFactory(dragonbonesFactory,"theWarrior_ske_json","theWarrior_tex_json",
        "theWarrior_tex_png");

        var armElf:dragonBones.EgretArmatureDisplay = dragonbonesFactory.buildArmatureDisplay("elf");
        armElf.x = 330;
        armElf.y = 300;
        armElf.scaleX = 0.5;
        armElf.scaleY = 0.5;
        this.addChild( armElf );
        armElf.animation.play("run2_slow",0);

        var armWarrior: dragonBones.EgretArmatureDisplay = dragonbonesFactory.buildArmatureDisplay("warrior");
        armWarrior.x = 160;
        armWarrior.y = 300;
```

```
            armWarrior.scaleX = 0.5;
            armWarrior.scaleY = 0.5;
            this.addChild( armWarrior );
            armWarrior.animation.play("run4",0);
      }
```

12.3 使用不同动画工厂

使用不同动画工厂时，可以分别控制添加到各自工厂的角色动作，以及各自的骨架和数据。这里我们创建两个工厂，各自播放精灵的两个动作。

创建两个动画工厂并添加资源：

```
var dragonbonesFactory: dragonBones.EgretFactory = new dragonBones.EgretFactory();
var dbFactory: dragonBones.EgretFactory = new dragonBones.EgretFactory();
        this.addArmatureToFactory(dragonbonesFactory,"theElf_ske_json","theElf_tex_json","theElf_tex_png");
        this.addArmatureToFactory(dbFactory,"theElf_ske_json","theElf_tex_json","theElf_tex_png");
```

然后就是我们熟悉的创建骨架并播放动画的过程，读者也可以自己练习一下。

小贴士

注意我们这里选取的第二个动作为 jump，在创建时我们设置其播放次数为 1 次（见图 12-3），因此在浏览器中预览，精灵也只会播放一次跳跃动画。刷新界面可以再次看到。

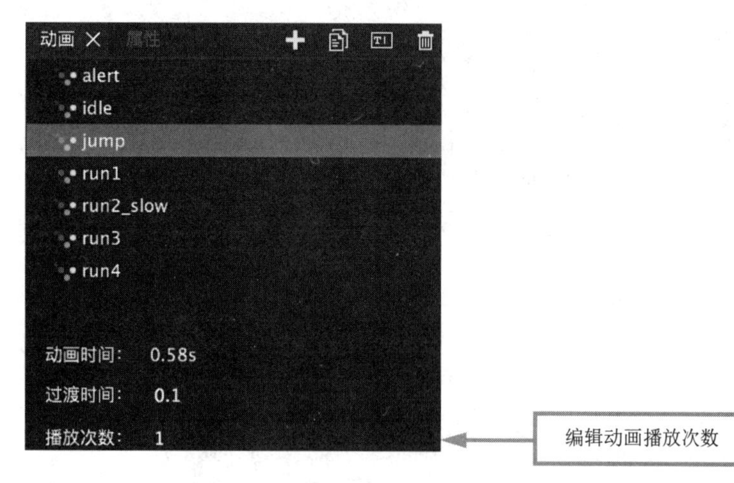

图 12-3　在 DragonBones Pro 中显示的动画面板

编译运行，其效果如图 12-4 所示。

图 12-4　用不同动画工厂同时显示两个角色动画

完整代码如下：

```
private addArmatureToFactory(factory: dragonBones.EgretFactory,s_data: string,t_data: string,t_name:string)
    {
        var skeletonData = RES.getRes(s_data);
        var textureData = RES.getRes(t_data);
        var texture = RES.getRes(t_name);
        factory.addSkeletonData(dragonBones.DataParser.parseDragonBonesData(skeletonData));
        factory.addTextureAtlas(new dragonBones.EgretTextureAtlas(texture,textureData));
    }

private createGameScene(): void {

        var dragonbonesFactory: dragonBones.EgretFactory = new dragonBones.EgretFactory();
        var dbfactory: dragonBones.EgretFactory = new dragonBones.EgretFactory();
        this.addArmatureToFactory(dragonbonesFactory,"theElf_ske_json","theElf_tex_json","theElf_tex_png");
        this.addArmatureToFactory(dbFactory,"theElf_ske_json","theElf_tex_json","theElf_tex_png");

        var armElf:dragonBones.EgretArmatureDisplay = dragonbonesFactory.buildArmatureDisplay("elf");
        armElf.x = 330;
        armElf.y = 300;
        armElf.scaleX = 0.5;
        armElf.scaleY = 0.5;
        this.addChild( armElf );
        armElf.animation.play("run2_slow",0);

        var arm2: dragonBones.EgretArmatureDisplay = dbFactory.buildArmatureDisplay("elf");
        arm2.x = 160;
        arm2.y = 300;
        arm2.scaleX = 0.5;
        arm2.scaleY = 0.5;
        this.addChild(arm2);
        arm2.animation.play("jump");

 }
```

第 13 章　应用场景案例

本章要点

- 为显示对象进行动态换装
- 用程序控制角色骨骼的运动
- 用程序控制动画的播放速度
- 动画遮罩——只将动画的一部分呈现出来
- 动画混合——一个骨架同时播放多个动画
- 动画拷贝——播放另一个骨架的动作

13.1　项目概述

本章将通过几个具体的应用案例，为读者展示 Egret 引擎提供的一些典型 DragonBones 功能，包括动态换装、控制骨骼运动、动画遮罩、动画混合、动画拷贝等，让读者能够更加熟悉 DragonBones 的 API 用法，并能够灵活运用到实际项目中。

这里我们使用的动画资源包括在第 6 章中制作的精灵动画资源（详见/theElf），准备好的战士动画资源，DragonBones Pro 自带的示例项目 Dragon 等（详见/theWarrior、/theKnight、/Dragon）。

13.2　动态换装

在 HTML5 动画呈现时，我们往往有这样的需求：更换角色服饰、更换场景显示等。DragonBones 针对不同的换装需求提供了几种不同的解决方案。

13.2.1　替换图片

如果换装的需求比较简单，只需更换静态图片就能实现，则可以通过更换插槽包含的图片来轻松实现。

因为是更换插槽包含的图片，所以可以在程序中动态创建新的纹理图片并赋予对应插槽。新的图片可以是来自其他方式创建或加载的图片，也可以来自 DragonBones 导出的纹理集。

下面我们通过一个可以点击更换图片的实例来解释实现这一功能的关键步骤。

（1）在 DragonBones Pro 中打开我们的精灵资源，找到插槽 hand_weapon，我们可以看到事先准备好的两种手持武器——刀和剑（见图 13-1）。

图 13-1　DragonBones Pro 中的场景树面板

在导出的图片纹理数据 texture.json 中，我们的刀和剑分别命名为 knife 和 sword，我们可以通过读取字符串的形式在纹理集中找到它们。这里我们创建一个数组，方便鼠标点击时循环更换图片。

```
private textures: Array<string> = ["knife","sword"];
```

（2）实现换装功能的核心代码段：首先，我们创建新的图片用于换装；其次，找到包含要换装的图片的插槽；最后，替换插槽的显示对象。

```
var textureName: string = this.textures[this.textureIndex];
this.dragonbonesFactory.replaceSlotDisplay("theElf","elf","hand_weapon",textureName,this.armElf.armature.getSlot("hand_
weapon"));
```

这里我们通过 replaceSlotDisplay 方法来替换其中头发的内容，其中第一个参数为 DragonBonesName，如果在解析 DragonBones 数据时为添加其参数，那么该参数可以填写 null 或者填写项目名称。后面三个参数均为数据源标记，最后一个参数则是要替换的目标 slot。

另外，当熟悉了 DragonBones 的开源框架之后，我们也可以通过代码实现更加灵活的变换，除了更换骨骼材质，我们还可以在骨架中动态地删除、添加骨骼，改变骨骼的从属关系等。

换图片这种换装的方法最简单，而且最实用，基本上能够解决 80%的换装需求。

（3）添加鼠标单击舞台的响应函数，并添加鼠标点击事件侦听。

编译运行，我们就可以通过点击鼠标来为精灵更换武器了（见图 13-2）。

图 13-2　点击鼠标更换精灵手中的武器

完整代码如下（需要注意的是，这里我们将 dragonbonesFactory 和 armElf 声明成了全局变量，以便在其他函数中引用，调用时的写法相应变为 this.dragonbonesFactory 和 this.armElf）：

```
private addArmatureToFactory(factory: dragonBones.EgretFactory,s_data: string,t_data: string,t_name:string)
    {
        var skeletonData = RES.getRes(s_data);
        var textureData = RES.getRes(t_data);
        var texture = RES.getRes(t_name);
        factory.parseDragonBonesData(skeletonData);
        factory.parseTextureAtlasData(textureData, texture);
    }

    private dragonbonesFactory: dragonBones.EgretFactory = new dragonBones.EgretFactory();
    private armElf:dragonBones.EgretArmatureDisplay = new dragonBones.EgretArmatureDisplay();
    private textureIndex: number = 0;
    private textures: Array<string> = ["knife","sword"];

    /**
     * 创建游戏场景
     */
    private createGameScene():void {
        this.addArmatureToFactory(this.dragonbonesFactory,"theElf_ske_json","theElf_tex_json","theElf_tex_png");

        this.armElf = this.dragonbonesFactory.buildArmatureDisplay("elf");
        this.armElf.x = 330;
        this.armElf.y = 300;
        this.armElf.scaleX = 0.5;
        this.armElf.scaleY = 0.5;
        this.addChild( this.armElf );

        this.armElf.animation.play("alert",0);
```

```
            this.stage.addEventListener(egret.TouchEvent.TOUCH_BEGIN,this.onTouch,this);
    }

        private changeClothes(): void
        {
            //循环更换贴图

            this.textureIndex++;
            if(this.textureIndex >= 2)
            {
                this.textureIndex = this.textureIndex % 2;
            }
            //从骨骼面板导出的 textureData 中获取 Image 实例，也可以单独从其他图片文件中构造 Image
            var textureName: string = this.textures[this.textureIndex];
            this.dragonbonesFactory.replaceSlotDisplay("theElf","elf","hand_weapon",textureName,
                this.armElf.armature.getSlot("hand_weapon"));
        }

        private onTouch(evt: egret.TouchEvent): void
        {
            if(evt.type == egret.TouchEvent.TOUCH_BEGIN)
            {
                this.changeClothes();
            }
        }
```

13.2.2 替换子骨架

当需要更换的部件有独立的动画时（如制作 HTML5 游戏时，为游戏角色更换武器，每种武器的攻击动画都是不一样的），通过换图片的方式就无法满足需求了，这时我们就需要用子骨架的方式。DragonBones 的数据格式是支持子骨架的，在之前的介绍中我们知道，插槽本质就是一个盛放显示对象的容器，这个显示对象可以是图片，也可以是另一个骨架，也就是当前骨架的子骨架。

子骨架的存在让 DragonBones 动画变得极为灵活，它让我们在制作诸如人骑马、人开车等多个独立角色组合在一起的复杂角色时，变得游刃有余。那么通过切换子骨架中的动画，我们就能实现有独立动画的装备切换了。

为了配合换装功能的实现，子骨架的制作方式有两种。

一种是子骨架中包含所有可更换的装备，适用于装备数量不多并且比较固定的游戏。对于大型游戏，装备的数量往往很多，并且随着游戏的升级，装备会增加，把所有装备放到一个骨架里是不现实的，会严重影响游戏的扩展性和游戏中加载装备子骨架的速度，并且也不利于多个设计师分工协作。

另一种是每个子骨架只包含一种装备，当需要更换装备时，使用之前介绍的换图片的方式更换子骨架。这种是较好的设计方式，既解决了加载速度和扩展性的问题，也解决了多人分工协作的问题。

13.3　控制骨骼运动

在实际 HTML5 项目制作中，有的时候仅仅播放预先设置的骨骼动画是不够的，还需要角色具有动态可控的动作。DragonBones 提供了访问并控制骨骼框架里每根骨头的方法，可以让角色能够有丰富多样的交互效果。

在下面的示例中，通过鼠标在场景中的移动来控制骨骼。我们创建了一个跟随鼠标运动的小鸟，小龙人会与小鸟保持一定距离，同时小龙人的头和胳膊会跟随小鸟运动而做出不同姿势。

要实现这个功能首先需要获取骨骼，其关键代码段如下：

```
private head: dragonBones.Bone;
private armL: dragonBones.Bone;
private armR: dragonBones.Bone;
//获取骨骼对象
this.head = this.armature.getBone("head");
this.armL = this.armature.getBone("armUpperR");
this.armR = this.armature.getBone("armUpperR");
```

我们通过方法 dragonBones.Armature.getBone(_name:String):Bone 来获取某个骨骼。骨骼中的 offset 是一个 DBTransform 对象，是专门用于给开发者设置叠加的变换信息的，包括平移、旋转、缩放等。我们可以根据项目逻辑的需要来设置这些参数，从而实现动态控制对应骨骼的效果。

```
//更新骨骼的位置以及旋转角度
this.head.offset.rotation = _r *0.3
this.armR.offset.rotation = _r *0.8;
this.armL.offset.rotation = _r * 1.5;
```

小贴士

注意这里 offset 的值是叠加到骨骼上现有的变换，并不是取代骨骼上现有的变换。

编译运行，我们就可以点击拖拽小鸟，控制小龙人头部以及两臂的运动了（见图 13-3）。

图 13-3　程序控制小龙人骨骼运动效果

完整代码如下：

```
private createGameScene():void {
        this.initGame();
    }
private factory:dragonBones.EgretFactory = new dragonBones.EgretFactory();
    private armature: dragonBones.Armature;
    private armatureClip:egret.DisplayObject;
    private head: dragonBones.Bone;
    private armL: dragonBones.Bone;
    private armR: dragonBones.Bone;
    private lark: egret.Bitmap;
    private initGame(): void
    {
        var skeletonData = RES.getRes("skeleton_json");
        var textureData = RES.getRes("texture_json");
        var texture = RES.getRes("texture_png");
        this.factory.addSkeletonData(dragonBones.DataParser.parseDragonBonesData(skeletonData));
        this.factory.addTextureAtlas(new dragonBones.EgretTextureAtlas(texture, textureData));
        this.armature = this.factory.buildArmature("Dragon");

        this.armatureClip = this.armature.getDisplay();
        dragonBones.WorldClock.clock.add(this.armature);
        this.stage.addChild(this.armatureClip);
        this.armatureClip.x = 200;
        this.armatureClip.y = 450;
        this.armature.animation.gotoAndPlay("walk");
        //获取骨骼对象
        this.head = this.armature.getBone("head");
        this.armL = this.armature.getBone("armUpperR");
        this.armR = this.armature.getBone("armUpperR");

        egret.Ticker.getInstance().register(function (advancedTime) {
            //添加侦听事件
            this.checkDist();
            this.updateMove();
            this.updateBones();

            dragonBones.WorldClock.clock.advanceTime(advancedTime / 1000);
        }, this);
        this.stage.addEventListener(egret.TouchEvent.TOUCH_MOVE,this.onTouchMove,this);
        this.lark = new egret.Bitmap(RES.getRes("lark_png"));
        this.stage.addChild(this.lark);
    }

    private mouseX: number = 0;
    private mouseY: number = 0;
    private dist: number = 0;
    private moveDir: number = 0;
    private speedX: number = 0;
```

```
private onTouchMove(evt: egret.TouchEvent): void
{
    this.mouseX = evt.stageX;
    this.mouseY = evt.stageY;
    this.lark.x=this.mouseX - 39;
    this.lark.y=this.mouseY - 34;
}
private checkDist():void
{
    this.dist = this.armatureClip.x-this.mouseX;
    if(this.dist<150)
    {
        this.updateBehavior(1);
    }
    else if(this.dist>190)

    {
        this.updateBehavior(-1)
    }
    else
    {
        this.updateBehavior(0)
    }
}
private updateBehavior(dir:number):void
{
    if(this.moveDir == dir) {
        return;
    }
    this.moveDir=dir;
    if (this.moveDir == 0)
    {
        this.speedX = 0;
        this.armature.animation.gotoAndPlay("stand");
    }
    else
    {
        this.speedX=6*this.moveDir;
        this.armature.animation.gotoAndPlay("walk");
    }
}
private updateMove():void
{
    if (this.speedX != 0)
    {
        this.armatureClip.x += this.speedX;
        if (this.armatureClip.x < 0)
        {
            this.armatureClip.x = 0;
        }
```

```
                else if (this.armatureClip.x > 800)
                {
                    this.armatureClip.x = 800;
                }
            }
    }
    private updateBones():void
    {
        var _r = Math.PI + Math.atan2(this.mouseY - this.armatureClip.y+this.armatureClip.height/2,
            this.mouseX - this.armatureClip.x);
        if (_r > Math.PI)
        {
            _r -= Math.PI * 2;
        }
        //更新骨骼的位置和旋转角度
        this.head.offset.rotation = _r *0.3
        this.armR.offset.rotation = _r *0.8;
        this.armL.offset.rotation = _r * 1.5;
        this.lark.rotation=_r*0.2;
    }
```

13.4 控制动画速度

在实际项目中，有时需要动态改变动画的播放速度。DragonBones 提供了几种不同的方式，我们可以根据需要灵活运用，在不同场景下实现动画的变速效果。

13.4.1 调节世界时钟

DragonBones 动画库中有一个 WorldClock 类，提供了世界时钟的功能。一般情况下，我们推荐将所有创建的骨架都加到一个世界时钟里，然后在引擎的 Ticker 中注册一个回调函数调用世界时钟的 advanceTime 方法，这样所有加到这个世界时钟里的骨架就都能够正确地运行了。

如果想要实现类似黑客帝国中的全局变慢躲避子弹的效果，只需要调节世界时钟的 timeScale 属性，这样所有加到该时钟的骨骼动画就都会同步变速。timeScale 值越大动画越快，值越小动画越慢。

这里我们用第 12 章中实现的不同工厂、多人物动画的例子。

```
dragonBones.WorldClock.clock.add(armElf);
dragonBones.WorldClock.clock.add(arm2);
egret.Ticker.getInstance().register(
        function(frameTime: number) { dragonBones.WorldClock.clock.advanceTime(0.01) },
        this);

//调节世界时钟
dragonBones.WorldClock.clock.timeScale = 0.5;
```

编译运行，我们就可以看到慢放的动画动作了（见图 13-4）。

图 13-4　timeScale 值为 0.5 时的动画慢放效果

此外，我们的项目中是可以存在多个速度不同的世界时钟的。例如，我们想实现这样的效果：一个人低头缓慢地行走，思考人生，而同时他周围的人都在快速地移动，时光飞逝。以这种夸张的手法来表现某些艺术效果，我们就可以通过两个世界时钟来实现。

我们可以将原来的世界时钟调快 4 倍，然后新创建一个世界时钟，将其调慢 8 倍，并添加到原来的世界时钟里。我们把需要慢速行走的人加到慢时钟里，把其他角色加到原始的时钟里，这样就能实现在一个世界中用两种速度播放动画的效果了。

```
var slowClock: dragonBones.WorldClock = new dragonBones.WorldClock();
dragonBones.WorldClock.clock.add(slowClock);
dragonBones.WorldClock.clock.add(armElf);//将跑步动画加入到快速时钟中
dragonBones.WorldClock.clock.timeScale = 4;
slowClock.timeScale = 0.125;
slowClock.add(arm2);//将跳跃动画加入到慢速时钟中
```

编译运行，我们就可以看到一只慢跳的小精灵和一只快跑的小精灵了（见图 13-5）。

13.4.2　调节动画速度

对时钟的调节一般是要影响一组动画。如果要直接调节某个动画的播放速度，DragonBones 提供了更加直接的接口。直接调节 animation 中的 timeScale 属性即可。

```
var arm2: dragonBones.Armature = dbfactory.buildArmature("elf");
//直接调节动画的播放速度
arm2.animation.timeScale = 0.5;
```

图 13-5　两个速度不同的时钟实现的动画效果

13.4.3　调节动作速度

对动画速度的调节会影响到所有的动作，如果我们只想调节角色动画中某一个特定动作的速度，则需要对 gotoAndPlay 之后产生的 AnimationState 实例进行操作。

```
var arm2: dragonBones.Armature = dbfactory.buildArmature("elf");
//调节特定动作的播放速度
arm2.animation.gotoAndPlay("jump").setTimeScale(0.5);
```

小贴士

注意，这里对 timeScale 的设置效果都是叠加的。例如，我们对 jump 这一动作设置了 timeScale 值为 0.5，此时如果再将其所在世界时钟的 timeScale 值设置为 2 的话，这一动作就会以正常速度 1 来播放。

13.5　动画遮罩与动画混合

在 HTML5 项目制作中，我们常常会有这样的需求。例如，一个人物上半身可以直立、弯腰、开火；下半身可以直立、下蹲、跑动，并且上下半身的动作可以灵活组合，如角色可以站立开火、下蹲开火、跑动开火；而所有的这些动作都是由用户的实时交互来进行控制的。如果要设计师设计所有的这些动画，需要排列组合地制作 3×3 共 9 种动画，其中包含了大量的重复劳动。

在制作拥有复杂灵活动画的角色时，我们可以通过 DragonBones 提供的动画遮罩和动画混合功能，大幅降低了设计师的动画开发工作量，从程序的角度灵活控制动画。应用 DragonBones 的动画遮罩和动画混合功能，设计师只需为上下半身分别设计 3 种动画，也就是一共 6 种动画，剩下的事交给程序实现就可以了。

13.5.1 动画遮罩

动画遮罩就是只将动画的一部分呈现出来。这里我们用准备好的骑士与马做例子（详见/theKnight）。

在 DragonBones Pro 中，我们需要将骨骼分开制作，以便在程序中获取骨骼对象（见图 13-6）。

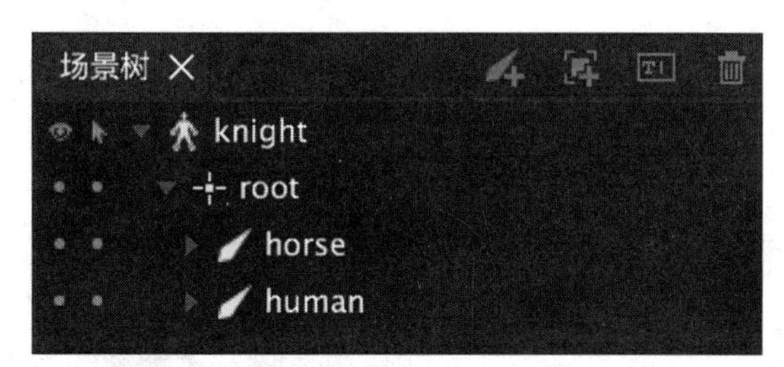

图 13-6　分开制作的 horse 与 human 骨骼

在程序中，我们便可以通过动画遮罩只播放马或者骑士的跑步动画了。

```
private addArmatureToFactory(factory: dragonBones.EgretFactory,s_data: string,t_data: string,t_name: string)
    {
        var skeletonData = RES.getRes(s_data);
        var textureData = RES.getRes(t_data);
        var texture = RES.getRes(t_name);
        factory.addSkeletonData(dragonBones.DataParser.parseDragonBonesData(skeletonData));
        factory.addTextureAtlas(new dragonBones.EgretTextureAtlas(texture,textureData));
    }

    /**
     * 创建游戏场景
     * Create a game scene
     */
    private createGameScene(): void
    {
        var dragonbonesFactory: dragonBones.EgretFactory = new dragonBones.EgretFactory();
        this.addArmatureToFactory(dragonbonesFactory,"theKnight_json","textureKnight_json","textureKnight_png");

        var armKnight: dragonBones.Armature = dragonbonesFactory.buildArmature("knight");
        this.stage.addChild(armKnight.display);
        armKnight.display.x = 200;
        armKnight.display.y = 300;
        armKnight.display.scaleX = 0.5;
        armKnight.display.scaleY = 0.5;

        //添加动画遮罩，只播放特定骨骼的动画
        var animationState: dragonBones.AnimationState = armKnight.animation.gotoAndPlay("run");
        animationState.addBoneMask("horse");
```

```
        dragonBones.WorldClock.clock.add(armKnight);
        egret.Ticker.getInstance().register(
            function(frameTime: number) { dragonBones.WorldClock.clock.advanceTime(0.01) },
            this);
    }
```

编译运行，可以看到只有马在跑动，而骑士维持不动的姿势（见图 13-7）；这个功能就是通过 AnimationState 的 addBoneMask 这个 API 来实现的。

图 13-7　添加遮罩，只播放马的跑步动画

同样地，我们也可以将 addBoneMask 的参数值设置为 human，从而只播放人的跑步动画。

13.5.2　动画混合

动画混合是指一个骨架同时可以播放多个动画。DragonBones 骨骼动画在运行时有一个组的概念，我们可以让动画在一个组中播放，当另一个动画被设置为在相同组中播放时，之前播放的同组动画就会停止，所以我们可以把希望同时播放的动画放在不同的组里。这里我们使用 Dragon 为例，实现同时让小龙人播放上半身的走路动画和下半身的跑步动画的效果，我们可以在 DragonBones Pro 中看到 armUpperL、armUpperR、clothes 和 head 属于上半身，legL、legR 和 tail 属于下半身（见图 13-8）。

同时应用动画遮罩与动画混合的代码如下：

```
//动画混合
var upperBodyAnimationState: dragonBones.AnimationState = arm.animation.gotoAndPlay("stand",0,-1,0,0,
    "UPPER_BODY_GROUP",dragonBones.Animation.SAME_GROUP);
        var lowerBodyAnimationState: dragonBones.AnimationState = arm.animation.gotoAndPlay("walk",
            0,-1,0,0,"LOWER_BODY_GROUP",dragonBones.Animation.SAME_GROUP);
        upperBodyAnimationState.addBoneMask("armUpperL");
        upperBodyAnimationState.addBoneMask("armUpperR");
```

```
upperBodyAnimationState.addBoneMask("clothes");
upperBodyAnimationState.addBoneMask("head");
lowerBodyAnimationState.addBoneMask("legL");
lowerBodyAnimationState.addBoneMask("legR");
lowerBodyAnimationState.addBoneMask("tail");
```

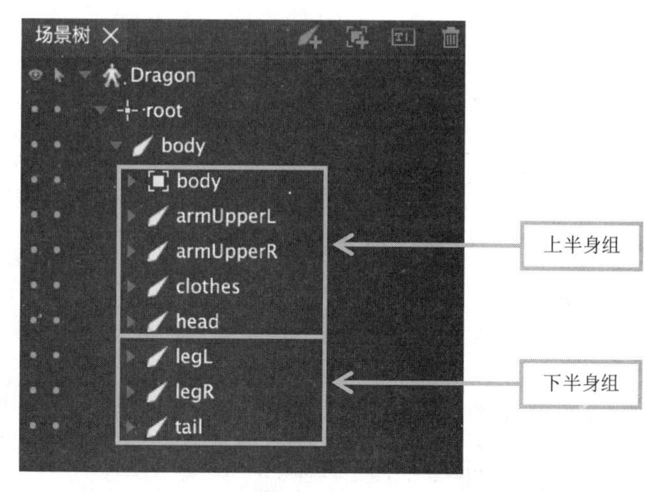

图 13-8　Dragon 的上下半身骨骼分组

编译运行，可以看到小龙人的上半身维持站立姿势，而下半身是走路姿势（见图 13-9）。

图 13-9　动画遮罩与动画混合同时应用

13.6 动画拷贝

在实际项目中，我们可能会为不同的角色设计相同的动画。这种情况下，可以利用 DragonBones 的动画拷贝功能，轻松实现这个需求。

DragonBones 的动画拷贝功能可以把同名骨骼的动画数据从一个骨架拷贝到另一个骨架中。

我们以前面章节中用到的精灵和战士资源为例。正常播放两个骨骼动画代码如下：

```
//载入骨骼一 dragonbonesData 的资源
        var dragonbonesData = RES.getRes("theElf_json");
        var textureData = RES.getRes("textureElf_json");
        var texture = RES.getRes("textureElf_png");
        //载入骨骼二 dbdata 的资源
        var dbdata = RES.getRes("theWarrior_json");
        var dbtexturedata = RES.getRes("textureWarrior_json");
        var dbtexture = RES.getRes("textureWarrior_png");

        var dragonbonesFactory: dragonBones.EgretFactory = new dragonBones.EgretFactory();
        //骨骼一
        dragonbonesFactory.addDragonBonesData(dragonBones.DataParser.parseDragonBonesData(dragonbonesData));
        dragonbonesFactory.addTextureAtlas(new dragonBones.EgretTextureAtlas(texture,textureData));
        //骨骼二
        dragonbonesFactory.addDragonBonesData(dragonBones.DataParser.parseDragonBonesData(dbdata));
        dragonbonesFactory.addTextureAtlas(new dragonBones.EgretTextureAtlas(dbtexture,dbtexturedata));
        //显示骨骼一
        var armature: dragonBones.Armature = dragonbonesFactory.buildArmature("elf");
        this.stage.addChild(armature.display);
        armature.display.x = 160;
        armature.display.y = 300;
        armature.display.scaleX = 0.5;
        armature.display.scaleY = 0.5;
        //显示骨骼二
        var arm: dragonBones.Armature = dragonbonesFactory.buildArmature("warrior");
        this.stage.addChild(arm.display);
        arm.display.x = 330;
        arm.display.y = 300;
        arm.display.scaleX = 0.5;
        arm.display.scaleY = 0.5;
        //开始动画
        dragonBones.WorldClock.clock.add(armature);
        dragonBones.WorldClock.clock.add(arm);
        armature.animation.gotoAndPlay("idle");
        arm.animation.gotoAndPlay("run2_slow");
        egret.Ticker.getInstance().register(
            function(frameTime: number) { dragonBones.WorldClock.clock.advanceTime(0.01) },
            this);
```

编译运行，可以看到站立的精灵和跑步的战士，如图 13-10 所示。

图 13-10　精灵和战士各自播放动画

下面我们使用动画拷贝工具，将精灵 theElf 骨架中的动画数据拷贝到战士 theWarrior 骨架中。我们使用 EgretFactory 中的 copyAnimationsToArmature 方法来实现这一效果：copyAnimationsToArmature 方法第一个参数为接收动画数据的骨架，第二个参数为被拷贝动画数据的骨架名称。这里，我们需要在第一个参数处填写 arm，第二个参数处填写"elf"。代码如下：

```
//开始动画
dragonBones.WorldClock.clock.add(armature);
dragonBones.WorldClock.clock.add(arm);
dragonbonesFactory.copyAnimationsToArmature(arm,"elf");
armature.animation.gotoAndPlay("idle");
arm.animation.gotoAndPlay("idle");
```

编译运行，我们看到战士此时在播放从精灵身上拷贝过来的站立动画，如图 13-11 所示。

图 13-11　使用动画拷贝功能

通过上面的代码，我们便可以把工厂中 armatureSource 的动画赋予到 armatureTarget 中。这个功能是通过工厂类的 copyAnimationsToArmature 方法实现的。

第 14 章　骨骼动画事件系统

本章要点

- DragonBones 事件系统介绍
- DragonBones 自带系统事件使用方法简介
- 自定义事件使用方法简介

14.1　项目概述

本章将为读者介绍 DragonBones 的骨骼动画事件系统的相关知识，如何在我们的项目中使用骨骼动画事件，以及如何创建我们的自定义事件。

在前面的章节中，我们已经了解到了 Egret 引擎中 DragonBones 相关 API 的一些常见用法，但是很多时候我们还是会遇到要为骨骼动画添加事件侦听的需求。例如，当程序修改了某种状态时，我们希望能够得到系统的通知，并获取到这些被修改的状态，同时得到一些相关信息。

在 Egret 中，负责消息派发的根类被命名为 egret.EventDispatcher。每一次传递的消息，我们也可以称之为系统给我们派发了一个 Message，而这个消息的内容，我们将其封装为 egret.Event。这个机制很美好，因为当没有任何东西被改变的时候，我们也不希望做一些无用的操作。这一机制在 Egret 中被完整地实现了，而在 DragonBones 中，它依然可以正常运行，但稍有些不同，我们将在本章中来进行深入了解。

这里我们使用 DragonBones Pro 自带的 Dragon 项目作为例子（详见/Dragon）。

14.2　DragonBones 系统事件介绍与使用简介

14.2.1　DragonBones 事件实现机制

在 DragonBones 中，存在一个名为 dragonBones.Event 的类，我们查阅它的继承关系会发现，它直接继承自 egret.Event，同时没有做任何扩展操作。DragonBones 中也有能够派发事件的类，dragonBones.EventDispatcher 这个类直接继承自 egret.EventDispatcher。因此，DragonBones 能够拥有和 Egret 统一的事件机制，它们的关系如图 14-1 所示。

下面我们要明白的是，DragonBones 会派发什么样的事件给我们，我们能得到哪些变化的通知。

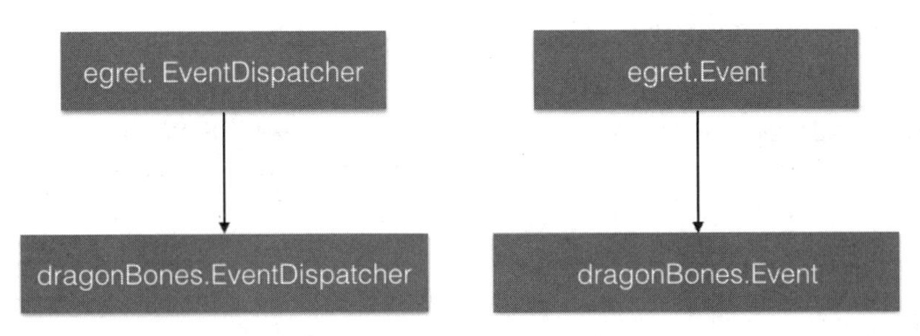

图 14-1　DragonBones 事件机制与 Egret 事件机制的关系

在 DragonBones 源码目录中，你可以查看到一个名为 events 的文件夹，如图 14-2 所示。

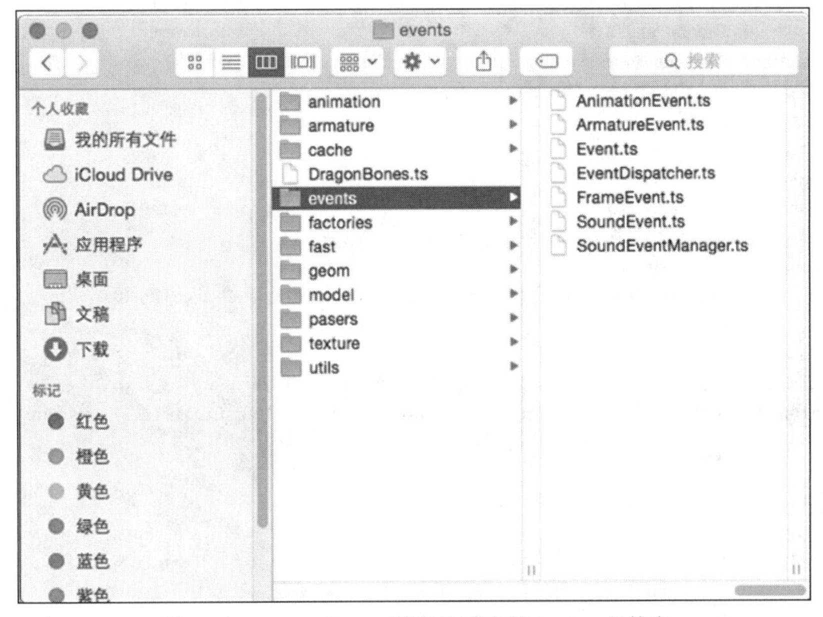

图 14-2　DragonBones 源码目录中的 events 文件夹

这个文件夹中包含了所有我们能够调用的事件。通过命名，我们也可以看出这些事件对应的是哪些类型的事件。例如，AnimationEvent.ts 定义了骨骼动画中相关状态的事件类型；ArmatureEvent.ts 定义了骨架相关的事件类型。

14.2.2　DragonBones 系统事件使用方法

我们使用在第 13 章中用到的 Dragon 资源作为例子，为其添加两个事件侦听：dragonBones.AnimationEvent.START 和 dragonBones.AnimationEvent.LOOP_COMPLETE，分别标记动画开始播放事件和循环播放的动画每次播放完毕的事件。

```
private addArmatureToFactory(factory: dragonBones.EgretFactory,s_data: string,t_data: string,t_name: string)
    {
```

```
        var skeletonData = RES.getRes(s_data);
        var textureData = RES.getRes(t_data);
        var texture = RES.getRes(t_name);
        factory.addSkeletonData(dragonBones.DataParser.parseDragonBonesData(skeletonData));
        factory.addTextureAtlas(new dragonBones.EgretTextureAtlas(texture,textureData));
    }
    /**
     * 创建游戏场景
     * Create a game scene
     */
    private createGameScene(): void
    {
        var dragonbonesFactory: dragonBones.EgretFactory = new dragonBones.EgretFactory();
        this.addArmatureToFactory(dragonbonesFactory,"skeletonDragon_json","textureDragon_json",
            "textureDragon_png");
        var armature: dragonBones.Armature = dragonbonesFactory.buildArmature("Dragon");
        this.stage.addChild(armature.display);
        armature.display.x = 200;
        armature.display.y = 300;
        armature.display.scaleX = 0.5;
        armature.display.scaleY = 0.5;
        dragonBones.WorldClock.clock.add(armature);
        egret.Ticker.getInstance().register(
            function(frameTime: number) { dragonBones.WorldClock.clock.advanceTime(0.02) },
            this);

        armature.addEventListener(dragonBones.AnimationEvent.START,this.startPlay,this);
        armature.addEventListener(dragonBones.AnimationEvent.LOOP_COMPLETE,this.loop_com,this);
        armature.animation.gotoAndPlay("walk");
    }
    private startPlay(evt: dragonBones.ArmatureEvent)
    {
        console.log("armature 开始播放动画！");
    }
    private loop_com(evt: dragonBones.ArmatureEvent)
    {
        console.log("armature 动画播放完一轮完成！");
    }
```

编译运行，我们可以看到如图 14-3 所示的输出结果。

需要特殊说明的是，在 dragonBones.AnimationEvent 这个事件类型中包含 COMPLETE 和 LOOP_COMPLETE 两种完成动画播放事件类型，两种事件类型使用最为常用，但稍有区别。

- COMPLETE：当前动作播放到最后一帧，播放完成后则停止动画，或者跳转到其他动画时，派发此事件。
- LOOP_COMPLETE：当前动画进行循环播放，当播放到最后一帧时，派发此事件。

在 DragonBones 中，我们能够看到的事件除了 dragonBones.SoundEvent 以外，其他事件都是由 dragonBones.Armature 对象派发的。

图 14-3　添加 DragonBones 系统事件侦听

14.3　使用 DragonBones 用户自定义事件

除了 DragonBones 提供的系统事件，很多时候我们都希望能够自定义一些事件并接收，例如，在动画使用场景中，当一个角色播放“射击”动画时，我们希望在某一个关键帧能够派发一个自定义事件，来通知游戏业务逻辑执行射击操作。下面我们就来看一下如何实现这个自定义事件的派发与接收。

在“时间轴”面板中，我们寻找到时间轴最后一层的事件层，然后在第 10 帧添加关键帧（见图 14-4），选中关键帧状态下打开“属性”面板，在“事件”一栏的“值”中设置自定义字符串，其值为 shooting（见图 14-5）。

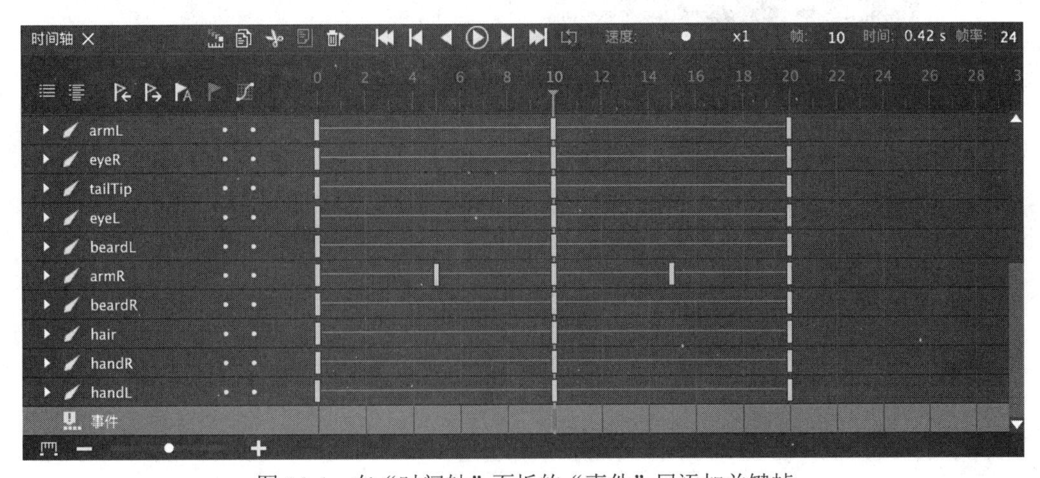

图 14-4　在“时间轴”面板的“事件”层添加关键帧

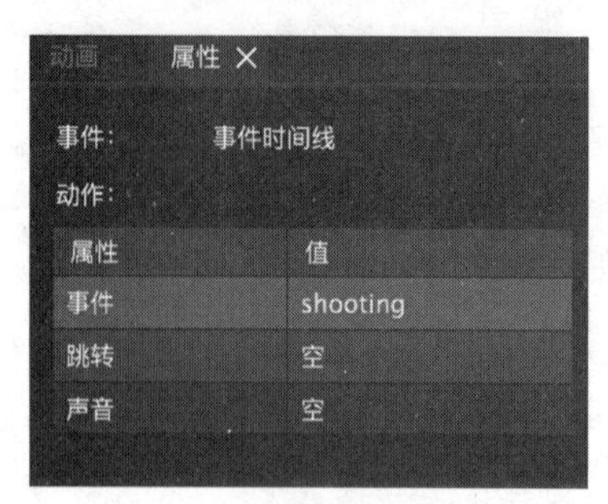

图 14-5 “属性”窗口设定自定义事件的值

重新导出动画数据并添加自定义事件侦听和响应函数：

```
private createGameScene(): void
{...
//添加帧动画事件侦听
        armature.addEventListener(dragonBones.FrameEvent.ANIMATION_FRAME_EVENT,this.frame_event,this);
...}

//帧动画事件侦听响应函数
      private frame_event(evt: dragonBones.FrameEvent)
      {
           console.log("armature 播放到了一个关键帧！帧标签为：",evt.frameLabel);
      }
```

编译运行，可以看到如图 14-6 所示的输出结果。

图 14-6 自定义动画帧事件输出

我们可以看到，当动画播放到第 10 帧的时候，会派发 dragonBones.FrameEvent.ANIMATION_FRAME_EVENT 事件，在事件的响应函数中，可以得到事件参数的 frameLabel

属性，该属性就是我们在 DragonBones Pro 中填写的“值”。

我们同时注意到，事件关键帧的属性面板中不仅包含“事件”，还包含“跳转”和“声音”。如果使用“跳转”，那么“值”的内容应该为另外一个动画的名称；如果使用了“声音”，那么“值”的内容又会是怎样的含义呢？

现在我们在第 4 帧添加一个新的事件关键帧（见图 14-7），并在“声音”中设置“值”为 sound，如图 14-8 所示。

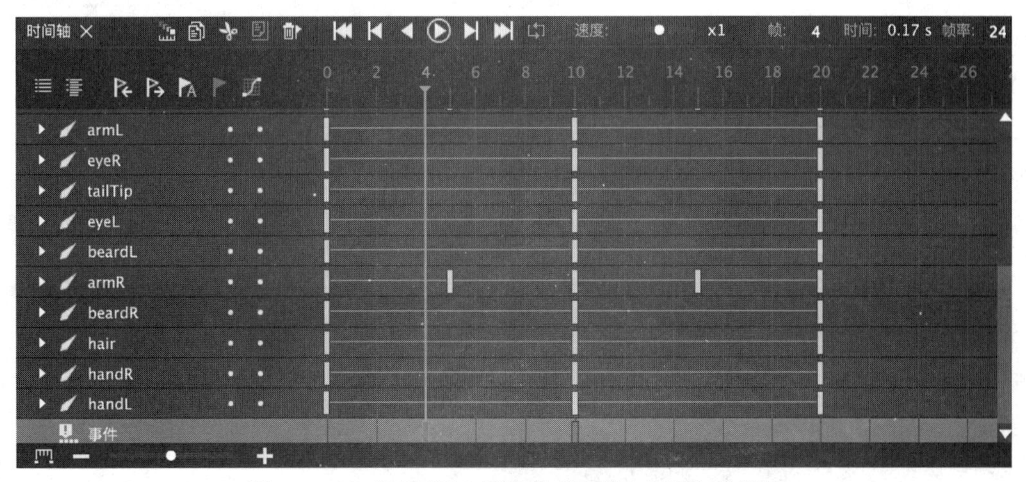

图 14-7　在“时间轴”面板的“事件”层添加关键帧

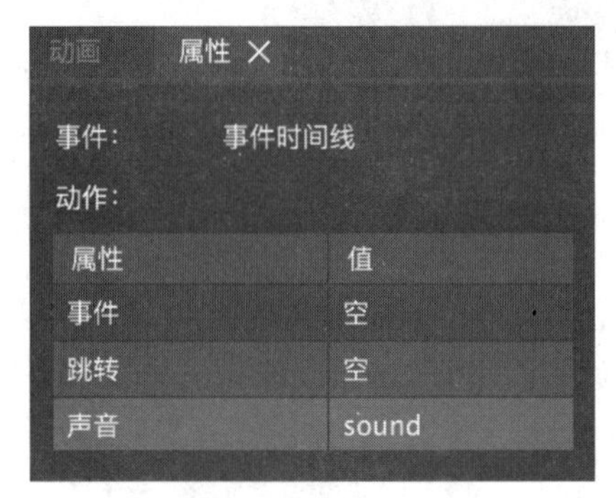

图 14-8　“属性”窗口设定声音事件的值

重新导出动画数据，并添加声音事件侦听以及响应函数：

```
private createGameScene(): void
{…
//添加声音事件侦听
        dragonBones.SoundEventManager.getInstance().addEventListener(dragonBones.SoundEvent.SOUND,
        this.sound_event,this);
… }
```

```
//声音事件侦听响应函数
    private sound_event(evt: dragonBones.SoundEvent)
    {
        console.log("armature 要开始播放声音了！声音的值为：",evt.sound);
    }
```

编译运行，我们可以看到如图 14-9 所示的输出结果。

图 14-9　声音事件输出

小贴士

注意，在这里 dragonBones.SoundEvent.SOUND 事件由 dragonBones.SoundEventManager.getInstance()这个单例对象来派发，并非 dragonBones.Armature 对象。从事件侦听的注册形式上我们也可以看出这一点区别。

完整代码如下：

```
private addArmatureToFactory(factory: dragonBones.EgretFactory,s_data: string,t_data: string,t_name: string)
    {
        var skeletonData = RES.getRes(s_data);
        var textureData = RES.getRes(t_data);
        var texture = RES.getRes(t_name);
        factory.addSkeletonData(dragonBones.DataParser.parseDragonBonesData(skeletonData));
        factory.addTextureAtlas(new dragonBones.EgretTextureAtlas(texture,textureData));
    }
    /**
     * 创建游戏场景
```

```
 * Create a game scene
 */
private createGameScene(): void
{
    var dragonbonesFactory: dragonBones.EgretFactory = new dragonBones.EgretFactory();
    this.addArmatureToFactory(dragonbonesFactory,"skeletonDragon_json","textureDragon_json",
        "textureDragon_png");
    var armature: dragonBones.Armature = dragonbonesFactory.buildArmature("Dragon");
    this.stage.addChild(armature.display);
    armature.display.x = 200;
    armature.display.y = 300;
    armature.display.scaleX = 0.5;
    armature.display.scaleY = 0.5;
    dragonBones.WorldClock.clock.add(armature);
    egret.Ticker.getInstance().register(
        function(frameTime: number) { dragonBones.WorldClock.clock.advanceTime(0.02) },
        this);

    armature.addEventListener(dragonBones.AnimationEvent.START,this.startPlay,this);
    armature.addEventListener(dragonBones.AnimationEvent.LOOP_COMPLETE,this.loop_com,this);
    //添加帧动画事件侦听
    armature.addEventListener(dragonBones.FrameEvent.ANIMATION_FRAME_EVENT,
        this.frame_event,this);
    //添加声音事件侦听
    dragonBones.SoundEventManager.getInstance().addEventListener(dragonBones.SoundEvent.SOUND,
        this.sound_event,this);
    armature.animation.gotoAndPlay("walk");
}
private startPlay(evt: dragonBones.ArmatureEvent)
{
    console.log("armature 开始播放动画！");
}
private loop_com(evt: dragonBones.ArmatureEvent)
{
    console.log("armature 动画播放完一轮完成！");
}
//帧动画事件侦听响应函数
private frame_event(evt: dragonBones.FrameEvent)
{
    console.log("armature 播放到了一个关键帧！帧标签为：",evt.frameLabel);
}
//声音事件侦听响应函数
private sound_event(evt: dragonBones.SoundEvent)
{
    console.log("armature 要开始播放声音了！声音的值为：",evt.sound);
}
```

第 15 章　附录

15.1　基本概念

15.1.1　骨架

骨架是骨骼的集合，骨架中至少包含一个骨骼。一个项目中可以包含多副骨架。图 15-1 中的 Dragon 及其下的树状结构便是一个典型的骨架。

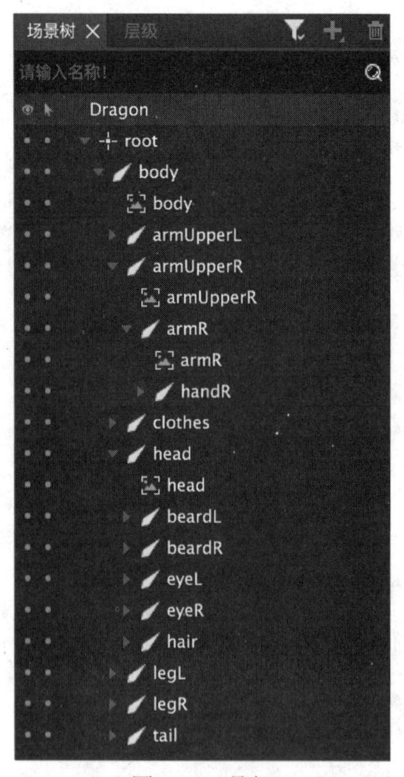

图 15-1　骨架

15.1.2　骨骼

骨骼是骨骼动画的基本组成部分，可以旋转、缩放、平移，如图 15-2 所示。

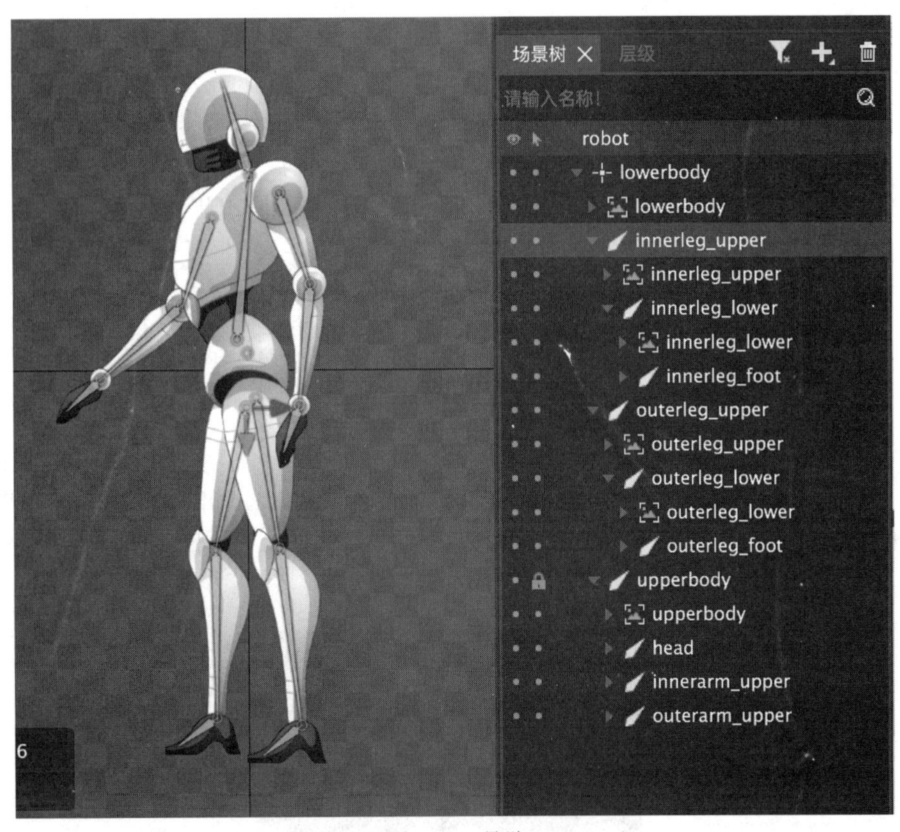

图 15-2　骨骼

1. 骨骼创建方法

- 选择“骨骼创建”工具，在主场景内按住鼠标左键并拖拽。
- 单击“场景树”面板上的【创建】→【创建骨骼】按钮，会创建一个骨骼点。

2. 骨骼自动绑定图片功能

DragonBones Pro 4.3 开始支持骨骼创建自动绑定图片。自动绑定功能可以在“首选项”窗口开启和关闭。

如果开启这个功能，在用户通过创建骨骼工具拖拽创建骨骼时，系统就会智能地选择最匹配的图片，在松开鼠标时，骨骼创建完成，同时被选中的图片就会绑定到该骨骼上，并且骨骼会以绑定的图片命名。骨骼的起点和终点都要在图片内，才能完成自动绑定。

如果用户对系统匹配的结果不满意，可以按下 Ctrl 键临时关闭自动匹配功能，在这种情况下松开鼠标，就不会有任何图片被绑定。同时，保持 Ctrl 键按下，便处于手动绑定模式，用户就可以用鼠标选择指定图片（可以指定多张）绑定到刚才创建的骨骼中。松开 Ctrl 键，绑定就会生效。然后可以继续创建骨骼自动绑定。

3. 骨骼特性

- 骨骼的创建必须基于一个父骨骼。
- 新建项目将默认包含一个叫 root 的骨骼作为根骨骼，根骨骼不能删除，但可以重命名。
- 其他骨骼均可以删除和重命名。
- 骨骼被删除时，其下包含的子骨骼、插槽和图片将一同被删除。
- 子骨骼会继承父骨骼的移动，旋转和缩放。
- 一个骨骼可以有多个子骨骼，但只有一个父骨骼。
- 骨骼的名字在同一个项目中是唯一的，不能重复。
- 骨骼可以复选。

15.1.3 插槽

插槽是图片的容器，是骨骼和图片的桥梁。在主场景中，图片的层次关系由插槽在“层级”面板的层次关系体现。如图 15-3 所示，“左小臂”在“左上臂”的上面，主场景中呈现的效果是“左小臂”盖住“左上臂”。

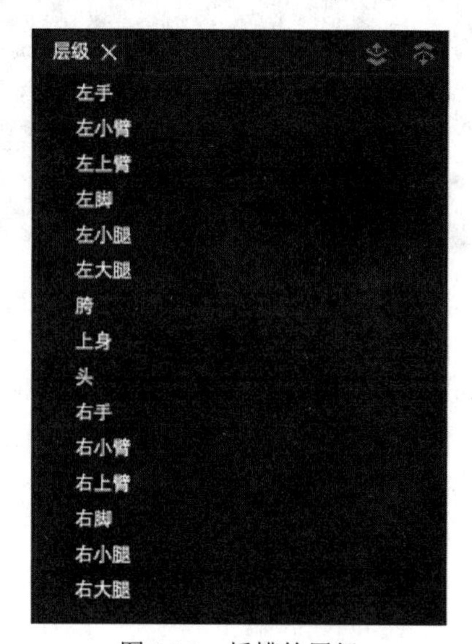

图 15-3 插槽的层级

1. 插槽创建方法

- 直接从“资源”面板拖拽图片到主场景中。
- 从“资源”面板拖拽图片到“场景树”面板中的任一骨骼上。
- 选定某骨骼，单击“场景树”面板上的【创建】→【创建插槽】按钮。

2. 插槽特性

- 插槽可以为空，不包含任何图片。

- 一个骨骼下可以有多个插槽。
- 同一个骨骼下的插槽在主场景中呈现时可以有不同的层次关系。层级关系仅由“层级”面板内的排序决定。
- 一个插槽下可以有多张图片，但同一时间只能有一张图片处于显示状态，其他的图片会处于隐藏状态。插槽内的图片也可以全部处于隐藏状态。
- 插槽可以删除，可以重命名。
- 插槽删除后，其包含的图片将一同被删除。
- 插槽的名字在同一个项目中是唯一的，不能重名。
- 插槽内不能包含其他插槽。
- 插槽内不能包含骨骼。
- 插槽的位置、缩放、旋转参数其实就是其中包含的处于显示状态的图片的位置、缩放、旋转参数，如果插槽内所有图片都处于隐藏状态，则插槽的位置、缩放、旋转为空。
- 插槽可以被复选。

15.1.4 图片

图片是最基本的设计素材，项目所需的图片都放在“资源”面板里。图片需要以插槽为中介来和骨骼绑定。如图 15-4 所示，“头”骨骼下有“嘴”“头”“眼睛”三个插槽，三个插槽下又分别有一个同名的图片。绑定后，图片依附于骨骼，随着骨骼的变动而变动（旋转、缩放、平移）。

图 15-4 场景树中的图片

1. 图片整理方式

- 图片文件：每一个图片都是单一的文件。
- 纹理集：一个文件里包括所有的图片，每个图片都可以单独引用。

图 15-5 左侧为图片文件在资源库中的呈现方式，右侧为纹理集在资源库中的呈现方式。

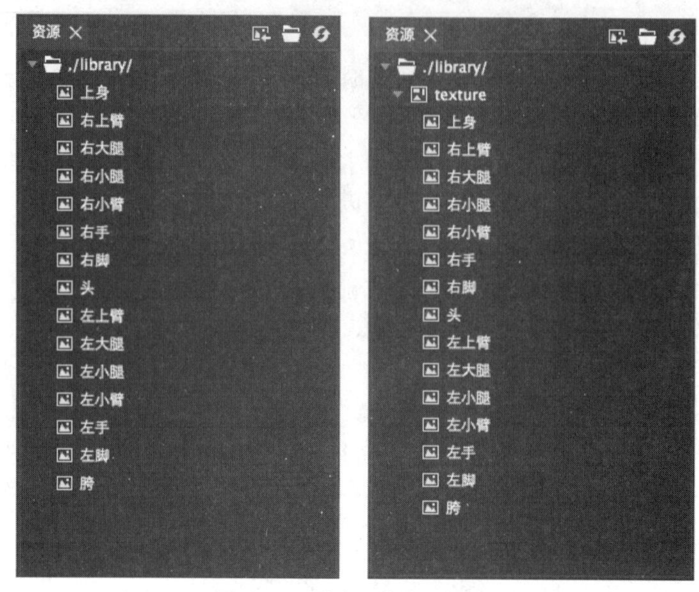

图 15-5　图片文件和纹理集

2. 图片特性

- 图片不能重命名。
- 同一张图片可以多次被添加到场景中。
- 如果图片在资源库的子目录中，场景树中图片的全名会包括子目录（见图 15-6）。

图 15-6　资源库子目录中的图片

15.1.5 继承

DragonBones Pro 中父子组件间存在继承关系。父子可以是骨骼和骨骼，也可以是骨骼和插槽。子组件会继承父组件的移动、缩放和旋转。

- 移动的继承是指子组件随父组件移动相同的距离和方向。
- 缩放的继承是指子组件随父组件缩放相同的大小比例。
- 旋转的继承是指子组件随父组件以相同的圆心，旋转相同的角度和方向。

15.1.6 边界框

在很多游戏的制作中都会有做碰撞检测的需求。为了实现这个需求，DragonBones Pro 5.0 中增加了创建边界框的功能。具体实现方法如下：

单击“场景树”面板右上角的【添加】按钮，在选中骨骼的前提下单击该按钮会弹出下拉菜单，单击最下面的【创建边界框】按钮就能在舞台上创建一个默认大小的边界框了（见图 15-7）。

图 15-7 创建边界框

同时，舞台下方会弹出“编辑边界框”面板（见图 15-8），表示目前处于编辑边界框的状态。在该状态下，除了刚才创建的边界框，舞台上的其他对象都是不可选的。

如果想重新构建边线可以单击“编辑边界框”面板中的【重建】按钮，这时可以通过依次单击边界顶点的方式重新构建边界框（见图 15-9）。

基本形态构建完成后，可以单击【创建】按钮，这时可以通过拖拽边界框上顶点和在边线上单击鼠标的方式实现对边界框顶点的移动和添加（见图 15-10）。

图 15-8 “编辑边界框”面板

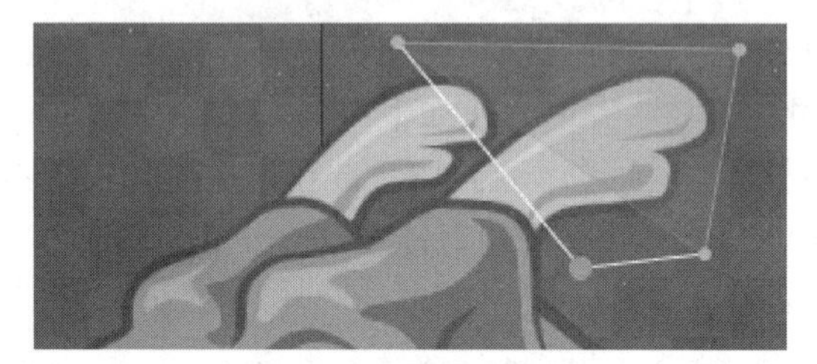

图 15-9 重建边界框

图 15-10 编辑边界框

编辑完成后，单击“编辑边界框”面板右上角的【关闭】按钮就能退出边界框的编辑模式，回到普通模式了（见图 15-11）。

图 15-11　关闭“编辑边界框”面板

这时在“属性”面板上可以看到当前边界框的属性（见图 15-12）。

单击“属性”面板中的【编辑】按钮可以再次进入边界框的编辑模式。

单击【固化】按钮，可以将边界框的旋转角度回归为 0，缩放属性回归为 1。相当于 Freeze 功能，就是把这些属性计算到每个顶点的坐标上。

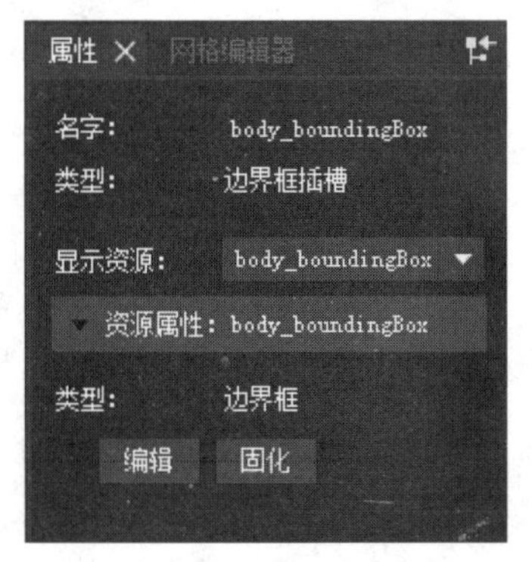

图 15-12　“属性”面板中的边界框属性

15.1.7　元件及元件嵌套

DragonBones 包含以下 3 种元件：

- 骨架元件：包含骨骼动画的元件。
- 基本动画元件：包含基本动画的元件。
- 主舞台元件：主舞台元件相当于增加了宽高和背景颜色设置的基本动画元件，是整个动画的入口，设计师可以直接在舞台上制作动画，也可以将制作的骨架元件或者基本动画元件放置到舞台上播放动画。每个项目只能拥有一个舞台，使用发布功能发布的动画就是舞台上的动画。

元件的嵌套适用于较为复杂的动画场景。首先，我们可以充分利用这些元件各自的特性来制作动画，再把它们组合起来，构成一段更为复杂的动画。其次，元件的嵌套有助于我们更有条理地管理和制作动画。最后，元件的复用有助于减少文件体积，节省带宽流量。

元件会显示在“资源”面板中，每个元件中包含一个库目录，指向硬盘中的一个文件夹。

不同的元件可以使用不同的库目录，也可以共享同一个库目录。

鼠标悬停到元件上可以显示元件的预览图（见图 15-13）。

图 15-13　元件嵌套

单击【新建元件】按钮，会弹出“新建元件”对话框（见图 15-14）。新建元件的时候要指定骨架对应的库路径。建议所有的骨架都使用同一个库路径，如果有同名资源的冲突能够在第一时间发现，否则导出的时候会因为资源名冲突无法导出。

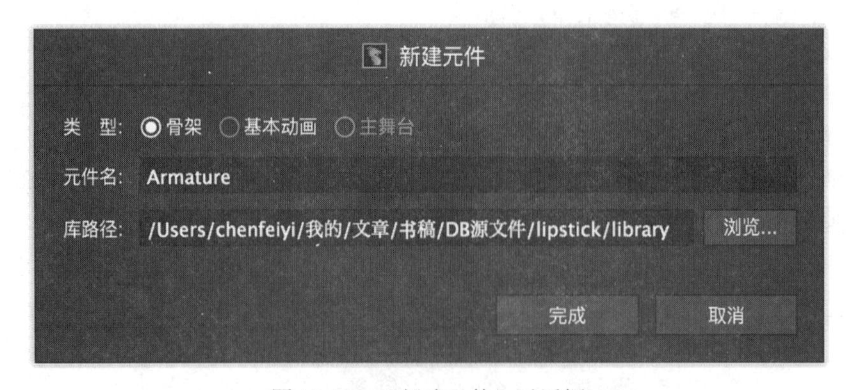

图 15-14　“新建元件”对话框

编辑元件时，可以直接从资源库中把元件拖拽到舞台上，然后即可为当前元件添加子元件（见图 15-15）。

图 15-15　添加子元件

15.2　主界面

如图 15-16 所示，DragonBones Pro 的主界面分为以下七大版块：

①菜单及系统工具栏：系统工具栏包含一些快捷操作的按钮。

②项目选项卡：可以切换已经打开的项目。

③主场景：装配骨架和制作动画的主要操作区域。

④主场景工具栏：切换鼠标模式。

⑤变换面板：用于显示和修改骨骼或插槽的 XY 坐标、缩放比例和旋转角度，还有图片的尺寸。

⑥时间轴面板：用于动画剪辑时间线的编辑。

⑦其他面板：当前显示的是“属性”面板和“资源”面板。

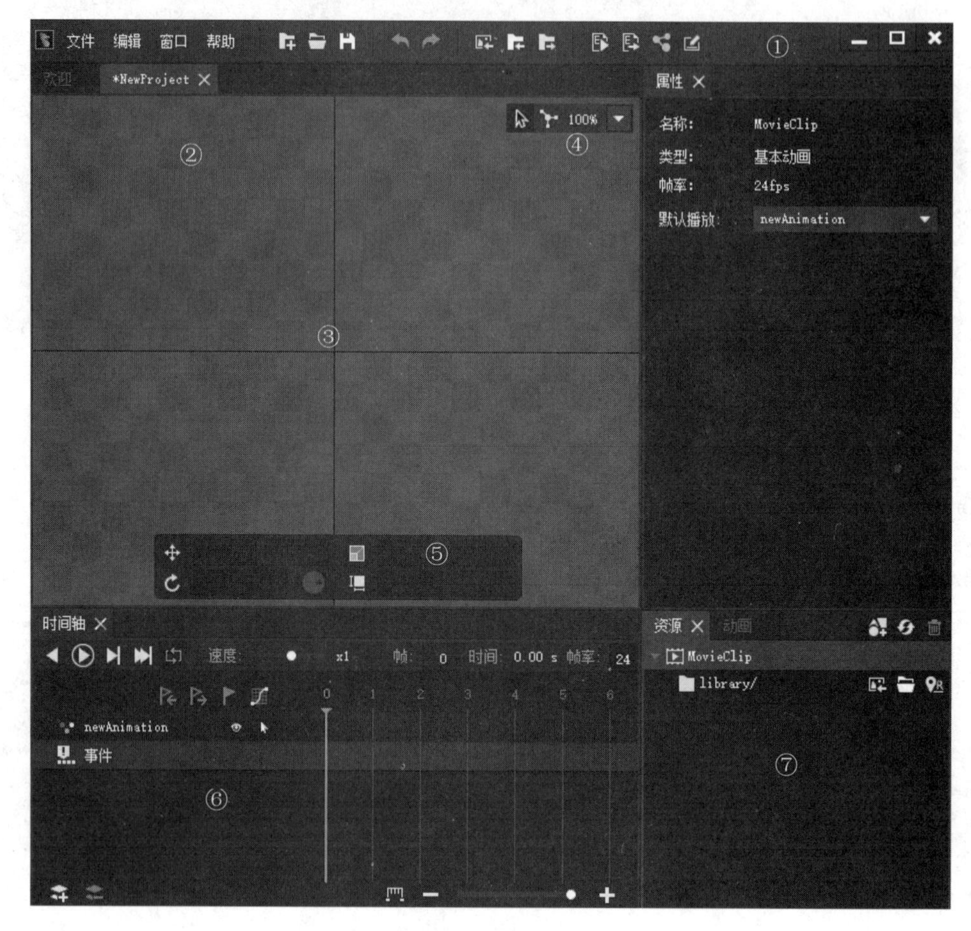

图 15-16　主界面

15.3　工具栏

15.3.1　系统工具栏

如图 15-17 所示，系统工具栏中从左到右依次是：新建项目、打开项目、保存项目、撤销、重做、导入资源到舞台、导入、导出、Egret 预览、Egret 发布、作品分享、意见收集。

- 新建项目：用于新建一个项目，单击将打开“新建项目”对话框。
- 打开项目：用于打开一个已有项目，单击将打开系统指定文件对话框。

- 保存项目：如果当前的项目有更改，保存项目按钮将亮起，单击将保存当前项目，项目保存后，保存按钮暗掉。
- 撤销：用于撤销上一次的编辑操作。
- 重做：用于重做上一次撤销掉的编辑操作。
- 导入资源到舞台：用于直接导入资源，并将资源放置到舞台上。
- 导入：用于导入一个支持的项目文件格式，单击将打开“导入”对话框。
- 导出：用于导出项目，单击将打开“导出”对话框。
- Egret 预览：在浏览器中预览动画的运行效果。如果项目包含多个动画剪辑，可以在浏览器中单击鼠标来切换。
- Egret 发布：自动生成纹理集、网页及数据文件，将动画以项目文件夹的形式打包发布。
- 作品分享：打开作品分享上传页面。
- 意见收集：打开 DragonBones 意见收集页面。

图 15-17　系统工具栏

15.3.2　主场景工具栏

主场景工具栏用于场景操作中鼠标模式的切换。图 15-18 左侧为骨骼动画元件的主场景工具栏，从左到右依次为：选择工具、Pose 工具、创建骨骼工具、权重工具、场景缩放；右侧为基本动画和主舞台元件的主场景工具栏，从左到右依次为：选择工具、轴点工具、场景缩放。

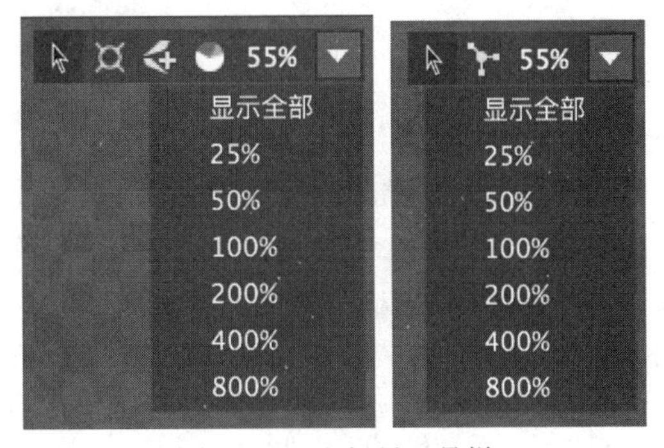

图 15-18　主场景工具栏

1. 骨骼动画元件

（1）选择工具。

- 选中骨骼时，鼠标单击骨骼本身，按住左键移动，可以在 XY 轴任意方向移动骨骼。

鼠标单击红色 X 轴（或绿色 Y 轴）可以在单一 X 轴（Y 轴）方向上平移。鼠标拖动缩放手柄可以缩放骨骼。鼠标单击并按住其他区域时可以旋转骨骼。

- 选中插槽时，按住左键移动，可以在 XY 轴任意方向上移动插槽。鼠标单击红色 X 轴（或绿色 Y 轴）可以在单一 X 轴（Y 轴）方向上平移。鼠标拖动缩放手柄可以缩放插槽。鼠标单击并按住其他区域时可以旋转插槽（插槽只有在骨架装配模式下可以被选中并改变状态）。
- 拖拽鼠标框选多个组件。
- 在空白处单击右键取消所有选择。
- 多选同样类型的组件可以通过“框选+鼠标右击该类型的组件”实现。

（2）Pose 工具。

- 选中一个骨骼时，骨骼会跟随着鼠标的拖拽旋转。
- 复选两根或以上骨骼时，选中的骨骼会遵循 IK，跟随着鼠标的拖拽。

（3）创建骨骼工具。

- 选中创建骨骼工具，主场景中单击鼠标左键并拖拽便可创建骨骼。
- 默认情况下，在创建骨骼的过程中，包含骨骼的并离骨骼最近的图片会处于高亮状态，松开鼠标的时候，高亮的图片会自动绑定到创建骨骼上。如果不希望高亮图片绑定到骨骼上，可以按 Ctrl 键禁用自动绑定图片的功能，并在松开鼠标之后，保持 Ctrl 键按下的情况下，用鼠标选择希望绑定的图片。图片成功绑定后，骨骼的名称会自动重命名为图片的名称。
- 如果不希望自动绑定功能开启，可以在首选项中将该功能关闭。

（4）权重工具：显示并修改网格点的骨骼权重；鼠标悬停放大权重饼状图。选择某些顶点（一个或多个）和某根骨骼（只能选择一根），在主场景中按住鼠标左键上下拖动来修改权重；鼠标向上拖拽增加该骨骼的权重占比，鼠标向下减少权重占比。

（5）场景缩放：设置场景的缩放。

2. 基本动画和主舞台元件

（1）选择工具：选中图片时，按住左键移动，可以在 XY 轴任意方向上移动图片；鼠标单击红色 X 轴（或绿色 Y 轴）可以在单一 X 轴（Y 轴）方向上平移；鼠标拖动缩放手柄可以缩放图片。鼠标单击并按住其他区域时可以旋转图片。

（2）轴点工具：添加到主场景的图片，默认以图片的中心点为轴点；切换到轴点工具后，拖拽白色轴点改变轴点位置；轴点改变后，图片的旋转以新轴点位置为旋转点，图片坐标变为新的轴点坐标位置，缩放以新轴点位置为中心。

（3）场景缩放：设置场景的缩放。

3. 相关快捷操作

（1）右击任意区域取消当前的选择。

（2）推拉鼠标滚轮可以缩放场景。

（3）鼠标处于选择工具、Pose 工具、权重工具、轴点工具模式时，左键双击任意处，场景大小便恢复到 100%。

15.3.3　显示/可选/继承工具

显示/可选/继承工具用于打开和关闭骨骼和插槽的显示、可选、继承关系（见图 15-19）。

- 显示：打开时，骨骼或插槽在主场景中可见。关闭时，骨骼或插槽在主场景中不可见。
- 可选：打开时，骨骼或插槽在主场景中可以被选中。关闭时，骨骼或插槽在主场景中不可以被选中。
- 继承：打开时，骨骼或插槽会继承父骨骼的动作。关闭时，骨骼或插槽不会继承父骨骼的动作。

图 15-19　显示/可选/继承工具

显示/可选/继承工具有以下特性：

- 骨骼和插槽的显示在骨架装配和动画制作下均可用。
- 骨骼和插槽的可选在动画制作下，骨骼默认为可选且可修改，插槽默认为不可选且不可修改。
- 骨骼和插槽的继承在动画制作下默认为继承且不可修改。

15.3.4　编辑模式切换工具

编辑模式切换工具用于切换骨架装配和动画制作（见图 15-20）。

此外，由于基本动画、主舞台元件和骨骼动画元件不同，只有一个操作模式界面，无需切换编辑模式，因此编辑模式切换工具不显示。

图 15-20　编辑模式切换工具

15.4 窗口

15.4.1 新建项目窗口

新建项目时，可以选择“创建龙骨动画”或“创建动态条漫”（见图 15-21）。

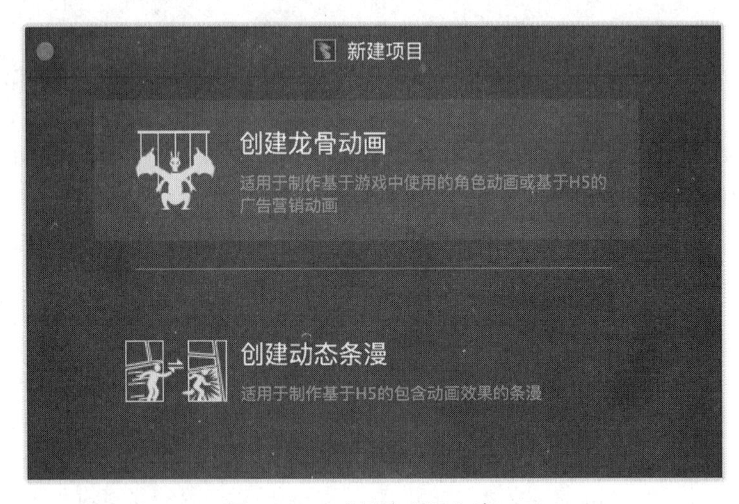

图 15-21 “新建项目”窗口

选择了“创建龙骨动画”时，可以选择三种模板和自定义模式（见图 15-22）。

- 骨骼动画模板：新建时自动创建骨架元件，适用于制作游戏中的骨骼动画。
- 帧动画模板：新建时自动创建基本动画元件，适用于制作游戏中的帧动画。
- 营销动画模板：新建时自动创建主舞台元件，适用于制作网页中的广告营销动画。
- 自定义模式：用户自己选择新建文件时自动创建的元件，可选择多种元件。

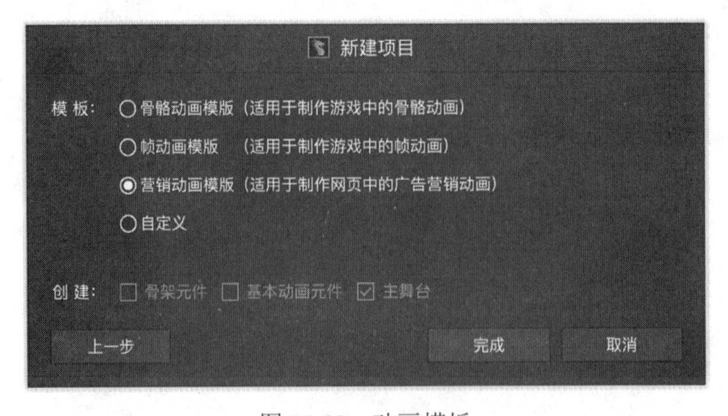

图 15-22 动画模板

15.4.2 首选项

在顶部菜单栏中选择【文件】→【首选项】(Windows 系统)或者【文件】→【偏好设置】可以开启“首选项”或“偏好设置”窗口(见图 15-23)。

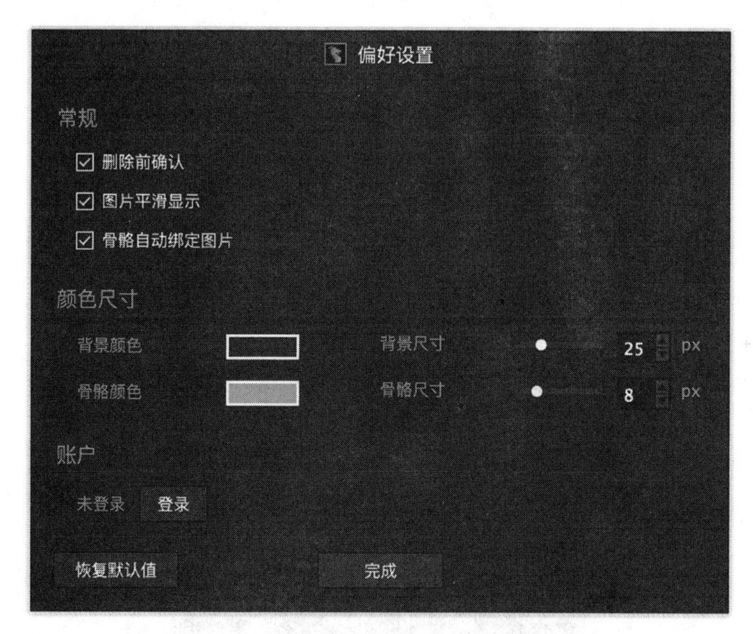

图 15-23 “首选项”或“偏好设置”窗口

(1)常规。

- 删除前确认:默认勾选,删除骨骼、插槽或图片时会弹出“删除确认”窗口。如果不勾选则不会弹出确认窗口。
- 图片平滑显示:默认勾选,此时 DragonBones Pro 中的图片会使用平滑显示。不勾选的话,图片不会做平滑处理,图片看起来会更锐利和清晰,但可能会出现锯齿。
- 骨骼自动绑定图片:默认勾选,创建骨骼时,会自动绑定和骨骼重合的图片。不勾选的话,便不会自动绑定。

(2)颜色尺寸。

- 背景颜色:设置主工作场景的背景色。(不会影响导出,只改变工作场景的背景色)
- 骨骼颜色:设置骨骼的颜色。
- 背景尺寸:设置背景方格的尺寸。
- 骨骼尺寸:设置骨骼的显示尺寸。

(3)账户:登录 Egret 社区账号。

(4)恢复默认值按钮:恢复所有首选项的默认设置。

15.5 面板

15.5.1 “场景树”面板

“场景树”面板用于显示和编辑主场景中骨骼和插槽的父子树形关系（见图 15-24）。

图 15-24 “场景树”面板

右上角按钮为智能过滤和创建（包含创建骨骼、创建插槽和创建边界框三个按钮）。

智能过滤按钮：开启后，如果插槽只包含一张图片，则隐藏该图片，只显示插槽，变成显示骨骼－插槽两层的结构，更加方便浏览。

创建按钮：选择创建骨骼、插槽或者边界框。

注意事项：

- 骨架装配模式下，双击场景树中的骨骼或插槽会弹出“重命名”窗口。
- 此面板在骨架装配模式和动画制作模式下均可显示。但在动画制作模式下，不可编辑。
- 骨骼和插槽可以在“场景树”面板中按住 Ctrl 键复选。

骨骼继承关系在场景树中的编辑：

- 骨骼间的继承关系可以通过在“场景树”面板内拖拽改变。
- 子骨骼可以被拖拽到同级或父骨骼及其以上的骨骼下。
- 父骨骼不能被拖拽到它的子骨骼及其以下的骨骼下。

15.5.2 “变换”面板

“变换”面板用来显示和修改骨骼或插槽的 XY 坐标（相对于父组件）、缩放比例、旋转角度、图片尺寸（仅在选中插槽或图片时显示），如图 15-25 所示。

图 15-25 “变换”面板

此面板在骨架装配模式和动画制作模式下均可显示。

可以通过 ↑ 和 ↓ 方向键微调数值框中的数值。

选择多个组件，可以在“变换”面板更改多个组件的数值。被修改的数值将与所设数值完全一致，而未被修改的数值则维持原样。

15.5.3 “属性”面板

“属性”面板用于显示和编辑骨骼或插槽的各种属性值。插槽属性、骨骼属性在骨架装配模式和动画制作模式下均可显示，骨骼关键帧的属性只出现在动画制作模式。在图 15-26 中，第 1 张为骨骼的属性，第 2 张为插槽的属性，第 3 张为骨骼关键帧的属性。

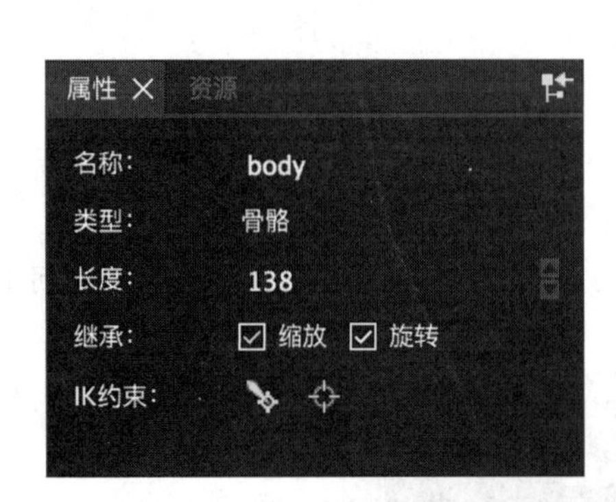

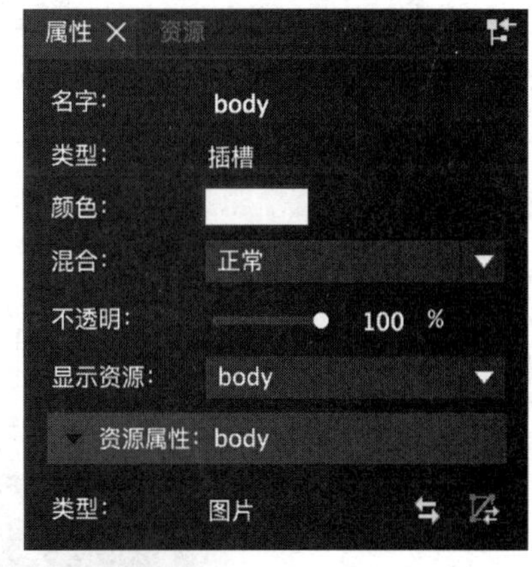

图 15-26 “属性”面板

1. 骨骼的属性

骨骼的属性包括：名字和长度。其中名字可以编辑，效果和重命名相同。长度可以编辑，控制骨骼的长度。

提示：动画制作模式下，名字和长度都不可编辑。

2. 插槽的属性

不含图片的空插槽的属性只有名字，名字可以编辑，效果和重命名相同。

包含图片的插槽的属性包括：名字、颜色、混合模式、不透明度、显示的图片。

- 其中名字可以编辑，效果和重命名相同。
- 颜色为叠加在图片上的颜色，单击会打开“颜色选择”窗口。默认为白色，表示无颜色叠加。
- 混合模式，进行色彩混合，目前支持的混合模式有叠加和擦除。
- 不透明度默认为100%，表示不透明；最小为0%，表示完全透明。
- 显示图片为当前插槽内可见并显示的图片，插槽内的所有图片都会在这个下拉列表中。显示图片显示为“空”时，插槽内的所有图片均隐藏，没有图片被显示。
- 转换网格按钮：将图片转换为网格，可以进行柔性变形。

3. 骨骼关键帧的属性

骨骼关键帧的属性包括：补间和旋转。

补间：取消补间和切换线性补间。

旋转：选择旋转方向，即顺时针还是逆时针；设置旋转圈数。

提示：骨骼和插槽复选后，“属性”面板置空。

15.5.4 “层级”面板

“层级”面板只能在骨架装配模式下显示。

“层级”面板用于显示和编辑主场景中插槽的上下层级关系（见图15-27）。可以通过拖拽改变插槽间的层级关系。选中插槽后，也可以单击右上角的【向上一层】和【向下一层】按钮或快捷键“[”“]”来改变层级关系。

图15-27 “层级”面板

单击【添加层级关键帧】按钮可以为层级顺序创建关键帧，“时间轴”面板的“绘制顺序”层将会出现红色关键帧记号（见图 15-28）。

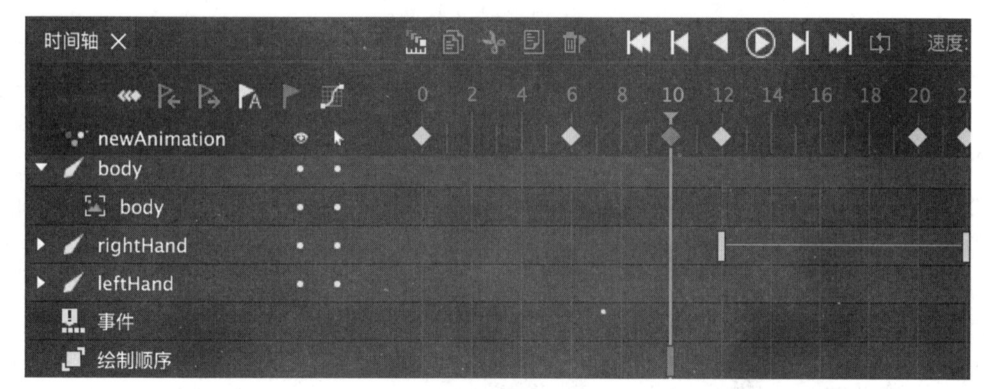

图 15-28 层级关键帧

15.5.5 “资源”面板

“资源”面板如图 15-29 所示。

图 15-29 “资源”面板

“资源”面板工具栏的按钮依次为：新建元件、刷新所有资源和删除（见图 15-30）。库目录右侧的按钮依次为：导入资源、打开资源目录和修改库路径（见图 15-31）。

图 15-30 “资源”面板工具栏

图 15-31　库目录右侧的按钮

项目所使用的所有图片都保存在“资源”面板中。DragonBones Pro 每个项目的资源库都对应一个系统中实际存在的文件夹，文件夹中 DragonBones Pro 所支持的 PNG 图片都会被显示在“资源”面板中。

可以通过由系统其他文件夹向 DragonBones Pro 的“资源”面板中拖拽 PNG 文件的方法，向资源库里添加图片，相应的 PNG 文件也会被拷贝到对应的资源库文件夹中。也可以单击【导入资源】按钮，在弹出的系统窗口中指定要添加的 PNG 文件资源。

提示：资源被删除时，文件夹中的图片也会被删除，并且无法在回收站中找到。

15.5.6　“动画”面板

“动画”面板只能在动画制作模式下显示。

“动画”面板用于显示和编辑动画剪辑。右上角按钮依次为：添加动画、克隆动画、删除动画，如图 15-32 所示。

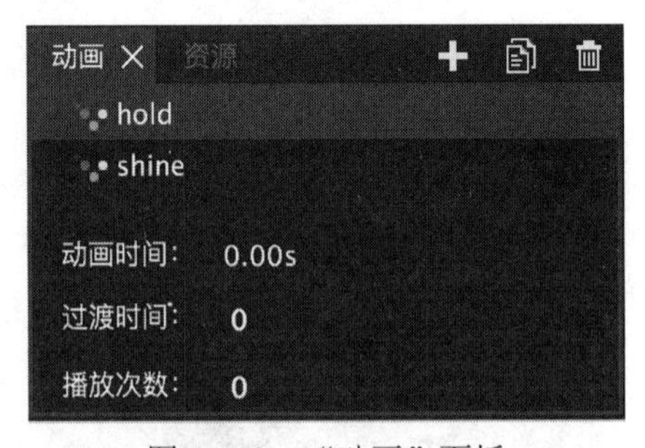

图 15-32　“动画”面板

“动画”面板下方的三个参数为：

- 动画时间：不可编辑。单位为秒。动画剪辑的实际持续时间依照帧率和动画剪辑的总帧数计算得出。
- 过渡时间：默认值为 0，可编辑。单位为秒。用来设定游戏中不同动画间的过渡时间。
- 播放次数：默认值为 0，可编辑。用来设定游戏中动画的重复次数，当设为 0 时表示无限次重复。

快捷操作：

- 双击动画剪辑名称可重命名。
- 右击动画剪辑，可进行重命名、删除、插入、克隆影片剪辑的操作。

15.5.7 “时间轴”面板

“时间轴”面板用于动画剪辑的编辑，此面板只能在动画制作模式下显示（见图 15-33）。

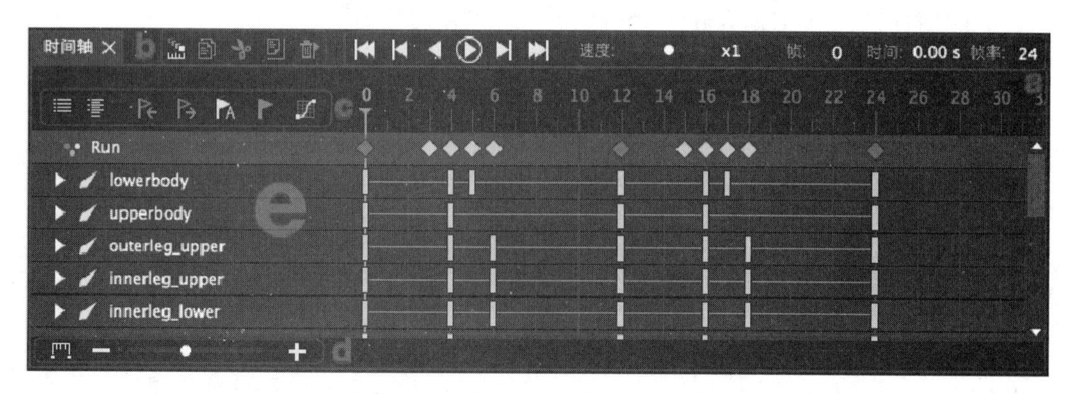

图 15-33 “时间轴”面板

1. 播放控制工具

“时间轴”面板上的播放控制工具，用于控制动画剪辑的播放。由左向右依次为：回到首帧、前一帧、倒放、播放、下一帧、最后一帧、播放速度控制滑块、当前帧、当前时间、帧率，如图 15-34 所示。

图 15-34 播放控制工具

- 播放速度控制滑块的控制范围是 0.1x～10x。
- 当前帧：可编辑，输入具体的帧数，绿色播放指针便会跳转到相应的帧数。拖动绿色指针或播放动画，当前帧的数值也会跟着相应的变化。
- 当前时间：不可编辑，基于当前帧和帧率计算得出。
- 帧率：可编辑，默认为 24f/s。设定每一秒钟的动画有多少帧。

2. 帧编辑工具栏

帧编辑工具栏的按钮由左向右依次为：洋葱皮、复制帧、剪切帧、粘贴帧、删除帧，如图 15-35 所示。

图 15-35 帧编辑工具栏

- 洋葱皮按钮：开关洋葱皮功能。
- 复制帧按钮：选中关键帧后单击，帧的参数便被复制到剪切板中。

- 剪切帧按钮：选中关键帧后单击，帧的参数便被剪切到剪切板中。
- 粘贴帧按钮：剪切板中的帧参数可以被粘贴到时间轴的任意帧数、任意层（骨骼层和插槽层的帧不能互相粘贴，关键帧中记录的参数是与上一个关键帧的相对变动值，第 0 帧的相对变动值均为 0），也可以覆盖已存在关键帧。
- 删除帧按钮：删除当前选中帧。

3. 时间轴工具栏

基本动画、主舞台元件和骨骼动画元件的时间轴工具栏有一些差别。

（1）基本动画和主舞台元件的时间轴工具栏如图 15-36 所示。

图 15-36　基本动画项目的时间轴工具栏

由左到右依次为：向左移动帧、向右移动帧、添加关键帧、曲线编辑器。

- 向左/向右移动帧：与骨骼动画时间轴上的向左/向右移动帧相同，单击按钮将整体移动选中关键帧以右的所有关键帧。若左侧的上一帧已有关键帧，则不能再向左移动，向左移动关键帧按钮将灰掉。
- 添加关键帧：单击在当前帧，选中层，添加关键帧。基本动画项目中，自动关键帧是默认开启的，也就是对图片的所有操作都会自动生成记录关键帧。
- 曲线编辑器：打开“曲线编辑器”面板。

（2）骨骼动画元件的时间轴工具栏如图 15-37 所示。

图 15-37　骨骼动画项目的时间轴工具栏

由左向右依次为：折叠列表、展开列表、向右移动帧、向左移动帧、自动关键帧、添加关键帧、曲线编辑器。

- 折叠列表：折叠时间轴上所有的层。
- 展开列表：展开时间轴上所有的层。
- 向右移动一帧，向左移动一帧： 单击按钮将整体移动选中关键帧以右的所有关键帧。若左侧的上一帧已有关键帧，则不能再向左移动，向左移动关键帧按钮将灰掉。
- 自动关键帧：具有开关两种状态的按钮，白色为关，红色为开。开启后，对骨骼或插槽的改动将会在绿色播放指针所在帧和相应的骨骼或插槽层上自动添加关键帧。
- 添加关键帧：三种状态按钮，白色表示无改动，无关键帧。黄色表示有改动未添加或更新关键帧。红色表示无改动已添加或更新关键帧。白色或黄色状态下，单击按钮，将在绿色播放指针所在帧和相应骨骼层或插槽层上添加或更新关键帧。红色状态下单击无效果。红色或白色状态下，改动骨骼或插槽，按钮将变为黄色，表示骨骼或插槽发生改动。无骨骼或插槽选中时，按钮不可用。

- 曲线编辑器：开关“曲线编辑器”面板。

4. 时间轴缩放工具

时间轴缩放工具用于控制时间轴的比例缩放（见图 15-38）。左侧为适合屏幕按钮，“-”和“+”按钮控制缩小和放大。拖动滑块也可以控制缩放。

图 15-38　时间轴缩放工具

5. 时间轴

基本动画、主舞台元件和骨骼动画元件的时间轴有一些差别。

（1）基本动画和主舞台元件的时间轴（基本动画项目的时间轴如图 15-39 所示）。

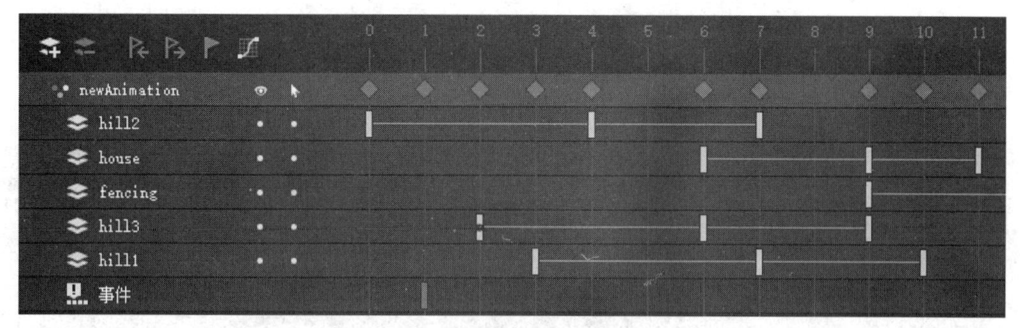

图 15-39　基本动画项目的时间轴

- 普通的层内包含图片的关键帧为白色长方形，不包含图片的空关键帧为中间空缺的白色长方形（见图 15-40），事件层内关键帧为红色。关键帧可以在时间轴同层内任意拖拽。

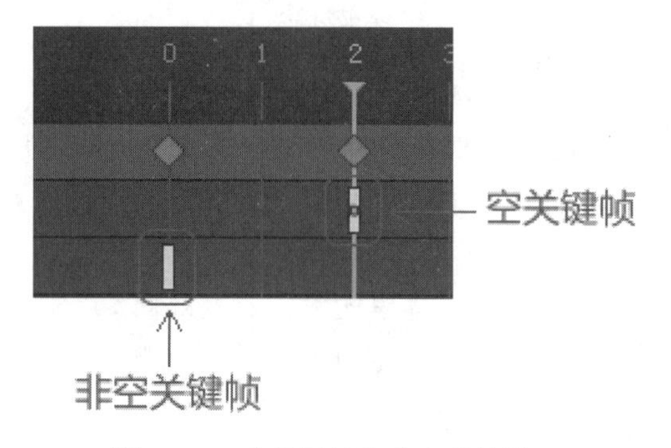

图 15-40　空关键帧和非空关键帧

- 时间轴的第一层为动画剪辑层，不能直接编辑，在其他任意层添加关键帧后，动画剪辑层便会出现菱形方块，表示当前帧下某层或多层存在关键帧。玫红色为普通层关键帧，红色为事件层关键帧。选中菱形方块便选中这一帧数下的所有关键帧。可以进行整体左右平移、拖拽、复制、剪切、粘贴、删除。
- 只要相应帧数下存在关键帧，时间轴标尺上便会出现红线，时间轴标尺不会随时间轴的上下滚动条滚动，始终可见。
- 选中的层会高亮，可以在时间轴内拖拽改变图层的叠加顺序。
- 帧的框选：在时间轴内可以框选所要操作的帧，选中后，可以对帧进行、复制、剪切、删除等操作。框选后，鼠标移动到选框内部，鼠标光标变为十字四向箭头时，单击拖拽，可以左右平移选中帧；鼠标移动到选框边缘，鼠标光标变为左右箭头时，单击拖拽，可以缩放选中帧的间距，进而改变动画的速度。按住 Ctrl 键可以连续框选帧。
- 由资源库拖拽图片到主舞台：如果没有图层被选中或选中层当前帧已有非空关键帧，便会在时间轴自动添加一个以图片名命名的图片层。如果选中图层，当前帧没有关键帧，则当前帧会添加关键帧，图片被加入到关键帧中；如果选中图层，当前帧为空关键帧，图片将被添加到空关键帧中，空关键帧变为非空关键帧。

（2）骨骼动画元件的时间轴如图 15-41 所示。

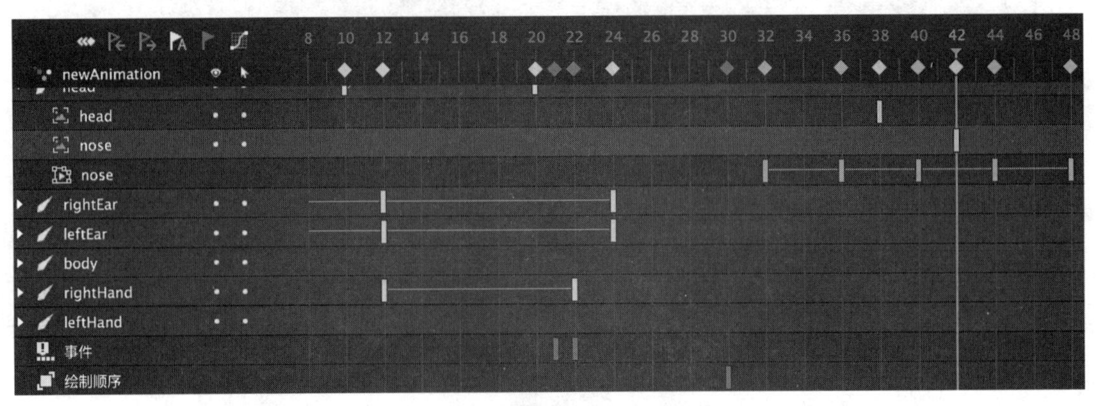

图 15-41　骨骼动画项目的时间轴

- 骨骼层内关键帧为白色，插槽层内关键帧为黄色，事件和绘制顺序层内关键帧为红色，含有事件、跳转、声音的骨骼关键帧为粉色。关键帧可以在时间轴同层内任意拖拽。
- 时间轴的第一层为动画剪辑层，不能直接编辑，在其他任意层添加关键帧后，动画剪辑层便会出现菱形方块，表示当前帧下某层或多层存在关键帧。白色表示骨骼层关键帧，黄色表示插槽层关键帧，红色为事件层关键帧，玫红色为存在多种层混合的关键帧。选中菱形方块便选中这一帧数下的所有关键帧，可以进行整体左右平移、拖拽、复制、剪切、粘贴、删除操作。
- 时间轴的第一级为骨骼层、事件层和绘制顺序层，第二级为插槽层，插槽层相对骨骼层向右缩进一层。时间轴内不体现父子骨骼的层级关系。

- 选中的层会高亮，对应层的骨骼或插槽也会被选中，反之，选中骨骼或插槽，对应的层也会被选中。

6. 图层操作

在“时间轴”面板左侧区域单击右键，可以重命名、新建和删除图层。

- 重命名图层：修改图层名称。
- 新建图层：在时间轴内添加一个空的图层。
- 删除图层：选中一个图层，单击按钮会删除选中图层（图层中的关键帧和图层内的图片会一同被移除）。

15.5.8 作品分享

DragonBones Pro 提供了一个展示读者优秀作品的平台，通过作品分享功能，我们可以将自己满意作品分享给大家。

单击系统工具栏中的【作品分享】按钮（见图 15-42）或“文件”菜单中的“作品分享”选项进入作品分享页面。

图 15-42 【作品分享】按钮

首先需要用 Egret ID 登录（见图 15-43），Egret ID 就是 Egret 开发者社区的账号，如果没有注册，请先访问开发者社区注册一个 Egret ID。

图 15-43 “登陆”对话框

登录后，“作品分享”页面弹出（见图 15-44）。当前选中项目会作为准备分享的作品，我们可以填写作品的名称和描述。然后附上一张作品的截图，填写好详细联系方式，勾选“同意 EDN 开发者内容协议”，然后单击【上传】按钮，即可将作品分享出去。

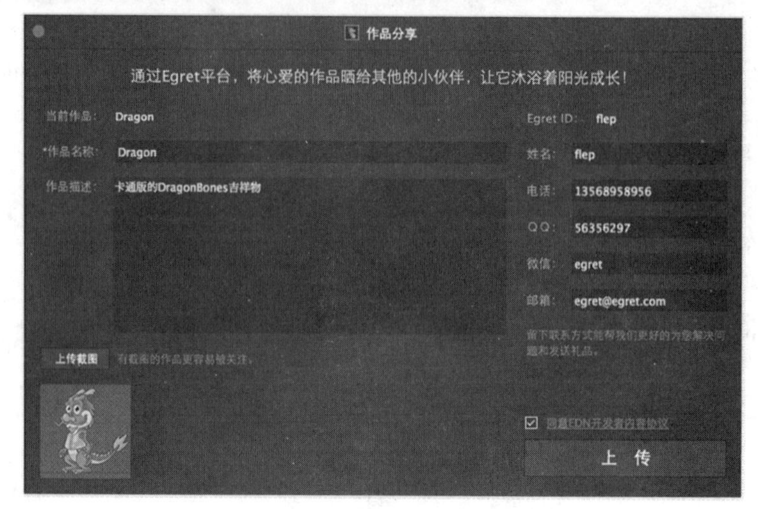

图 15-44　“作品分享”页面

15.6　右键菜单

DragonBones Pro 4.5 加入了右键菜单，方便用户快速找到某些常用功能，如图 15-45 所示。

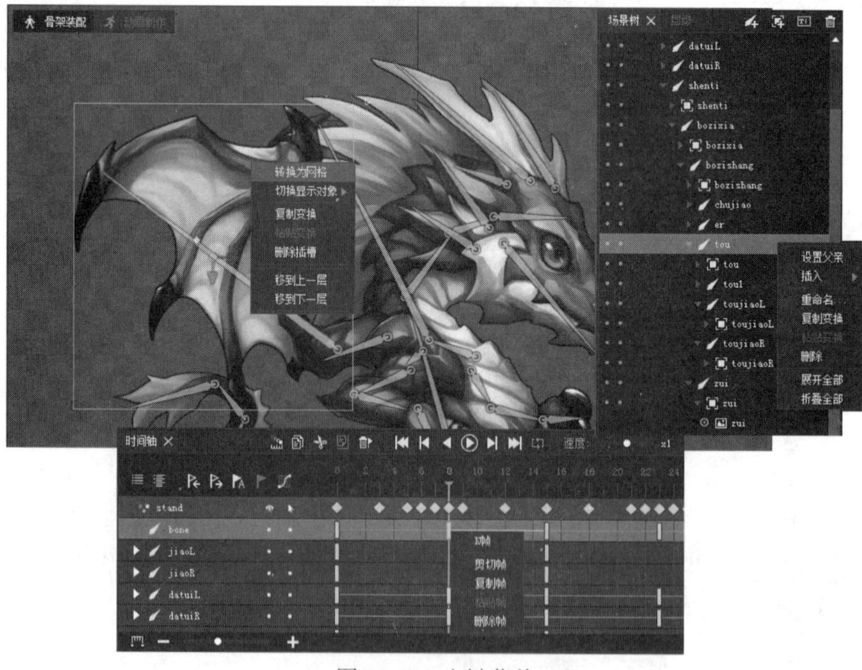

图 15-45　右键菜单

15.7　高级功能

15.7.1　洋葱皮

1. 简介

开启洋葱皮功能后，会同时显示前后 N 帧（默认为 3 帧）的影图，方便动画师更好地定位角色动作，使连续动画更流畅。

2. 开启洋葱皮

进入动画模式，单击时间轴工具栏上的【洋葱皮】按钮开启洋葱皮功能（见图 15-46）。

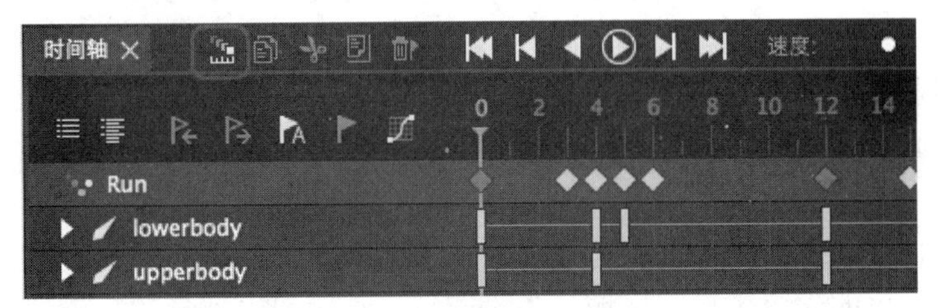

图 15-46　开启洋葱皮功能

洋葱皮功能开启后，主场景上的动画出现蓝色（前导帧）和红色（后续帧）的影图（见图 15-47）。

图 15-47　动画影图

同时，时间轴的绿色播放指针会出现前后默认覆盖 3 帧的洋葱皮显示区域，左侧的调整手柄为红色，右侧的调整手柄为蓝色（见图 15-48）。

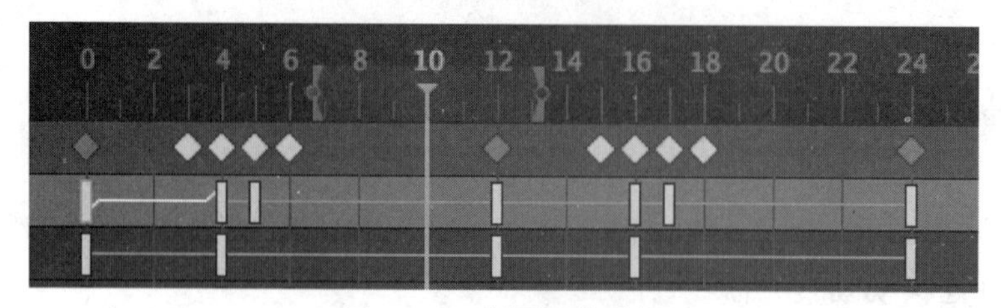

图 15-48　影图调整手柄

拖动蓝色或红色手柄可以调整蓝色或红色洋葱皮显示的帧的多少。覆盖的帧数越多，在主场景中显示的影图越多。洋葱皮显示区会随着绿色播放指针的移动而移动。

动画播放过程中，绿色播放指针上的洋葱皮显示区域会隐藏。主场景上，红色和蓝色的影图会随原始动画一起播放，蓝色影图的动画动作超前于原始动画，红色影图的动画动作后滞于原始动画。

洋葱皮的特性：

- 蓝色或红色的洋葱皮显示区域最长不能超过动画剪辑本身的长度。
- 虽然动画剪辑默认循环播放，但当绿色播放指针在第 0 帧的时候，主场景中没有红色洋葱皮影图显示。当绿色播放指针在最末一帧时，主场景中没有蓝色洋葱皮影图显示。

15.7.2　曲线编辑器

1. 简介

在“曲线编辑器”面板中我们可以在帧与帧之间应用曲线来实现不同的补间效果。

2. 添加补间曲线

进入动画模式，选中一个关键帧（其后含有补间的关键帧），然后单击时间轴上的【曲线编辑器】按钮（见图 15-49）。打开“曲线编辑器”面板（见图 15-50）。

图 15-49　【曲线编辑器】按钮

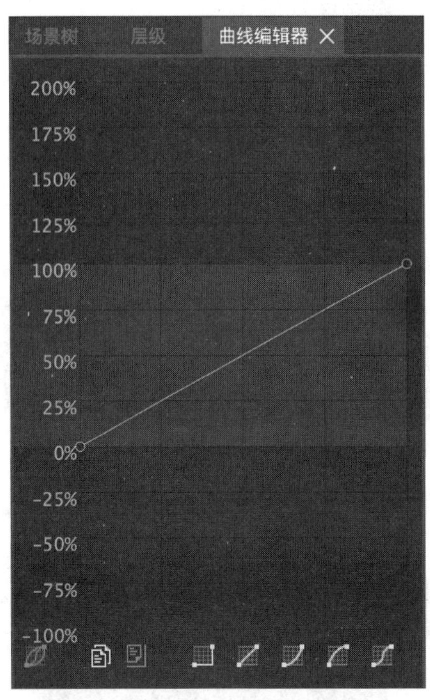

图 15-50　“曲线编辑器”面板

拖动上下的两个手柄可以手动调整曲线（见图 15-51）。

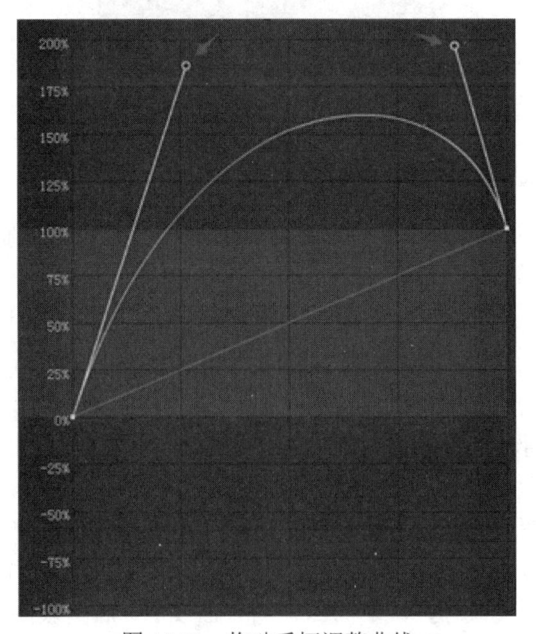

图 15-51　拖动手柄调整曲线

面板右下方为预置曲线设置。由左到右依次为：无、线性、淡入、淡出、淡入淡出（见图 15-52）。预置曲线效果如图 15-53 所示。

图 15-52 【预置曲线】按钮

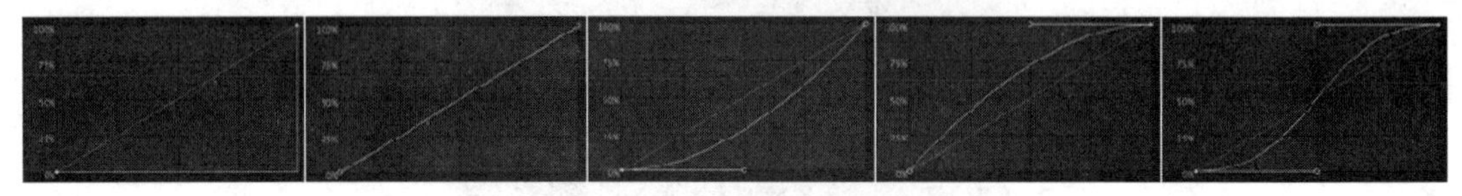

图 15-53 预置曲线效果

应用曲线后的时间轴如图 15-54 所示，两帧之间没有连线，代表两帧之间没有补间过渡；两帧之间为直线，代表两帧之间的补间效果为线性过渡；两帧之间为曲线，代表两帧之间的补间效果为淡入、淡出、淡入淡出或者用户自定义的曲线。

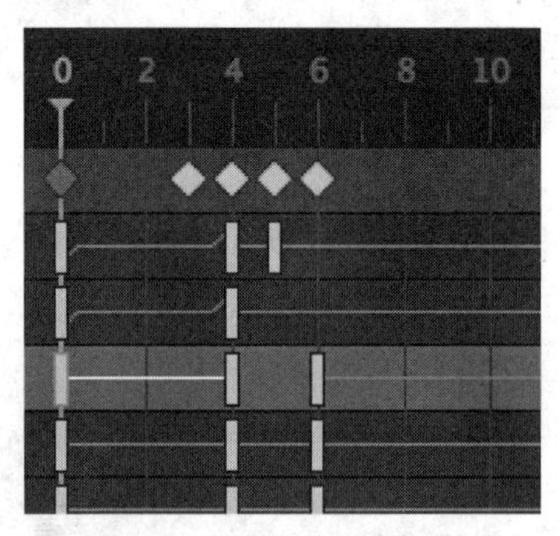

图 15-54 应用曲线后的时间轴

“曲线编辑器”面板左侧为【复制】和【粘贴】按钮，可以复制当前曲线状态，将其粘贴到其他补间上。

曲线特性：

- Y 坐标轴上，向上最大值为 200%，向下最小值为-100%。
- 预置的“无”曲线对应的就是无补间的效果。
- 曲线适用于：骨骼的旋转，移动，缩放；插槽的颜色变换，透明度变化。
- “曲线编辑器”面板只存在于动画制作模式。
- 应用了曲线的两帧间新插入一帧，则切割产生的两端补间，左侧的继承原有曲线，右侧的为默认的线性。
- 三个前后相连的关键帧，其中前两帧间有曲线 A，后两帧间有曲线 B，删掉中间的关键帧，剩下的两帧间会应用曲线 A，曲线 B 被删除。

提示：以下情况“曲线编辑器”面板置空：复选关键帧；关键帧为当前层的最后一帧；选中事件层关键帧时；无关键帧选中时。

15.7.3 IK 约束

1. 简介

IK 是 Inverse Kinematics（反向动力学）的缩写。

DragonBones Pro 从 4.5.0 开始支持 IK 约束功能。

FK 为 Forward Kinematics（正向动力学）的缩写。通常情况下，父骨骼带动子骨骼运动即为正向动力学，例如大臂带动小臂、大腿带动小腿。

IK 与 FK 相反，用来实现由下而上的驱动，例如做俯卧撑时，手撑住地面，支起身体。

图 15-55 就是一个典型的 IK 约束的例子。

大腿为父骨骼，小腿为子骨骼。两个骨骼被 IK 约束在红色的约束目标上。

特别注意的是红色的骨骼并非为小腿的子骨骼，而是和大腿骨骼同级的骨骼。

拖动红色的约束目标骨骼，IK 约束便会不断调整父子骨骼的旋转值，使得子骨骼的末端固定在约束目标骨骼上。

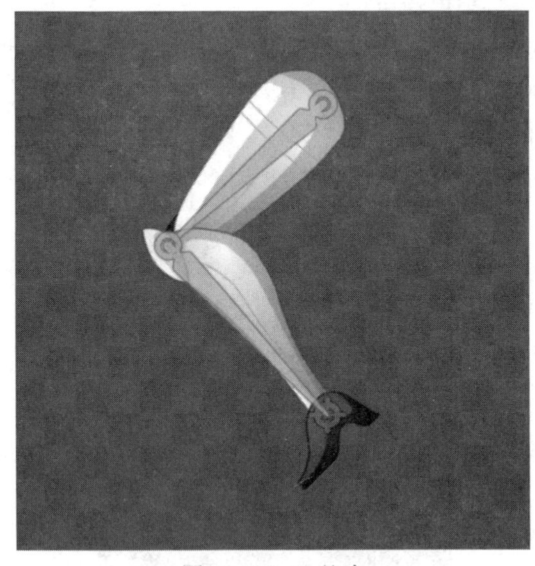

图 15-55　IK 约束

2. 添加 IK 约束

选中骨骼后在“属性”面板可以看到两个 IK 约束按钮，单击便可创建 IK 约束（见图 15-56）。

IK 约束右侧有两个按钮，名称及功能如下：

- 末端创建约束目标：在选中骨骼的骨骼末端自动创建约束目标骨骼并绑定 IK 约束。
- 自定义拾取约束目标：手动指定作为约束目标的骨骼，并绑定 IK 约束。

图 15-56　IK 约束属性

3. IK 约束特性

- 绑定了 IK 约束的骨骼外框显示为红色。
- 作为 IK 约束目标的骨骼整体显示为红色。
- 单根骨骼可以绑定 IK 约束。
- 两根连续父子骨骼可以绑定 IK 约束。
- 两个以上骨骼无法绑定 IK 约束。
- 非连续父子骨骼无法绑定 IK 约束。
- 非父子骨骼无法绑定 IK 约束。
- 所选骨骼的直接或间接子骨骼不能手动指定为 IK 约束目标骨骼。
- 关闭"旋转"继承的骨骼无法绑定 IK 约束。
- 绑定了 IK 约束的骨骼不能关闭"旋转"继承。

添加了 IK 约束的骨骼的"属性"面板如图 15-57 所示。

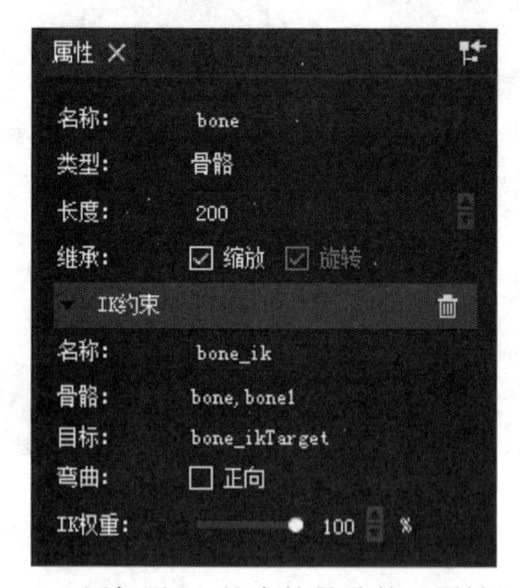

图 15-57　添加了 IK 约束的骨骼的"属性"面板

4. IK 约束属性

- 名称：IK 约束的名称，默认为自动命名，也可以重命名。
- 骨骼：IK 约束所绑定的骨骼。

- 目标：作为约束目标的骨骼的名称。
- 弯曲：IK 的弯曲方向。
- IK 权重：IK 约束影响骨骼的权重。

提示：当前的版本中还不支持在动画播放中变换弯曲和 IK 权重的值。

约束目标骨骼的“属性”面板如图 15-58 所示。

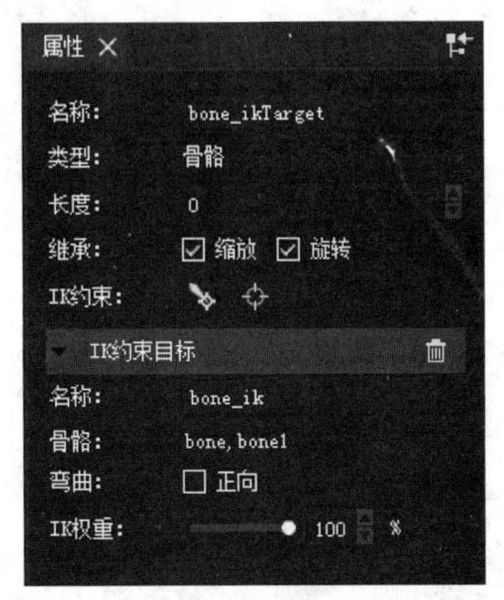

图 15-58　约束目标骨骼的“属性”面板

其中 IK 约束目标属性和 IK 约束属性相同，只是没有目标项，因为约束目标即为约束目标骨骼本身。

15.7.4　网格

1. 简介

网格可以用来实现图片的任意变形和扭曲。

DragonBones Pro 从 4.5.0 开始支持网格的创建和编辑。

2. 创建网格

选中插槽或插槽内的图片，在“属性”面板单击【转换成网格】按钮（见图 15-59）。

图片转换为网格后，插槽和图片的“属性”面板如所图 15-60 所示。

单击【编辑网格】按钮，便可以打开“网格编辑器”面板，开始编辑网格。

单击【重置网格】按钮，网格中图片和网格顶点的对应关系会被重置，图片会恢复原有的形状。

单击【转换为图片】按钮，可以将网格重新转换回图片。

3. 网格编辑器

图 15-61 下方工具栏由左至右依次是：

- 顶点数：显示网格中顶点的个数。

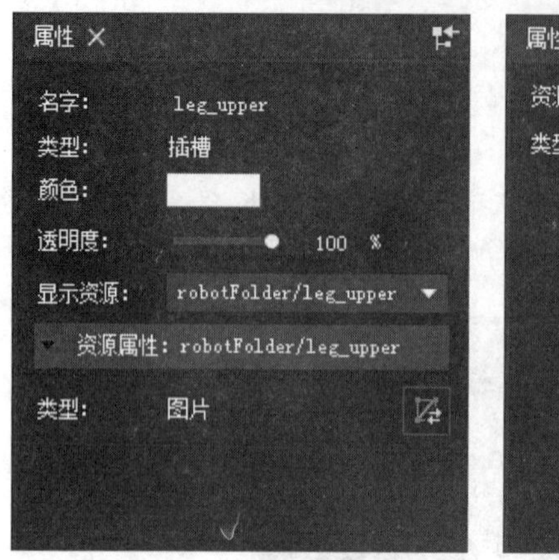

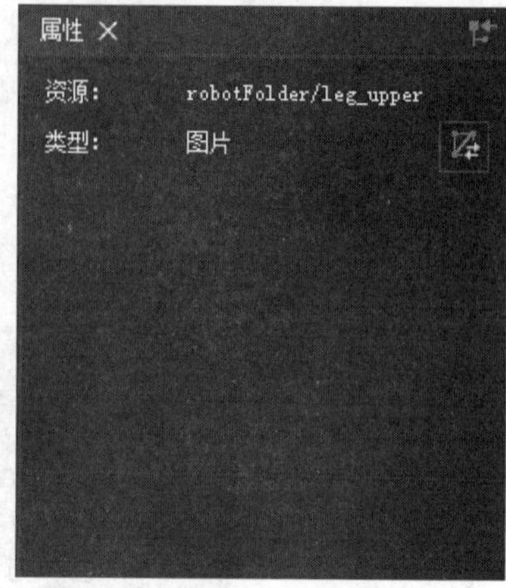

图 15-59 转换成网格

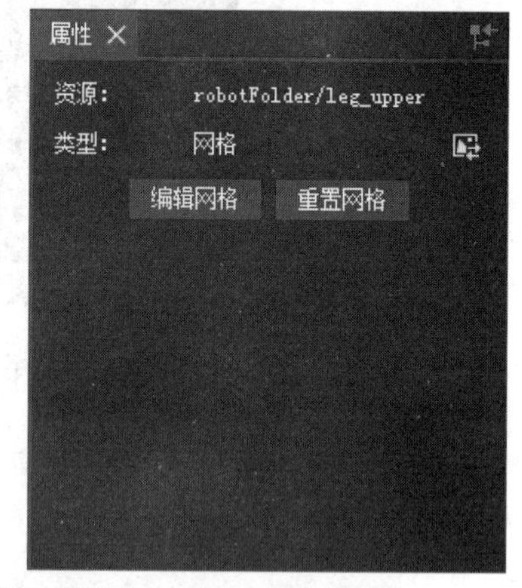

图 15-60 网格状态的插槽和图片的“属性”面板

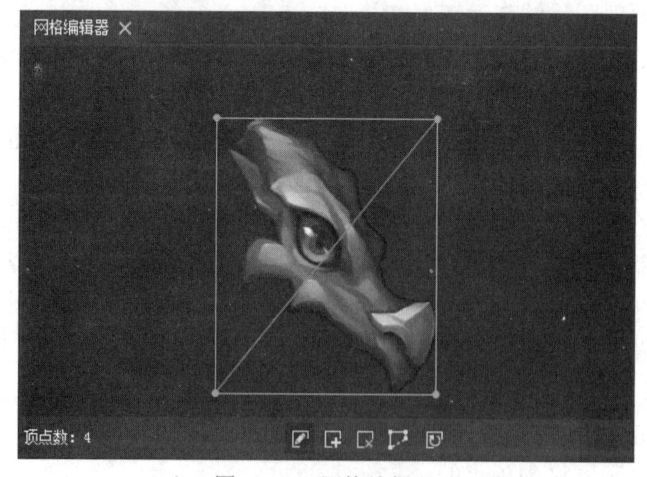

图 15-61 网格编辑器

- 【编辑】工具：用来移动顶点（快捷键为 Q）。
- 【添加】工具：用来添加顶点（快捷键为 W）。
- 【删除】工具：用来删除顶点（快捷键为 E）。
- 【边线】工具：用来勾画网格边线的工具。注意，使用这个工具时，原有的顶点和边线会被全部清除。
- 【重置】工具：顶点会被重置为默认状态和数量。（四个顶点分居正方形的四个角）

使用添加工具可以添加顶点，通过拖拽还可以添加自定义连线（见图 15-62）。

A 点或 B 点和四个角的顶点间的连线是灰色的，这是自动生成的连线。

A 点和 B 点之间的连线是黄色的，这是通过拖拽生成的自定义连线。

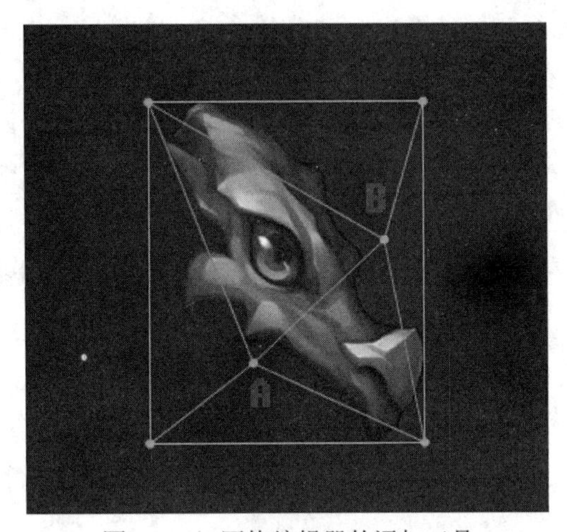

图 15-62 网格编辑器的添加工具

4. 网格特性

- 网格拉伸图片到达的尺寸最大不能超过 2048×2048。
- 网格的边线必须是闭合的，如果绘制的边线没有手动绘制闭合，边线则会自动闭合。
- 网格的旋转中心点为原图片的旋转中心点，不会因为网格边线的重新绘制或图片的拉伸而改变。
- 当前版本中还不支持网格顶点基于权重绑定于指定骨骼。
- 动画模式下，网格在时间轴上有独立的图层，对顶点的位移操作可以在时间轴上添加关键帧。

15.7.5 蒙皮权重

1. 简介

蒙皮是指将网格点绑定在指定的骨骼上，基于绑定时分配的权重，网格点随着骨骼的运动而移动。蒙皮使得繁琐复杂的网格点操作只要通过简单的骨骼操作便能实现。

2. 绑定方法

首先要将图片转化为网格，并添加网格点。

选中网格，并在“属性”面板勾选“开启编辑”（见图 15-63）。（或者切换到权重工具，直接选择网格，便自动开启权重编辑）

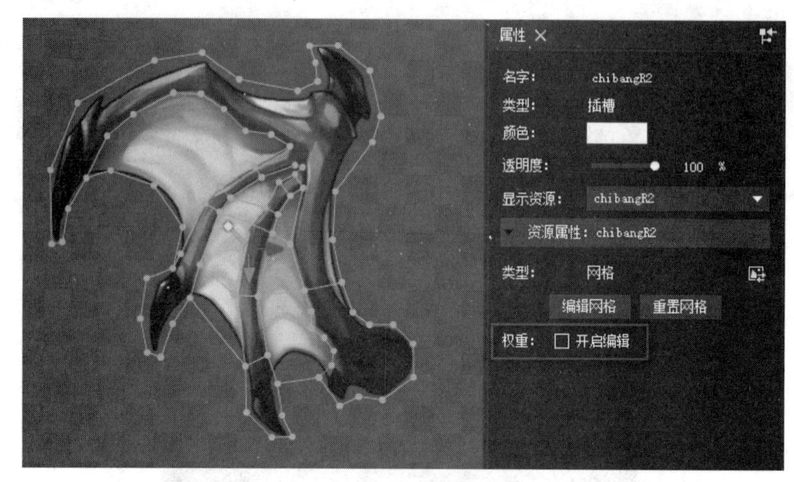

图 15-63　开启权重编辑

开启编辑后，在“属性”面板中单击【绑定骨骼】按钮，然后依次单击选择需要权重绑定的骨骼。选中的骨骼会被自动分配一个颜色以便和其他的绑定骨骼区分开来（见图 15-64）。

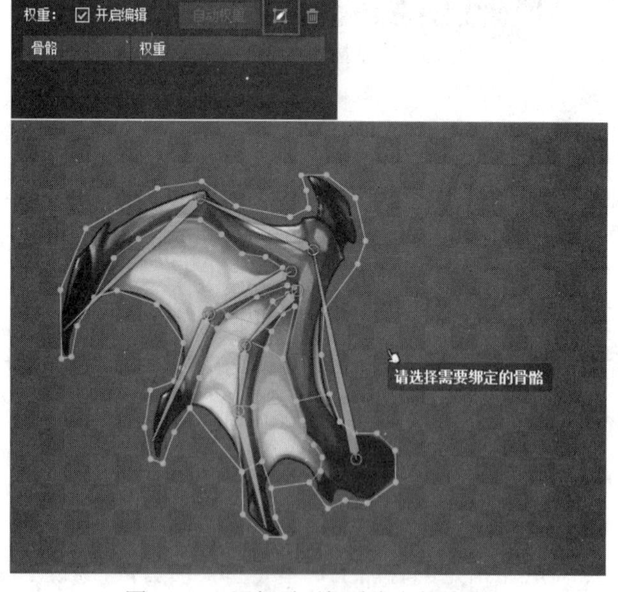

图 15-64　添加需要权重绑定的骨骼

骨骼绑定结束后，右击空白处，便会基于骨骼和网格点的相对位置自动计算分配权重。若在初次绑定后再添加新的绑定骨骼到列表中，便不会再自动计算权重，这时可以单击“属性”面板中的【自动权重】按钮再次自动计算权重。骨骼绑定，权重计算完毕后如图 15-65 所示。此时每根骨骼的权重都是 0，因为我们选中的是整个网格。

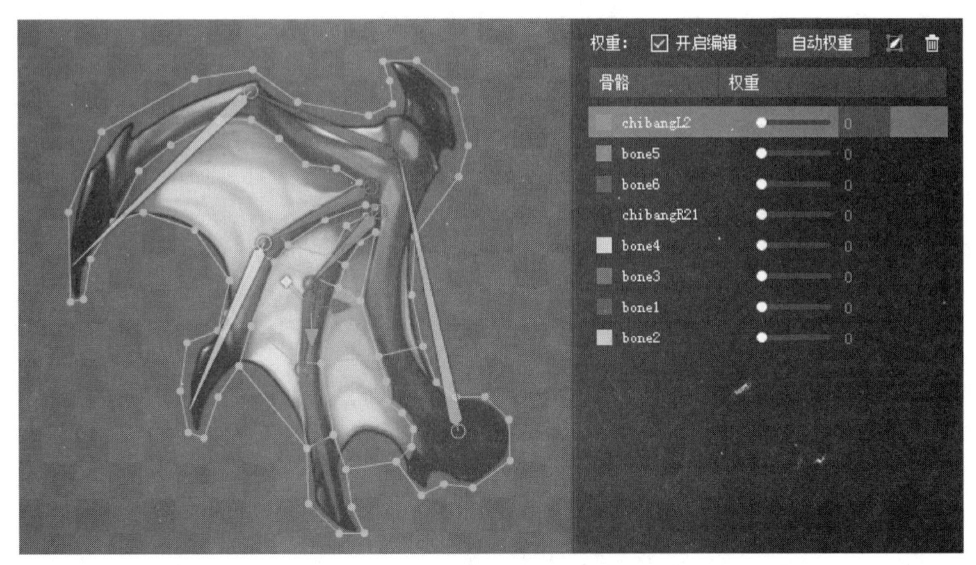

图 15-65 自动计算骨骼权重

单独选中一个网格点，在“属性”面板中便可以看到这个网格点分配给每根绑定骨骼的权重占比了。每根骨骼的权重比可以通过拖拽滑块调整（见图 15-66）。

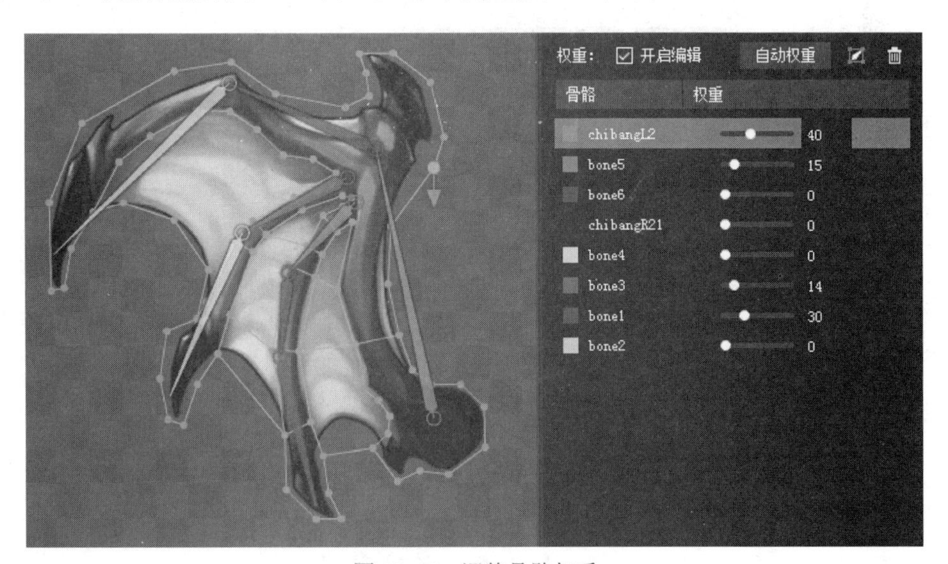

图 15-66 调整骨骼权重

3. 权重工具

在前面介绍的绑定方法中，绑定结束后，选中网格点，在“属性”面板可以调整绑定骨骼的权重占比。然而，更为便捷的方法是使用权重工具来调整。

在工具栏选中权重工具后，选中网格，便可直观地看出每个网格点中不同的绑定骨骼所占的权重。权重以饼状图展示，饼状图中的颜色与骨骼的颜色相对应（见图 15-67）。

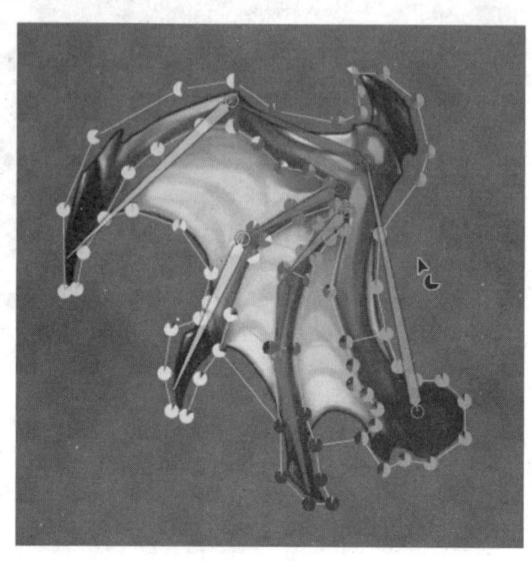

图 15-67　骨骼权重

单独选中一根绑定骨骼，然后选择一个网格点（若不选择，会提示需要选择一个网格点），然后按住鼠标左键，上下拖动，便可以改变选中骨骼在选中网格点中的权重占比（见图 15-68）。

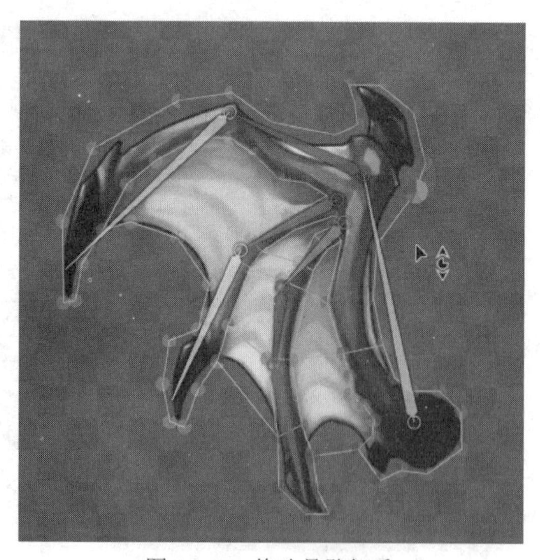

图 15-68　修改骨骼权重

依次选择不同的网格点，便可以调整选中骨骼在不同网格点中的权重占比。

如果需要快速地把一个网格点的所有权重 100%地分配给选中骨骼，只要在选中骨骼的情况下，按住 Alt 键，然后依次单击选中要完全分配权重的点即可。

绑定及权重分配完毕后，便可以通过调整骨骼来控制网格的变形了。

*注：由于蒙皮消耗的性能比较大，目前只能在 WebGL 渲染模式下可使用。

15.8 导入

15.8.1 导入

DragonBones Pro 支持导入的格式：

- 文件夹形式的项目文件，支持多种格式 JSON、XML、AMF3 等。
- zip 包形式的项目文件。
- 集成数据的 PNG。
- Flash Pro 的 Dragon Bones design panel 导出的项目，包括 dbswf 格式的矢量纹理集。
- Photoshop 的 PSExportDB 脚本导出的项目。
- 基于内置的 Cocos 和 Spine 导入插件，支持 Cocos 和 Spine 项目的导入。

在顶部菜单中选择【导入】或在工具栏中单击【导入】按钮，弹出“导入数据到项目”界面（图 15-69）。

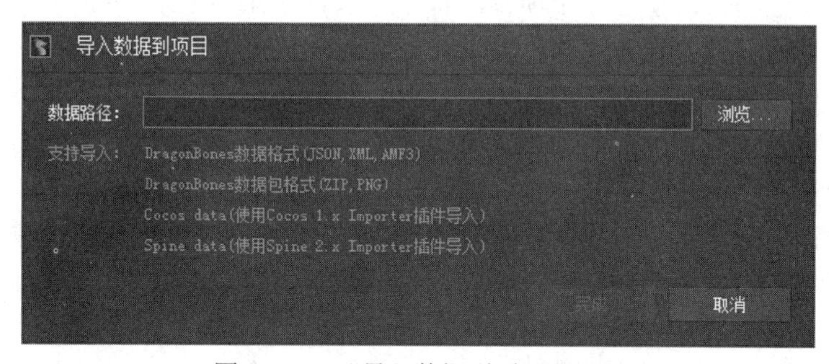

图 15-69 “导入数据到项目”界面

15.8.2 导入项目文件夹

如果项目文件为文件夹形式，则选择相应的项目数据文件，如 JSON、XML 或 AMF3。

DragonBones Pro 会自动判断项目使用的是图片文件还是纹理集，然后切换对应的导入选项，用户也可以手动切换。

1. 纹理集

如果是纹理集，“导入数据到项目”界面更新为图 15-70 所示。

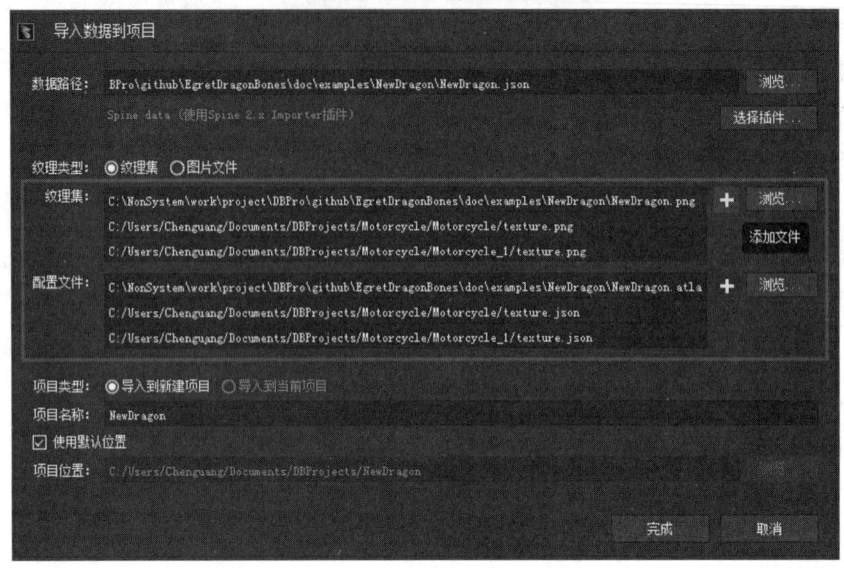

图 15-70　导入带纹理集的项目文件夹

纹理集路径和配置文件路径默认与项目数据文件在同级目录下。用户可以手动指定。如果指定的纹理路径或配置路径找不到纹理或配置文件，则【完成】按钮是灰色的且无法单击。

DragonBones Pro 从 4.3 开始支持多纹理集的导入，可以添加复数的纹理集文件和配置文件。每个纹理集都要有一个对应的配置文件，也就是纹理集和配置文件是成对出现的。

- 导入到新建项目：新建一个项目，将导入项目放在其中。
- 导入到当前项目：导入的项目会添加到当前项目中。DragonBones Pro 从 4.3 开始支持多骨架，新导入到当前项目中的骨架会显示在资源库中。
- 项目名称：默认为导入的项目文件的文件名。
- 项目位置：默认为“我的文档+项目名称”。DragonBones Pro 会记住上一次用户选择的路径，勾选了“使用默认位置”的话，DragonBones Pro 会默认使用上一次用户选择的路径。不勾选“使用默认位置”的话，用户可以手动指定项目保存的位置。

2. 图片文件

如果是图片文件，“导入数据到项目”界面更新为如图 15-71 所示。

- 图片目录：路径默认为项目数据文件所在目录 + texture，用户也可以手动指定。
- 用户可以导入不包含图片的项目文件。

15.8.3　导入 zip 包项目

如果选择 zip 包的项目文件，“导入数据列项目”界面更新为图 15-72 所示。其他设置与导入项目文件夹相同。

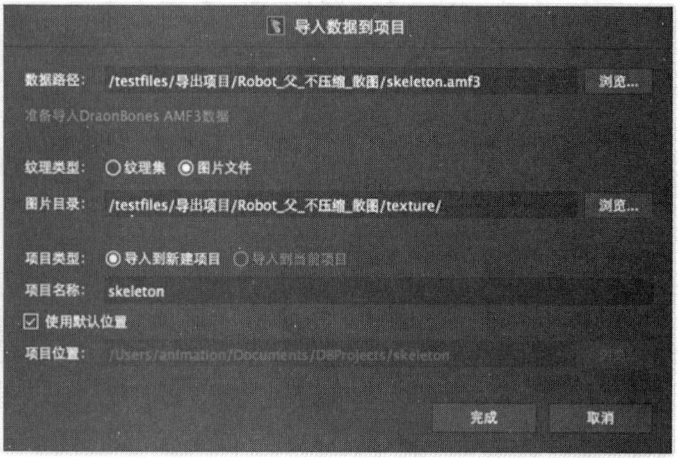

图 15-71　导入带图片的项目文件夹

图 15-72　导入 zip 包

15.8.4　导入 dbswf 格式矢量纹理集

DragonBones Pro 从 4.3 开始支持 dbswf 格式矢量纹理集的导入。

我们可以在 Flash Pro 中进行矢量绘图，利用 Dragon Bones design panel 导出 dbswf 格式文件。

在 DragonBones Pro 选择之前导出的 dbswf 格式文件，“导入数据到项目”界面更新为如图 15-73 所示。其他设置与导入项目文件夹相同。

之后我们在 DragonBones Pro 导出不同尺寸的图片时，仍然能够保证图片清晰无损。图 15-74 就是使用 dbswf 矢量纹理集制作动画后，导出 1 倍和 2 倍纹理集的效果。

提示：这种无损缩放的效果目前在编辑器中是看不到的，只有在导出时才能看到。

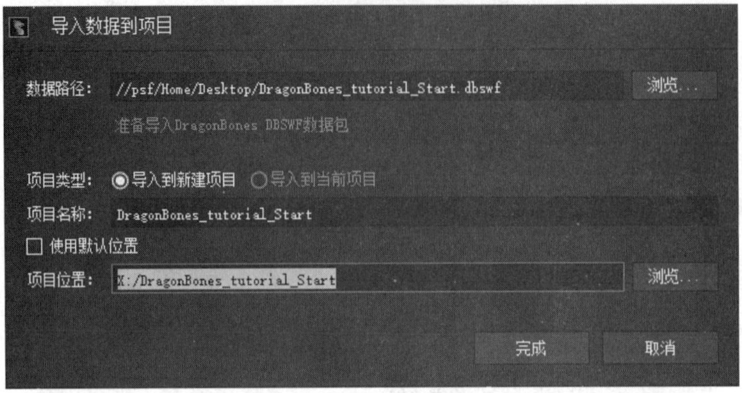

导入数据到项目

数据路径： //psf/Home/Desktop/DragonBones_tutorial_Start.dbswf 浏览...

准备导入DragonBones DBSWF数据包

项目类型： 导入到新建项目 导入到当前项目

项目名称： DragonBones_tutorial_Start

使用默认位置

项目位置： X:/DragonBones_tutorial_Start 浏览...

完成 取消

图 15-73 导入 dbswf 格式文件

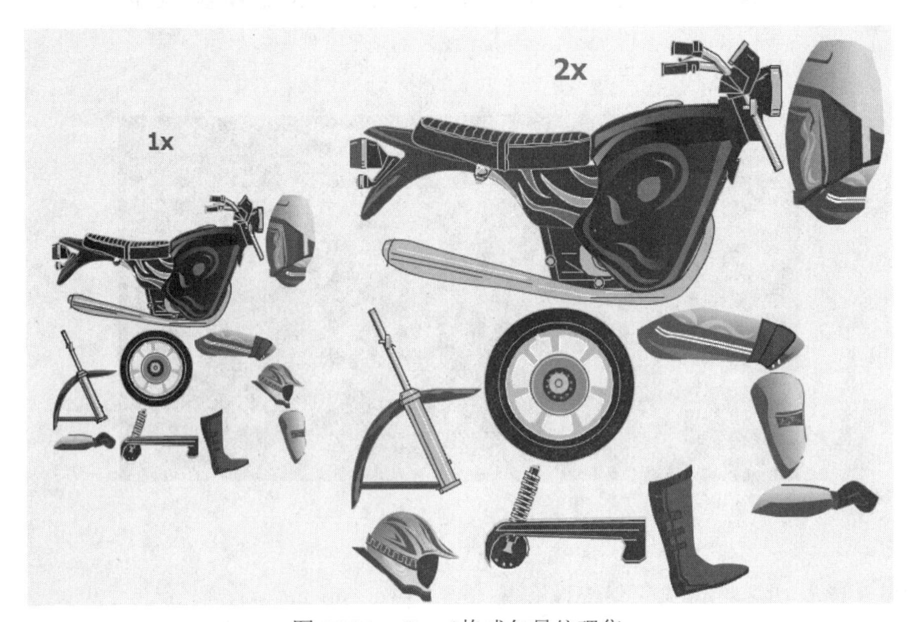

图 15-74 dbswf 格式矢量纹理集

15.8.5 导入集成数据 PNG

如果用户选择集成数据的 PNG，“导入数据到项目”界面更新为如图 15-75 所示。其他设置与导入项目文件夹相同。

15.8.6 导入 Photoshop 设计图

DragonBones Pro 提供脚本文件，可以很方便将 Photoshop 中的设计图导出成 DragonBones Pro 支持的项目文件。

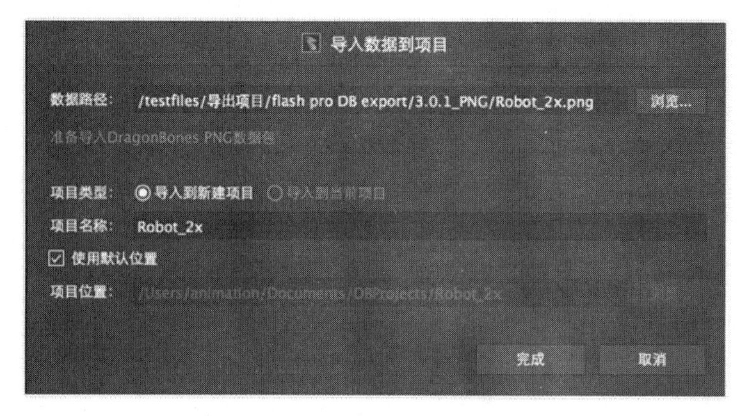

图 15-75　导入集成数据 PNG

要从 Photoshop 中导出数据到 DragonBones，应当先安装 DragonBones 的 PSD 导出插件。DragonBones 在帮助中提供了相关指引，单击【帮助】→【PSD 导出插件安装指引】可以查阅相关内容（图 15-76）。

图 15-76　PSD 导出插件安装指引

1. 安装步骤

Windows 用户：

（1）在 DragonBones 安装目录下，找到 PhtoshopPlugin 文件夹，打开文件夹找到 install.jsx 文件（如果您没有修改默认安装路径的话，文件所在路径应为 C:\Program Files\Egret\DragonBonesPro\others\PhotoshopPlugin\install.jsx）。

（2）以管理员身份运行 Photoshop，在 Photoshop 内依次单击【文件】→【脚本】→【浏览】，在弹出的浏览页面中浏览刚才定位的 install.jsx 文件，单击【载入】按钮。

（3）载入后，单击弹出对话框中的【确定】按钮即可安装完成。这个插件以后可以在 Photoshop 中随时调用。

Mac 用户：

（1）前往路径：/Applications/DragonBonesPro.app/Contents/Resources/others/PhotoshopPlugin/。

（2）将该文件夹中的 exportToDragonBones.jsx 文件和 DragonBones Scripts Only 文件夹拷贝到“/Applications/【你所安装的 photoshop】/Presets/Scripts/”文件夹中。这个插件以后便可以在 Photoshop 中随时调用。

2. 使用 PSD 导出插件

（1）整理 PS 图层。PSD 导出插件所导出的数据会根据 PSD 文件的现有图层自动命名及排序。并且隐藏图层可以选择忽略导出。因此，我们在导出之前需要先整理好图层名称及顺序，同时隐藏不需要导出的图层。

（2）整理完图层后，在 Photoshop 中依次单击【文件】→【脚本】→exportToDragonBones（见图 15-77），打开 PSD 导出插件（见图 15-78）。

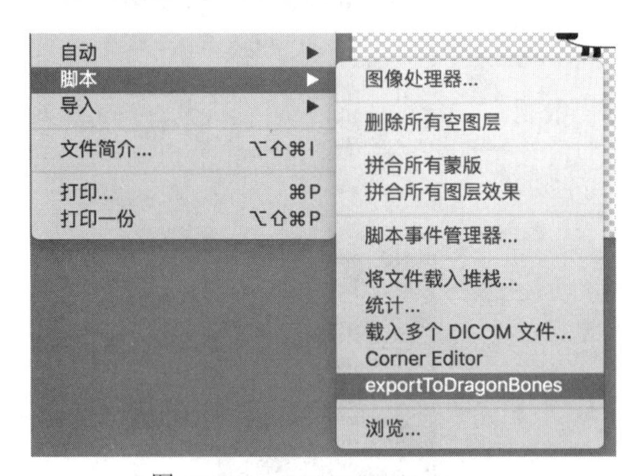

图 15-77　exportToDragonBones

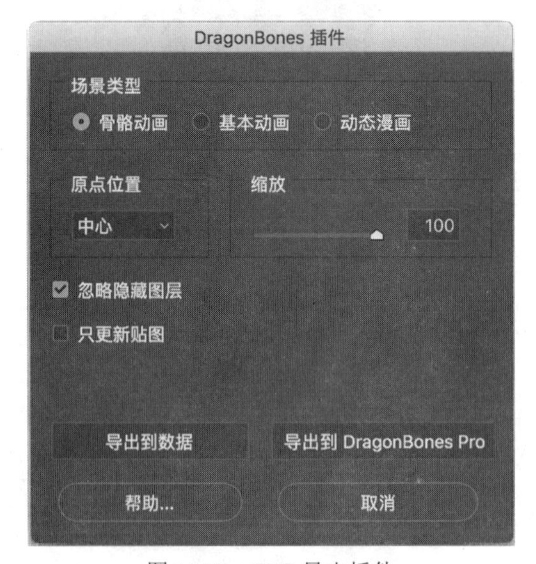

图 15-78　PSD 导出插件

- 场景类型：选择要导出为骨骼动画、基本动画还是动态漫画。
- 原点位置：设置 DB 项目原点位于 PSD 文件的哪个位置。DB 项目原点坐标为（0,0）。
- 缩放：设置 PSD 文件导出之后的比例。
- 忽略隐藏图层：不导出 PSD 文件中的隐藏图层。
- 只更新贴图：只跟新贴图，不更新数据。
- 导出到数据：生成 JSON 文件及素材库。
- 导出到 DragonBones Pro：直接打开 DragonBones Pro 并自动载入数据。

（3）依照需求设置好，单击 OK，Photoshop 便开始导出。导出完成后，在设计图所在的目录下会生成一个 DragonBones/{PSD 的文件名}/ 的目录，其下会有和.psd 文件同名的一个 json 文件和一个 Texture 目录。Texture 目录下是所有的 PNG 图片文件。

3. 导入 PSD 导出插件生成的动画数据

导入时，在 DragonBones Pro 的“导入数据到项目”界面选择导出的 JSON 文件，纹理类型选择“图片文件”，便可以把设计图导入到 DragonBones Pro 中了。

导入后，图片的相对位置、大小和相互间的层级关系都和 Photoshop 中完全相同。

15.8.7 导入 Cocos 或 Spine 的导出项目

基于内置的 Cocos 和 Spine 导入插件，DragonBones 支持导入 Cocos 和 Spine 的导出项目。

如果用户选择导入 Cocos 或 Spine 的导出项目，以 Spine 为例，“导入数据到项目”界面更新为如图 15-79 所示。

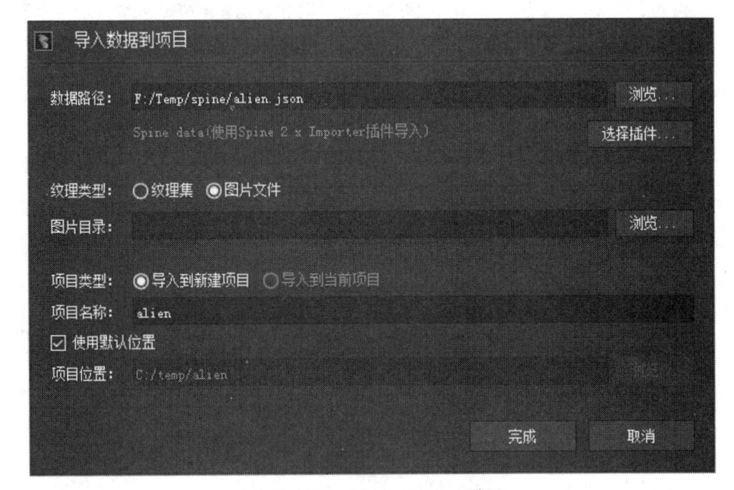

图 15-79　导入 Spine 项目

- 导入 Spine 的项目时，支持导入图片文件或纹理集项目。导入图片文件时，用户需要手动指定图片目录的路径。导入纹理集项目时，会自动加载纹理集和配置文件所在的位置，如果加载失败，用户需要手动指定。

- 项目名称默认为导入的项目文件的文件名。
- 项目位置默认为“我的文档 + 项目名称”。DragonBones Pro 会记住上一次用户选择的路径，勾选了“使用默认位置”的话，DragonBones Pro 会默认使用上一次用户选择的路径。不勾选“使用默认位置”的话，用户可以手动指定项目保存的位置。
- 用户可以导入不包含图片的项目文件。

15.8.8 命令行导入

DragonBones Pro 从 4.3 开始支持命令行导入，实现批处理：Import(dbdata="",texturefolder ="",textureatlas="xxx.png",texturedata="",dbdatapack="",plugin="auto",projectname="",projectpath ="")

命令名为 Import，参数及说明如表 15-1 所示。

表 15-1 参数及说明

参数	说明
dbdata	散图或纹理集项目中，导入项目的数据问题路径
texturefolder	散图项目中，图片资源路径
textureatlas	纹理集项目中，纹理集图片资源路径
texturedata	纹理集项目中，纹理集数据文件资源路径
dbdatapack	zip 项目中，zip 文件的资源路径
plugin	【可选参数】仅当导入的项目是散图项目或纹理集项目时可用，用于指定导入所使用的插件名称。默认是 auto，即会根据实际数据自动选择插件解析，如为任意不存在插件名称，会使用 DragonBones Pro 自带引擎解析
projectname	【可选参数】导入后新项目的名称，默认为原数据的名称
projectpath	【可选参数】导入后新项目的地址，默认为用户文档目录下 DBProjects 文件夹下

上表所示参数中，根据不同的导入类型，需要填写的必选参数是不同的。

（1）导入散图项目：dbdata、texturefolder 是必选参数，示例如下：

```
DragonBonesPro import dbdata="C:\Demon.ExportJson" texturefolder="C:\texture" plugin="auto" projectname="new" projectpath="C:\ceshi"
```

（2）导入纹理集项目：dbdata、textureatlas、texturedata 是必选参数，示例如下：

```
DragonBonesPro import dbdata="C:\Demon.ExportJson" textureatlas="C:\Demon0.png" texturedata="C:\Demon0.plist" plugin="auto" projectname="new" projectpath="C:\ceshi"
```

（3）导入数据包项目：dbdatapack 是必选参数，示例如下：

```
DragonBonesPro import dbdatapack="C:\DragonOpening.zip" projectname="new" projectpath="C:\ceshi"
```

提示：以上三种导入类型是互斥的，导入时只可根据一种导入类型填写参数。

15.9 导出

DragonBones Pro 支持导出“动画数据+纹理”和“图片”。

“动画数据+纹理”包括 DragonBones 骨骼动画数据，Spine 动画数据，Egret 极速动画数据和 Egret MovieClip 动画格式。

“图片”包括序列帧及单张图片。

15.9.1 导出“动画数据+纹理”

导出“动画数据+纹理”如图 15-80 所示。

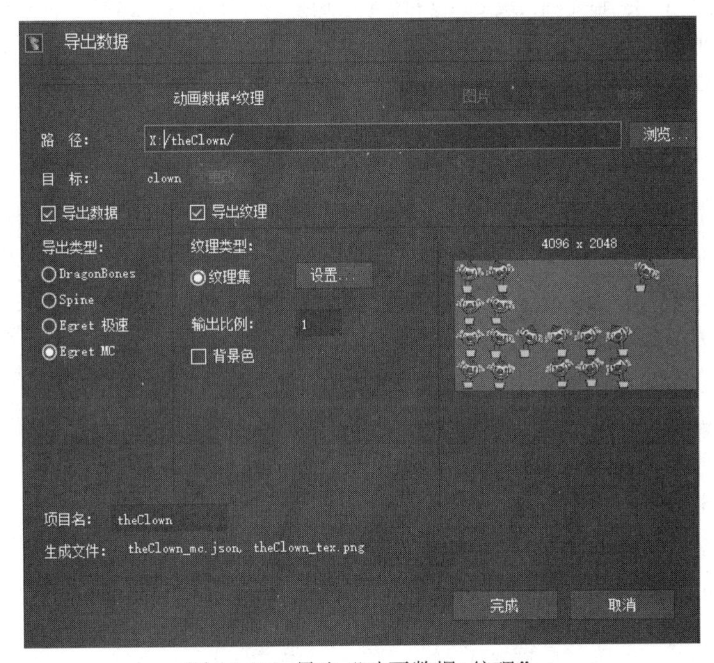

图 15-80 导出“动画数据+纹理”

路径：设置的是动画数据的导出位置。我们可以单击【浏览】按钮自行指定。

目标：设置的是我们所要导出的元件。适用于多元件动画，没有勾选的元件将不会被导出（见图 15-81）。

左边栏目是导出数据的设置项。DragonBones 提供以下 4 种导出类型：

- DragonBones：导出 DragonBones 骨骼动画格式，由 JSON 文件和图片文件构成。
- Spine：导出 Spine 2.1 或 Spine 3.3 数据格式。

图 15-81　导出目标

- Egret 极速：导出针对 Egret 的专属数据格式。用此方法导出并配合白鹭引擎，能在不损失画质的前提下，让性能提升 2～3 倍，内存减少 70%，配置文件体积减少 50%～70%。但是该模式目前还不支持网格。
- Egret MC：导出 Eget MovieClip 动画格式，即将当前动画的序列帧导出为 SpriteSheet。

中间及右边的栏目分别是导出图片的设置项和图片的预览：

- 纹理类型：包括纹理集和碎图。纹理集就是将零碎的小图拼合为一张大图再输出。碎图则是输出多张小图。如果选择“纹理集”，右侧会显示纹理集预览，如果选择“碎图”，右侧为空。单击“纹理集”右侧的【设置】按钮，可以设置导出的纹理集。
- 输出比例：默认为 1。用户可以输入数值来控制导出项目的缩放。（4096×4096 为单张纹理集的最大尺寸，超过此尺寸输出的比例将缩小）
- 背景色复选框：默认为不勾选，勾选后用户可以单击右边的颜色方块儿打开“颜色选择”窗口，选择需要作为背景色的颜色。
- 打包 zip：默认为不勾选，也就是导出项目文件夹。勾选则导出 zip 包形式的项目文件。

如果选择 Spine 类型，则没有打包 zip 选项；选择 Egret 极速和 Egret MC 类型，则没有碎图选项。

15.9.2　导出“图片”

导出“图片”如图 15-82 所示。

路径：设置的是动画数据的导出位置。我们可以单击【浏览】按钮自行指定。

目标：设置的是我们所要导出的元件。DragonBones 支持多元件动画。

左边栏目是导出图片的设置项。DragonBones 提供 2 种导出类型和 3 种导出格式（GIF、PNG 和 JPG）：

- 序列：导出动画序列帧。

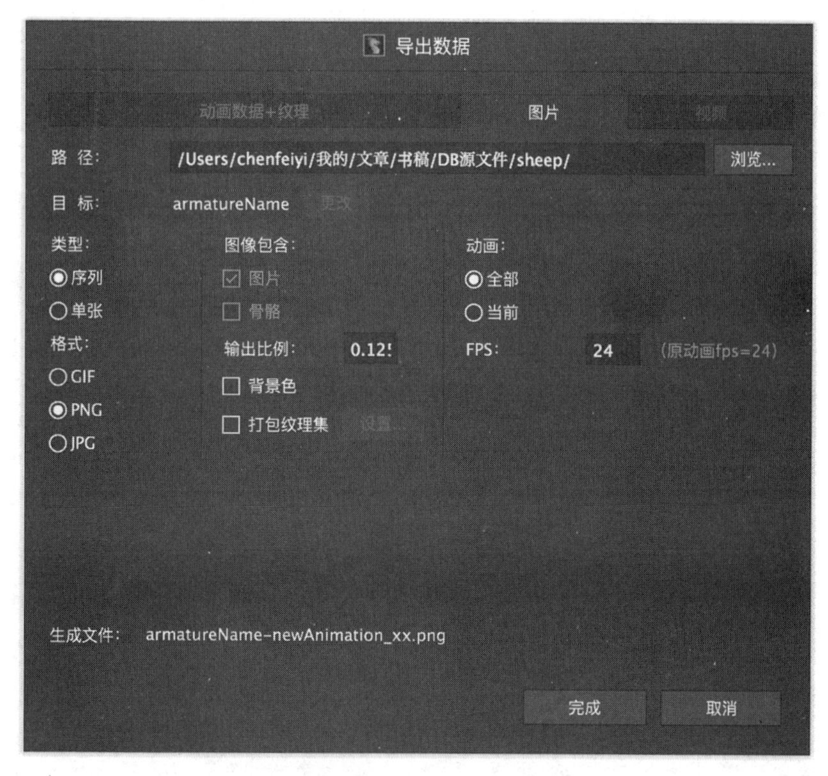

图 15-82　导出“图片”

- 单张：导出单张图片。

中间和右边的栏目是导出图片的设置项：

- 图像包含：默认只包含图片。
- 输出比例：默认为 1。用户可以输入数值来控制导出项目的缩放。(4096×4096 为单张纹理集的最大尺寸，超过此尺寸输出的比例将缩小)
- 背景色复选框：默认为不勾选，勾选后用户可以单击右边的颜色方块打开“颜色选择”窗口，选择需要作为背景色的颜色。
- 打包纹理集：将所有图片打包成纹理集导出。单击右侧的【设置】按钮，可设置纹理集。
- 动画：可以选择导出当前动画或者是全部动画。
- FPS：设置动画的帧率。

如果选择单张图片，则没有打包纹理集、动画和 FPS 选项。

15.9.3　导出中的纹理集设置

“纹理集设置”界面如图 15-83 所示。

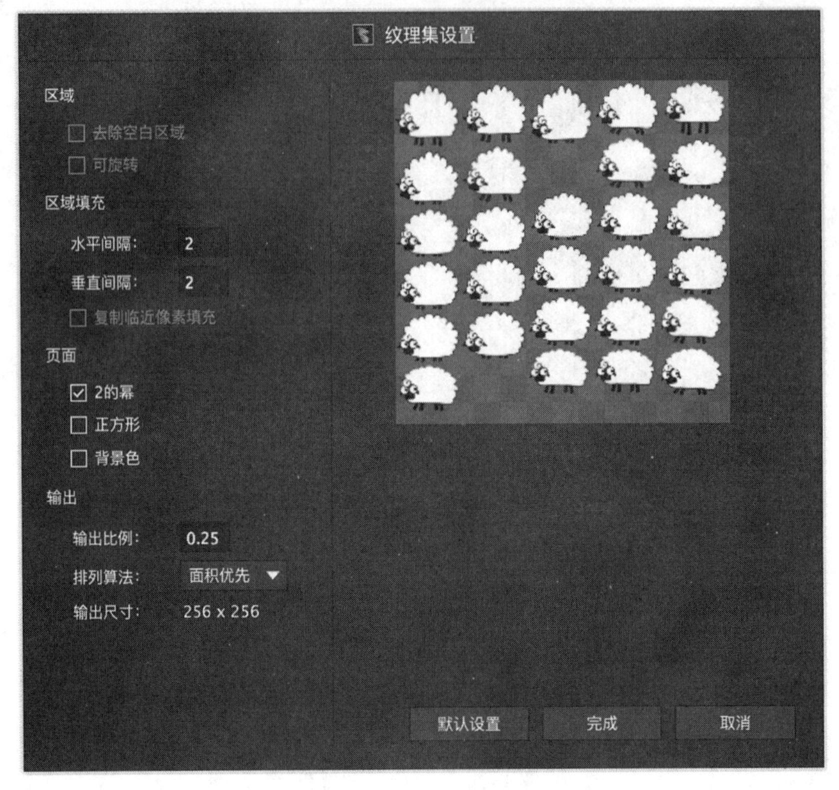

图 15-83　纹理集设置

- 区域

选择去除空白区域，生成纹理集的时候裁剪掉图片周围的透明区域，使得纹理集尺寸最小，再次导入时会恢复被裁剪掉的透明区域范围，忠实还原原有项目。

- 区域填充

水平间隔：纹理集中，图片间的左右间距。

垂直间隔：纹理集中，图片间的上下间距。

- 页面

2 的幂：确保输出图片的尺寸大小为 2 的幂。

正方形：导出的纹理集长宽相等，为正方形。

背景色：与外层的“导出数据”界面上的选项相同，而且彼此同步。

- 输出

输出比例：将导出的图片和数据按比例缩放。

排列算法：选择纹理集排列的算法，以获得最佳空间利用率。

自动尺寸：勾选后 DragonBones 会按照一张纹理集自动设置纹理集尺寸。

输出尺寸：显示输出的纹理集的尺寸。

15.10 快捷键

DragonBones Pro 的一些常用操作功能及其快捷键如表 15-2 所示。

表 15-2 快捷键

功能	主快捷键	副快捷键
撤销	Ctrl+Z	
重做	Ctrl+Y	Ctrl+Shift+Z
删除骨骼/插槽/图片/关键帧	Delete	Backspace
选择工具	V	
Pose 工具	P	
移动工具	H	
创建骨骼工具	N	
插槽上移一层	[	
插槽下移一层	]	
新建项目	Ctrl+N	
打开项目	Ctrl+O	
保存项目	Ctrl+S	
导入	Ctrl+I	
导出	Ctrl+E	
播放动画	Enter	
预览	Ctrl+Enter	
添加/更新关键帧	K	
复制关键帧	Ctrl+C	
粘贴关键帧	Ctrl+V	
左移时间轴播放指针	,	
右移时间轴播放指针	.	

15.11 插件

15.11.1 插件管理

DragonBones Pro 4.2 新增插件系统，通过插件系统使得 DragonBones Pro 具有更好可扩展性。插件可由第三方基于 DragonBones Pro 的插件规范来开发。

在【帮助】菜单中选择【插件管理】打开“插件管理”窗口（见图 15-84）。

图 15-84　打开插件管理

“插件管理”窗口如图 15-85 所示。

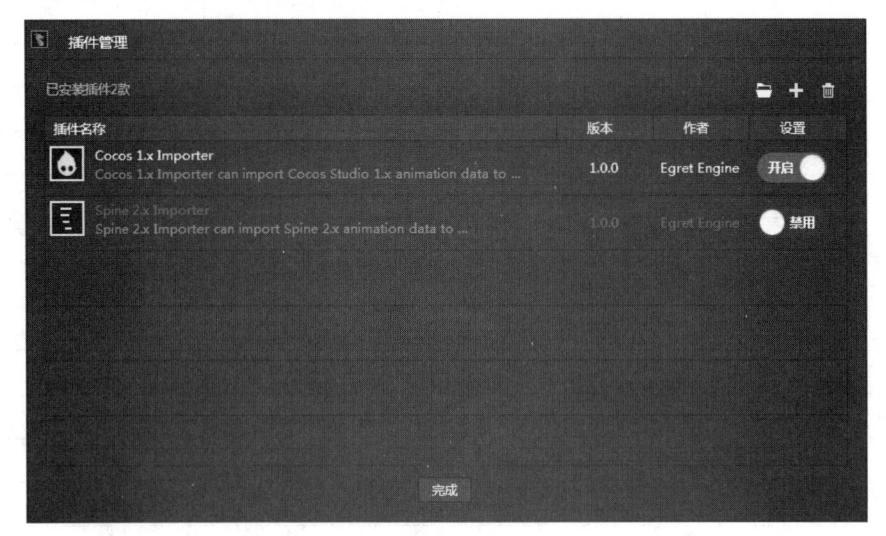

图 15-85　插件管理

右上角的按钮依次为：打开插件目录、安装插件、卸载选中插件。

- 打开插件目录：单击按钮会打开 DragonBones Pro 安装插件的目录。直接拷贝插件文件夹（不是.expl 文件）到插件目录，启动 DragonBones Pro 便可以自动安装插件。
- 安装插件：单击按钮后，系统窗口弹出，指定插件安装包（DragonBones Pro 的插件包扩展名为.expl），便可完成插件的安装。
- 卸载选中插件：在插件列表中选中需要移除的插件，然后单击【卸载】按钮便可卸载相应插件。

安装后的插件，可以在列表中的设置列设为“开启”或“禁用”。

DragonBones Pro 4.2 默认安装了 Cocos 1.x 和 Spine 的导入插件。这两个插件安装并开启后，在导入界面便可以看到支持导入 Cocos 和 spine 项目的提示了（见图 15-86）。

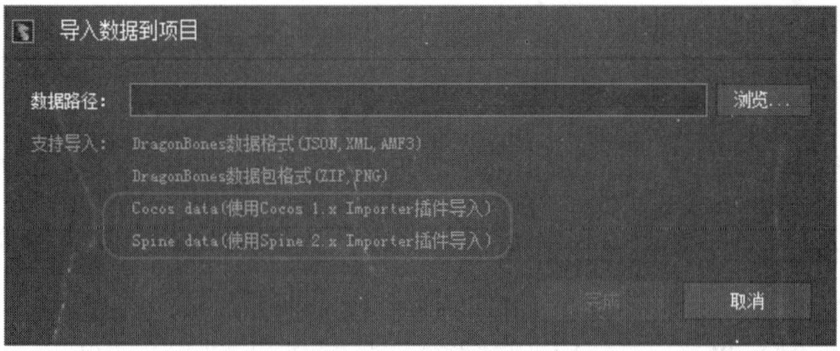

图 15-86　导入数据到项目

以 Spine 项目为例，选中 Spine 项目的 JSON 文件，便会自动使用 Spine 的导入插件。也可以单击【选择插件】按钮来手动指定使用的导入插件（见图 15-87）。

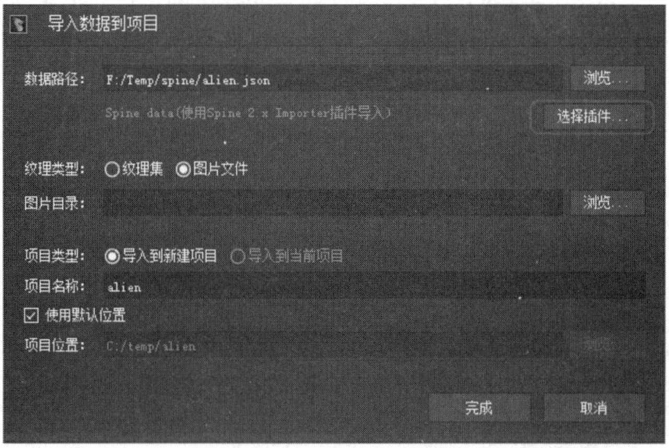

图 15-87　导入数据到项目

“插件选择”窗口如图 15-88 所示。

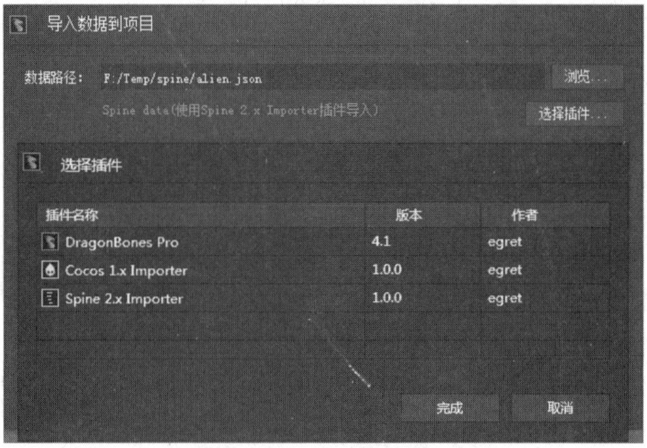

图 15-88　插件选择

其中 DragonBones Pro 为默认内置导入插件，不会显示在“插件管理”窗口。（如果使用错误的导入插件导入项目，会提示更换使用正确插件）

15.11.2 插件开发规范

DragonBones Pro 4.2 开放了插件规范，并实现了导入插件的管理，目的是让用户可以方便地将任意格式动画数据通过插件导入到 DragonBones Pro 中来进行二次编辑，并生成 DragonBones 格式动画，从而在包括 Egret 在内的任意支持 DragonBones 的引擎中运行动画。下面会介绍编写插件的基本规范，以及在目前版本中如何编写一个 DragonBones 的导入插件。

1. 插件命名规范

插件统一扩展名为.expl，本质是个 zip 包，内部至少需要包含*.excfg、*.png、*.js 三个文件。其中，*.excfg 为 json 格式的插件配置文件；*.png 为插件的图标，标准尺寸为 32×32；*.js 文件为插件的主脚本文件。不同类型的插件，js 脚本的内容标准可能不同。例如 DBPro 的导入插件，需要继承 egretPluginSdk.js 中的 DBImportTemplate 类，重写所有的方法。（egretPluginSdk 是用于编写 egret 工具链中可扩展插件的框架，目前只包含 DBPro 的导入插件需要的基础类和方法。egretPluginSdk.js 在 DragonBones Pro 安装目录下的 plugins 目录下）

2. 插件编写规范

*.excfg 文件格式具体如下所示，以 Spine 插件为例。

```
{
    "name":"Spine 2.x Importer", //插件的名称
    "path":["spine.js"],//插件的主脚本以及包含脚本
    "description":"Spine 2.x Importer can import Spine 2.x animation data to DragonBonesPro",//插件的描述
    "author":"Egret Engine",//插件的开发者
    "version":"1.0.0",//插件的版本号
    "icon":"icon.png"//插件的图标(32*32)
}
```

*.js 文件格式具体如下所示，例如 Spine 导入插件，继承的是 egretPluginSdk.js 中 DBImportTemplate 类。DBImportTemplate 类格式如下：

```
var DBImportTemplate = (function () {
    function DBImportTemplate() {
        this._type = "DBImportTemplate";
    }
    /**支持导入的数据文件的扩展名**/
    DBImportTemplate.prototype.dataFileExtension = function () {
        return ["*"];
    };
    /**支持导入的数据文件的描述**/
    DBImportTemplate.prototype.dataFileDescription = function () {
        return "";
    };
    /**纹理集数据文件扩展名**/
    DBImportTemplate.prototype.textureAtlasDataFileExtension = function () {
        return ["*"];
```

```
    };
    /**查验导入数据是否支持纹理集**/
    DBImportTemplate.prototype.isSupportTextureAtlas = function () {
        return false;
    };
    /**查验导入数据是否支持本解析器**/
    DBImportTemplate.prototype.checkDataValid = function (data) {
        return true;
    };
    /**导入数据的解析**/
    DBImportTemplate.prototype.convertToDBData = function (data) {
        return data;
    };
    /**纹理集的解析**/
    DBImportTemplate.prototype.convertToDBTextureAtlasData = function (data) {
        return data;
    };
    DBImportTemplate.prototype.type = function () {
        return this._type;
    };
    return DBImportTemplate;
})();
```

需要注意的是，*.js 的入口类必须命名为 main，例如 Spine 数据导入插件大致内容如下：

```
var _extends = (this && this._extends) || function (d, b) {
    for (var p in b) if (b.hasOwnProperty(p)) d[p] = b[p];
    function _() { this.constructor = d; }
    _.prototype = b.prototype;
    d.prototype = new _();
};
var main = (function (_super) {
    _extends(main, _super);
    function main() {
        _super.apply(this, arguments);
    }
    main.prototype.dataFileExtension = function () {
        return ["Json"];
    };
    main.prototype.dataFileDescription = function () {
        return "Spine data";
    };
    main.prototype.textureAtlasDataFileExtension = function () {
        return ["atlas", "texture"];
    };
    main.prototype.isSupportTextureAtlas = function () {
        return true;
    };
    main.prototype.convertToDBTextureAtlasData = function (data) {
        var dbTexture = {};
        return JSON.stringify(dbTexture);
```

```
    };
    main.prototype.checkDataValid = function (spineJson) {
        return false;
    };
    main.prototype.convertToDBData = function (spineJson) {
        var DBJson = {};
        try {
            ...
        }
        catch (e) {
        }
        return JSON.stringify(DBJson);
    };
    return main;
})(DBImportTemplate);
```

提示：为了保证插件的安全性，开发者必须要在代码中加上 try catch。

最后，DragonBones Pro 中自带的两个插件就在安装目录的 plugins 文件夹中，Cocos 1.x Importer.expl 和 Spine 2.x Importer.expl 可以作为完整的例子用于参考。

插件的安装使用：

目前 DragonBones Pro 插件的安装方式是在帮助菜单下打开“插件管理”面板，单击右上角安装插件，选择.expl 格式的文件，即可完成安装。接下来的版本会支持双击安装。